准时开心

身心放松的十堂心态课

华夏智库
金牌培训师
书系

薛 巍……著

中国财富出版社

图书在版编目（CIP）数据

准时开心：身心放松的十堂心态课 / 薛巍著 . —北京：中国财富出版社，2013. 9

（华夏智库 · 金牌培训师书系）

ISBN 978 - 7 - 5047 - 4775 - 4

Ⅰ. ①准…　Ⅱ. ①薛…　Ⅲ. ①快乐　Ⅳ. ①B842. 6

中国版本图书馆 CIP 数据核字（2013）第 170971 号

策划编辑	范虹轶	**责任印制**	方朋远
责任编辑	丰　虹	**责任校对**	饶莉莉

出版发行	中国财富出版社（原中国物资出版社）		
社　　址	北京市丰台区南四环西路 188 号 5 区 20 楼	**邮政编码**	100070
电　　话	010 - 52227568（发行部）		010 - 52227588 转 307（总编室）
	010 - 68589540（读者服务部）		010 - 52227588 转 305（质检部）
网　　址	http：//www. cfpress. com. cn		
经　　销	新华书店		
印　　刷	北京京都六环印刷厂		
书　　号	ISBN 978 - 7 - 5047 - 4775 - 4/B · 0366		
开　　本	710mm × 1000mm　1/16	**版　　次**	2013 年 9 月第 1 版
印　　张	17. 5	**印　　次**	2013 年 9 月第 1 次印刷
字　　数	286 千字	**定　　价**	35. 00 元

前　言

快乐——人类精神世界的无价之宝，已离我们越来越远。无论富有还是贫穷，无论结婚还是单身，多数人活得都并不快乐，要么成天皱额锁眉，紧绷着一根弦，胸中像盛满着被烈日暴晒着的、焦虑和烦躁的干柴；要么轻易就会被生活中的事端或不顺心点燃，燃烧出大片大片的烦恼和郁闷，将身心的平衡扰乱。

国外专家指出："在一切对人不利的影响中，最能使人短命夭亡的，莫过于不好的情绪和恶劣的心境。"如果，我们不能走出不快乐的残害心灵的牢笼，我们就只能眼睁睁地看着心灵凋谢、健康消逝、快乐不再、成功不来而一筹莫展。于是，快乐往往成为了人们的奢望。

难道快乐真的如同天上月，可望而不可即吗？

当然不是，无数事实告诉我们，快乐是可以学习的。林肯曾经说过："人们的快乐不过就跟他们的决定一样罢了。"只要你愿意学习并熟练地运用，你完全可以在任何时候、任何地点缓解不堪重负的压力、放松紧张焦虑的心情、找回精神抖擞的状态、拥抱健康身心的快乐。

医学之父希波克拉底告诉我们："人的情绪便是自己疾病的良医。"人的意识、思维、感情等一切的心理活动无时无刻不在破坏或帮助着人体的免疫功能。英国也有句著名的谚语："一个小丑进城，胜过一打医生。"指的是小丑给大家带来了好心情，而好心情对身心健康的重要性，甚至胜过了医生的帮助。

快乐是健康专家，快乐是祛病神器，快乐是积极向上的心灵能量，让我们战胜忧郁、黑暗和悲观；快乐是源源不断的精神动力，让我们拥抱愉悦、光明和温暖。我们不能失去快乐！

可是，怎样才能够常葆快乐开心呢？

本着帮助大家掌握快乐开心的方法的使命，此书共设计了十堂课，从心态、状态、快乐的养成到营养、运动、艺术的调理，从色彩、芳香、美食的理疗到解压、放松、延寿的技巧，以及各种沟通、激励和创意的方法，让你能随时放松、解压和开心，并且从内到外轻轻松松地健康身心、改善局面。

事实上，人的潜能无限，创造力也是无穷无尽的。只要从心灵出发，积极地准时开心，就能将幸福迎进来，让成功的阳光驱散失败的黑暗！

也许你正处在消沉的状态中愁容满面；也许你陷入在焦虑的情绪里郁郁寡欢；又或者你进入了工作、生活的“瓶颈”状态，需要激情飞扬，此书都能给你带来启发，只要你勤加练习，持之以恒，你一定会得到一个理想中的状态，将你的梦一步步地转化为现实，进而成就幸福、成功、快乐、和谐的人生！

本书能在较短的时间内出版，真诚感谢秦富洋、方光华、陈德云、刘星、曾庆学、李志起、杨勇、李高朋、孙汗青、陈春东、张旭婧、王京刚、陈宁华、王军生、赵志刚、吴波等人在制图、文字修改以及图书推广宣传方面的协助。

作　者

2013 年 4 月

目 录

CONTENTS

第一堂课　心态决定状态——快乐源于内心 …… 1

心态是精神的动力源 …… 3

心态三要素，圆满人生缺一不可 …… 5

黄金心态的 10 种表情 …… 7

超级成功，赢在心态 …… 9

心态激发状态 …… 12

告诉你心想事成的秘密 …… 14

好心态开启快乐密码 …… 16

心态是财富的能量 …… 18

心态和状态的旅行 …… 20

心态扭转乾坤 …… 23

第二堂课　放松是快乐的开始——让自己安静下来 …… 27

探寻内心的密码 …… 29

健康和快乐的临界点 …… 31

学会接受事实 …… 33

制订切合实际的目标 …… 35

学习自我减压 …… 38

驯服心灵的野马 …… 41

装出好心情 …… 44

画出心情脸谱 …… 46

从放松到快乐 …… 48
全身心减压操 …… 50

第三堂课　与你的心灵谈谈——和内心有一个约定 …… 55
远离精神暴力 …… 57
吝啬你的敏感 …… 60
打开意志的力量面对挫折 …… 62
准备好灭火器 …… 64
多吃“开心麻花” …… 66
为心灵松绑 …… 68
增强你的心灵弹力 …… 70
避免冲突的魅力法则 …… 72
心中无惧社交才能更轻松 …… 74
消除恐惧的想象训练 …… 76

第四堂课　愉悦轻松沟通——与世界达成和解 …… 79
心打开，沟通便无障碍 …… 81
走出去，勇敢迈出第一步 …… 83
区分沟通对象才能处处受欢迎 …… 85
赞美的推动力 …… 88
会听与会说同样重要 …… 90
换位思考，零距离沟通 …… 92
赢人心，获得友谊的至高法则 …… 94
善意谎言也有用武之地 …… 97
化解危机和尴尬的沟通应变 …… 99
做快乐的沟通达人 …… 101

第五堂课　和不愉快谈恋爱——走出不愉快的阴影 …… 105
不快乐是小怪兽 …… 107

要学会爱自己 …… 109
走出自卑的阴影 …… 112
自信心量表分析 …… 115
认清自我价值 …… 117
表达你的感受 …… 119
创造爱与善意 …… 122
探寻人生的价值观 …… 125
和痛苦说再见 …… 128
发现内心指南针 …… 130

第六堂课 把心交给未来——给自己一个美好愿景 …… 133
打开心门，迎接幸福 …… 135
跟心中不快说 Bye Bye …… 137
瞬间找回好状态 …… 139
好心念活出好未来 …… 141
给未来的自己写信 …… 144
寻找你的幸运星 …… 147
运用正面的心理暗示 …… 149
自我激励练习 …… 151
把负面想法转化为机会 …… 154
调整思维为身心充电 …… 156

第七堂课 让压力在指尖溜走——放手压力，重新寻找快乐 …… 159
想象放松法 …… 161
减压延寿术 …… 163
一分钟面部润颜 …… 166
按摩放松七部曲 …… 169
学习柔软的智慧 …… 171
消除心理疲劳 …… 173

呼吸新体验 …… 176
渐进式肌肉放松法 …… 178
运动减压法 …… 180
舒展身体，活力飞扬 …… 183

第八堂课　享受每天的一个礼物——给快乐一个奖赏 …… 187
人生没有草稿 …… 189
享受忙碌中的快乐 …… 190
创建快乐银行账户 …… 193
偶尔放慢你的脚步 …… 195
创立你的放松日 …… 198
善用时间管理术 …… 200
时间要当下保鲜 …… 203
简单自然绿活族 …… 207
身心环保计划 …… 210
带着心灵去旅行 …… 213

第九堂课　简单创意放松术——快乐一定有方法 …… 215
用美食炮制好心情 …… 217
兴趣爱好为你快乐埋单 …… 220
色彩是最给力的调节 …… 223
音乐是免费的情绪治疗师 …… 226
享受幸福的芳香日 …… 228
进入动听的无压世界 …… 231
心灵电影 …… 233
5 分钟冥想练习 …… 235
打造自己的心灵花园 …… 239
探索心灵地图 …… 240

第十堂课 准时开心——让快乐成为一种习惯 …… 243
爱的能量圈 …… 245
积极玩好生命游戏 …… 247
减法生活，快乐加倍 …… 249
拉近无限推迟的快乐 …… 251
让快乐成为一种习惯 …… 253
活出精彩 …… 256
试着为一件小事感动 …… 258
信仰是快乐的源泉 …… 260
快乐的人更容易获得成功 …… 263
快乐会传递，你微笑时，世界也会对你笑 …… 265

第一堂课

心态决定状态——快乐源于内心

心理学家认为，心态是一个人真正的主人。正如一位伟人所说：“要么你去驾驭生命，要么是生命驾驭你。你的心态决定谁是坐骑，谁是骑师。”内心是一切问题的根源，也是幸福快乐的来源。

心态是精神的动力源

生活就像苍茫的大海，时而风平浪静，时而惊涛骇浪；生活就像变幻的四季，时而和风习习，时而狂风暴雨。人们步履匆匆地行走在这紧张忙碌的旅途中，有着太多的压力、太多的诱惑、太多的欲望，也有太多的苦痛。每个人都有精神压抑、身心倦怠的时候，如若不及时焕发精神的动力，精神就会犹如绷得过紧的琴弦一样，往往容易断裂。

一切的力量都来自于精神的动力，而心理状态则是激发精神动力的源头。

我有位学员，叫做卡琳，从事打字工作。工作两年了，她常常感到疲惫，因为在她们办公室有四位打字秘书，但仍然忙得不可开交。一天，副经理坚持要她把一封长信重新打一遍。她看后告诉副经理，只要修改一下就行了，是不需要重打的。他却告诉卡琳，若是卡琳不愿意重打，他会去找愿意打的人来打。卡琳气得发晕。

她打电话给我诉苦，说她也很明白，假如她不打，那么就会有许多人来抓住这个机会，并代替她的工作位置。况且人家给她薪水就是让她做这项工作的。但是她的工作已经让她倦怠不堪，身心能量都匮乏了。我对她说："英国著名文豪狄更斯说：'一个健全的心态，比一百种智慧都更有力量！'只要你调整好心态，精神就有前所未有的朝气和活力。"

于是，卡琳开始假设自己很喜欢这项工作，并且高高兴兴地去做。令她惊喜的是，这样的假设，似乎让她真的很喜欢这项工作了，就连打字的速度也提高了不少。这个新发现，让她从此改变了以往的工作态度，大家都觉得她是一个很优秀的职员。后来，她便升职为行政秘书。

卡琳只是将心态进行了重新的设置，整个"工作系统"就得到了维护、更新和升级，得到了意想不到的报偿。正是因为，心态是精神的源泉，掌控着精神的一切力量。

科学实验告诉我们，人与人之间的区别是微小的。可是为什么有些人就是比其他的人更成功，更幸福，即使面临千壑万岩，也能建功立业？而许多人忙忙碌碌地劳作却只能维持生计，稍有“风吹雨打”就委靡不振？原因就在于前者有健全的心态。

心理学家认为，心态是一个人真正的主人。正如一位伟人所说：“要么你去驾驭生命，要么是生命驾驭你。你的心态决定谁是坐骑，谁是骑师。”

下面这个故事的两兄弟，就是一位驾驭了生命，一位被生命驾驭。

40年前，两兄弟生长在福建某贫穷的乡村里，由于抵受不了穷困的环境，便决定离开家乡，到海外去谋发展。哥哥被卖到比中国更穷困的菲律宾，弟弟好像幸运些，被奴隶般卖到了富庶的旧金山。

40年后，兄弟俩又幸运地聚在一起。今日的他们，已今非昔比了。做哥哥的，成了一位享誉世界的银行家，拥有东南亚相当分量的山林、橡胶园和银行，而且子孙满堂，有些承继衣钵，有些成为杰出的工程师、电脑工程师等科技专业人才。

弟弟呢？却成为一位挣扎在贫困线上的鞋匠，生活窘迫，独身一人。

为什么兄弟两人在事业上的成就有如此大的差别呢？

兄弟聚头，一阵欷歔后，不免谈谈分别以来的遭遇。哥哥说：“初来菲律宾的时候，做些卑微的工作，很自卑，没有干劲。后来发现当地的人有些是比较消极和懒惰的，于是我积极地顶下他们放弃的事业，慢慢地不断收购和扩张，生意便逐渐做大了。”

看到哥哥这般成功，弟弟很羡慕，他有些懊悔地长叹道：“唉，我曾经也当过职员、创过业，但是那些事情都有很多风波，让人精神上很煎熬。后来，我跟一位工友一块做起了鞋匠，日子能够温饱也就过来了。现在想想，如果当初不是这种心态，或许我也能有机会做成一些什么事情。”

哥哥之所以成就了一番事业和美好的人生，不可说不是心态的功劳；弟弟的人生路线，也不可说不是心态的选择。

每个人都有成功的机会，每个人也都有挫败的时候，只要我们具有积极的心态，就能够源源不断地激发精神动力，品尝成功的甘泉。

心态决定动力的有无，动力的有无决定成败。当你学会用健康的心态改变你的精神力量，一切就会向好的方向转变，你的生命就一定会拥有你期盼的绚丽光彩。

心态三要素，圆满人生缺一不可

健康心态是创造奇迹的“聚宝盆”，能够化腐朽为神奇、更废品为利器、从一无所有变应有尽有。之所以有如此超凡入圣的能量，关键在于构成“聚宝盆”的三个要素：积极思维、马上行动、坚持到底。这三个要素不仅各自具有耐压性、稳固性、坚定性，还相辅相成、相生相盛。自然，它们会无往不利、所向披靡、攻无不克。

第一要素：积极思维

积极思维是心态系统的“CPU”，激发出一切卓越的成绩。

《哈姆雷特》上说：“事物并无好坏之分，全看我们怎样去看。”

一个玻璃杯，内盛半杯水，积极思维的人关注的是半杯水，而消极思维的人关注的是半空的玻璃杯。

消极思维会让人泄气、虚弱、失去自信、没有斗志、对别人心存芥蒂、发自内心的不快乐，让你在生理上产生疾病，甚至影响到你和他人的关系与合作。

积极思维不但是一种激励人的想法，它对你的性格、精神、健康状况和创造力都会产生巨大的影响。它激发你的潜能，让你更强大、更自信、更精力充沛、更睿智聪颖地去面对生活。

苏埃尔·皮科克说：“成功人士始终用最积极的思考，积极主动地认识自我，用最乐观的精神和最辉煌的经验支配和控制自己的人生。”

美国NBA历史上伟大的篮球运动员迈克尔·乔丹一生投进了很多关键球，越是关键的比赛发挥越出色。一位记者问他：“你总是敢出手投篮，有没有想过万一投不进怎么办?”“我只思考怎么把球投进去，从来没有想过球投不进!”乔丹不假思索地回答。

早在20世纪30年代，积极思维的想象训练就应用在体育领域里，用以提高运动员的成绩。后来又逐渐应用于医学领域，用于身体功能复健。

让人庆幸的是，人的心里每次只能有一种思想：积极的或消极的。每当不开心时，都可以选择用积极的思想抵消、替代消极的想法。

久而久之，你的积极思维会形成习惯，这样，你就会完全控制自己的潜意识。你会得到极大的力量，改善你的生活。

第二要素：马上行动

行动是系统的硬件。运行出无限的希望之光。正如世界第一潜能大师安东尼·罗宾所说："人生伟业不在于能知，而在于能行。"行动的重要性从下面的小故事可见一斑。

曾经有一位非常成功的企业家，有人问他："请问你为什么会成功？"回答："马上行动。"那人又问："当你遇到挫折时，你会怎么办？"回答："马上行动。"那人再问："除此之外，你其他的成功秘诀还有哪些？"回答："马上行动。"

简简单单的四个字，却蕴含着成功的重要秘诀。马上行动、绝不拖延，你就成功了一半。

世界上牵引力最大的火车头停在铁轨上，为了防滑，只需在它 8 个驱动轮前面塞一块一英寸见方的木块，这个庞然大物就无法动弹。然而，一旦这只巨型火车头开始启动，这小小的木块就再也挡不住它了；当它的时速达到 160 千米/小时，一堵 1.5 米厚的钢筋混凝土墙也能轻而易举被它撞穿。

从一块小木块令其无法动弹，到能撞穿一堵钢筋水泥墙，火车头威力变得如此巨大，原因不是别的，是由于它开动起来了。

其实，人的威力也可以变得巨大无比，突破重重障碍，只要我们马上行动，就能够让梦想照进现实。

第三要素：坚持到底

坚持是系统不断更新、升级的软件。它让你接通世界的力量，无论你想要做什么，它都能够滋生出资源来支持你；无论你遇到什么挑战，它都能够变换出来力量来解决问题。

古人云："锲而不舍，金石可镂；锲而舍之，朽木不折。"水滴石穿，绳锯木断，靠的就是坚持。坚持是力量之源，坚持是胜利的保证。

费尔德曾构思了海底电缆的计划，他把自己的所有财产都投资在这个项目上。可第一次铺设电缆失败了，第二、第三次均告失败。面对失败的打击，他并没有放弃这个计划。1858 年，电缆铺好了，很遗憾电缆只运营几个星期就停了。之后他又在大西洋上来回 50 次筹集资金，眼看快成功了，可铺到近 4000 千米的地方电缆又断了，一切又白费了，这次损失 600 万元。1866 年 7 月 27 日，经过 12 年的不懈努力，电缆铺设终于成功了。

法国安格尔说："所有坚韧不拔的努力迟早会得到报酬。"只要去坚持，就没有攻不下的堡垒。如果司马迁在狱中不坚持写作，就不会有"无韵之离骚，史家之绝唱"的《史记》；如果曹雪芹没有"披沥十载，删减五次"的坚持精神，怎么会有千古流芳的《红楼梦》；如果贝多芬在双目失明的情况下不坚持谱曲，那就不会有流传世界的《命运交响曲》了。

积极思维、马上行动、坚持到底是心态的三要素，也是圆满人生的三要素。积极思维是基础，马上行动是关键，坚持到底是力量，三者和合融汇、缺一不可。只要拥有心态三要素，人生之路就再没有看不见的希望，再没有行不通的障碍，再没有过不去的沟坎。

黄金心态的 10 种表情

清澈如晶，是水的表情；屹立如钢，是山的表情；温暖的十颗心，是黄金心态的表情。这十颗心，比水更澄明，比山更坚定。它们予己以幸福，予人以温暖，予社会以和谐，予世界以美好。心态的表情，是灵魂的旋律，在每一个晨昏，弹奏出最美的交响乐，使我们拥有幸福、和谐、美好的人生。

1. 信心

海伦·凯勒说："信心是命运的主宰。"爱默生说："自信是成功的第一秘诀。"人的成就不会超过自己的信心，必先有信心，才能使人勇于伸手接住机遇之光，使人埋头播下希望之种，使人产生神奇的精神力量，克服种种困难，取得成就。

2. 爱心

左拉说："爱是不会老的，它留着的是永恒的火焰与不灭的光辉，世界的存在，就以它为养料。”爱心是“老吾老以及人之老，幼吾幼以及人之幼，亲吾亲以及人之亲，痛吾痛以及人之痛”。爱心是对社会丹心图报的责任，任颠沛流离而不忘；爱心是对长辈无微不至的孝敬，虽贫病交加而不弃；爱心是对爱人忠贞不移的坚定，任山崩海枯而不绝；爱心是对幼者孜孜不倦的教化，虽懵懂稚嫩而不厌；爱心是个体与世界存在、发展的根基。没有爱心，一切都将归于黑暗与漠寂；它让施与者与接受者都与幸福同在。

3. 诚心

德莱塞说：“真实是人生的命脉，是一切价值的根基。”《菜根谭》上说：“人心一真，金石可贯。”诚心，是真心也是诚信。是立身之本，也是情谊之花。有诚心，可横渡苦难之海，可跨越磨难之道，可通向成功之门。

4. 虚心

“虚心竹有低头叶”，毛泽东说：“虚心七窍通，骄傲盲又聋；虚心使人进步，骄傲使人落后。”虚心是智慧之种、美德之基、成就之根、幸福之地，能善万象，圆万事。

5. 自律心

《神奇的情感力量》的作者罗伊·加恩说：“自律是修身立志成大事者必须具备的能力和条件，希望每个人都能做到自律!”所有大成者，无不先是自律者。自律能够磨砺品格、增强意志，使人深谙“舍得”哲学——有所舍，方能有所得；有所律，方能有自由。

6. 感恩心

感恩，是人无论如何不能失去的无价之宝，是获取能量的途径，是实现成功的无价之宝。“知恩图报、饮水思源”，感恩心，是良知的生命，是奋斗的灵魂。作为一种生命哲学和人生智慧，感恩心是成就阳光人生的支点。感恩的心，永远快乐；感恩的人，永远幸福；感恩的世界，永远美好。

7. 耐心

柏拉图曾经说过：“耐心是一切聪明才智的基础。”点点滴滴的收获来自于丝丝缕缕的耐心。古人云：“欲速则不达。”所有不利于成功的负面品质都是缺乏耐心的产物。一个人有多大的耐心，他的成功概率就有多高。

8. 细心

“千里之堤，溃于蚁穴”，粗心的毛病，会带给我们很多意想不到的烦恼。心细，意味着对事物的敏锐感受和深刻洞察，会为智慧提供源源不断的能源，让我们拥有更多安全与保障，收获更多成功与效益。

9. 决心

夸美纽斯说：“在灵魂的运动里面，最重要的转轮是决心。”雨果说：“最大的决心会产生最高的智慧。”决心能催生出果敢的行动力，让人越过灰心，蹚过失望，让一切困难都变得容易被击破。

10. 平常心

平常心是智慧宫殿的使者。平常心并不是让人满足于现状，不求上进，而是如古圣贤所提倡的，追求当求百世名、千秋功、万代利。如此，自可具备不以物喜、不以己悲的定力。在忙碌时清晰和镇定，在紧张时从容和淡定，在烦恼时释怀和放下，在愤怒时冷静妥善地化解矛盾，在疲惫时更有信心和力量创造未来。

这十颗心的会聚，其势胜排山倒海，其速赛风驰电掣，其情比金钻石坚。让人产生极大的热忱，发挥极大的力量，迸发出取之不尽的动力源泉，放歌于成功之巅。

超级成功，赢在心态

北京的音乐家王启明为了追逐梦想，携妻来到了美国的大都会纽约。但是，这里并不像他想象得那样，他这个音乐家在这里根本没有办法生活。最后只好放下架子，用拉小提琴的双手去餐馆刷盘子，日子可以说过得相当凄惨。那个时候的纽约，对于王启明来说就是典型的地狱；但是王启明很快调整了自己的心态，全心全力地去经商，经过努力的奋斗，最终赢得了事业的辉煌。这个时候的纽约，对于他来说就是一个天堂。

据媒体报道，一位在加拿大留学的留学生在多伦多跳桥自杀，身后遗下一双未成年的儿女及无助的妻子。这位留学生曾经是高考状元，在国内一所著名高校获得硕士学位，被破格提升为该校最年轻的副教授。后远渡重洋赴美国攻读，并且获得核物理博士学位。后来移居加拿大，找不到合适的工作，万般无奈之下，在多伦多攻读第二个博士学位。此后由于四处寻找工作没有结果，最后走上了绝路。

客观地说，这位留学生的学历、资历等都远胜于王启明（电视剧《北京人在纽约》男主角），为何他反而会一蹶不振甚至一死了之呢？同样都是异国他乡，同样都是生活无以为继，"敲门砖"、技能等毫无优势的王启明，为什么能够在竞争极其激烈的纽约生存下来并且事业有成呢？

两人的根本区别，只在于心态。王启明启动了我们每个人天生就携带着的无形法宝——积极心态。如果没有积极的心态作后盾，在国内只会拨弄琴弦的王启明，又怎么可能会迸发出经商的潜能呢？更别提能够获得瞩目的成就了。而有的条件比王启明优越上百倍的人，却因为没有积极的心态，不但一败涂地，甚至走上了绝路。

成功学的始祖拿破仑·希尔说，"一个人能否成功，关键在于他的心态。"

成功人士的首要标志是心态积极。如果一个人积极、乐观地面对人生、接受挑战、克服困难，那他就成功了一半。

我们不得不面对一个事实：古今中外，超级成功的大成者少，平庸无为的失败者多。大成者活得幸福、快乐、自在，失败者过得空虚、郁闷、艰难。为什么会这样？是大成者学历高吗？还是外形好、家境好呢？稍稍了解一下他们的经历就可得知，所有外部条件的附加价值，都不是让他们有大成的原因。决定大成或是失败的因素是心态，心态的差异导致人生惊人的差异。

很多人或许都读过《假如给我三天光明》这本书，知道海伦·凯勒这个人。

海伦·凯勒 1880 年出生于亚拉巴马州北部一个叫塔斯喀姆比亚的城镇。

在她一岁半的时候，一场重病夺去了她的视力和听力，接着，她又丧失了语言表达能力。然而在这黑暗而又寂寞的世界里，她没有颓唐退缩，以积极的心态去感受和争取这个世界一切的美好。她学会了读书和说话，并以优异的成绩毕业于美国拉德克利夫学院，成为一个学识渊博，掌握英、法、德、拉丁、希腊五种文字的著名作家和教育家。她走遍美国和世界各地，为盲人学校募集资金，把自己的一生献给了盲人福利和教育事业。她赢得了世界各国人民的赞扬，并得到许多国家政府的嘉奖。

一个聋盲人要脱离黑暗走向光明，最重要的是要学会认字读书。而从学会认字到学会阅读，得付出超乎常人的毅力。海伦是靠手指来观察老师莎莉文小姐的嘴唇，用触觉来领会她喉咙的颤动、嘴的运动和面部表情，但这往往是不准确的。她为了使自己能够发好一个词或句子，要反复的练习，海伦从不在失败面前屈服。

海伦从 7 岁受教育，到考入拉德克利夫学院的 14 年间，她给亲人、朋友和同学写了大量的信，这些书信，或者描绘旅途所见所闻，或者倾诉自己的情怀，有的则是复述刚刚听说的一个故事，内容十分丰富。在大学学习时，许多教材都没有盲文本，要靠别人把书的内容拼写在她手上，因此她在预习功课的时间上要比别的同学多得多。当别的同学在外面嬉戏、唱歌的时候，她却在努力备课。

1968 年 6 月 1 日，88 岁高龄的海伦走完她传奇般的一生。因为她坚强的意志和卓越的贡献感动了全世界，各地人民都开展了纪念活动。有人评价她说："海伦·凯勒是人类的骄傲，是我们学习的榜样，相信众多的有疾病的聋、哑、盲人都能在黑暗中找到光明。"

一个看不见任何东西、说不出一句话、听不见一丝声响的残疾人，为什么能够走出黑暗，做出了让不少肢体健全人都汗颜的成绩？为什么能够赢得世人如此高的褒扬？关键就在于她有着积极的心态。正是凭借这种积极的心态，海伦·凯勒才能将自己的潜能激发出来，进而取得了辉煌的成就。

没有人不向往超级成功，超级成功意味着自我价值的实现，是人类内心深处最高层次的需求。无论你的出身如何、学历如何、背景如何、成就如何，只要你拥有积极的心态，你就一定能够产生向上的力量，自信乐观地坚定进取，开心地拥抱超级成功！

心态激发状态

状态是指人或事物表现出来的形态。在科学技术中，也指物质系统所处的状况。也指各种聚集态，如物质的固、液、气等态。

物质的状态在不同情况下会发生不同的改变。

举个例子：

日本江本胜博士从1994年起就开始拍摄水结晶的照片。他将从世界各地采来的水样放入冰箱，在冰即将融化成水的临界点，用高速摄影技术拍下了一张张水结晶的奇异面孔。

当咒骂水或对它置之不理的时候，水的结晶就非常混乱、破碎、糟糕，但是，当赞美或夸奖水的时候，它的结晶就会非常清晰、整齐、美丽。听到“爱与感谢”这个词的水的结晶最美，排列规则的六边形像一朵晶莹的梦幻之花。更神奇的是，水对人类创造的语言、文字（包括日文、英文、法文、德文、中文等）、图像都有所感应，水对善意的信号都报之以独具特色的美丽结晶，对伤害和不礼貌的信号则会混沌一片、丑陋不堪。

这些实验的水结晶照片在日本公布并结集为《水知道答案》一书出版后，举世轰动。据说，后来有不少人进行过类似实验，都得到了同样的答案。这让我们了解到态度对状态的深远影响。

万物有灵，人为万物之灵长，接收和释放各种信息的能力更强，状态的改变也会更明显。生活中，我们也可以常常听到人们怨叹状态不佳：比赛失败了，因为状态不佳；被炒鱿鱼了，因为状态不佳；生活没兴致，因为状态不佳；心情不美妙，因为状态不佳……状态不佳似乎已经成为了夺走我们欢笑、幸运、健康的罪魁祸首。相反，状态好的时候，我们会朝气蓬勃、兴高采烈、积极快乐、不屈不挠，化压力为动力，化动力为打败困难的“杀伤力”，百事可亨通。

怎样才能赶跑坏状态这只“拦路虎”，激发出好状态来呢？

让我们从美国总统罗斯福的经历里去找找启示吧。

罗斯福是美国家喻户晓的伟大人物，在经济危机与第二次世界大战期间做出了许多有益于国家和人民的大事，受到千百万人的敬仰。他的跌宕经历可说是状态的跌宕史。

罗斯福是一位残疾人。他也曾经一度险些陷入人生的低谷，状态比“熊市”还要低迷。自卑得几乎不敢去做任何事情。直到有一天，在学习时，他突然意识到一个极其严重的问题，如果自己就这样在度日如年中，走到人生尽头，将是一件多么可怕的事情呀！他不甘于此，于是开始潜心研究历史。

他从学习历史中来增长自己的见识，探究大国发展的进程。只要一进入图书馆，他就会忘记一切，一个人沉浸在书中那些纷繁复杂的国际关系中。他忘记了自己的残疾，抛却了自卑，书中的“营养”滋养和丰富了他的心灵。他的心态越来越积极，状态也越来越“牛市”。

潜心钻研让他积累了许多知识，为他以后的从政生涯奠定了坚实的基础。当他以丰富的见识及残缺的身体登上竞选席位时，人们被他不屈服于命运的人格魅力所感染，最终罗斯福打败了对手，成为第32任美国总统。人们支持他并以他为榜样，投身于恢复经济的浪潮中。

尽管罗斯福是残疾人，但是改变状态后，他一举成就了人生。其实，真的是状态的原因吗？哦，不，显然，状态也是被心态激发出来的。是心态的改变，让罗斯福产生了挣脱颓唐的干劲；是心态的改变，产生了潜心钻研的静力；是心态的改变，让他产生了向前进取的动力；是心态的改变，让他产生了击败困难的爆发力。是心态激发出他所向披靡的状态。

而今的你，是否正在消沉的状态中，看不清前进的方向？是否正在失意的状态中，触不到未来的希望？是否正在浑噩的状态中，找不到人生的价值？再或者，你进入了工作、生活的“瓶颈”状态，需要激情飞扬地步入更高的崭新平台？别再彷徨，别再犹豫，现在、马上、即刻转化为积极思维、果断行动、坚持下去的好心态，你一定会看到一个你理想中的自我状态，将你的梦一步步地转化为现实。

告诉你心想事成的秘密

这世界上有心想事成这回事吗？你或许难以置信，或是半信半疑，好像我最初在没有从科学角度去研究时一样。我们都期待，但是我们不敢相信；就好像我们都知道那些所向无敌者有秘密，但是我们却不知道到底是什么。

当然，这是个秘密！每个人都想知道、都需要知道的秘密。这个秘密里面甚至包含着与人类以及宇宙万物的进化的相关原因。

我们需要一些时间先了解量子物理学。这是一门很有趣的科学，是一门研究和解释宇宙万物是如何产生以及存在的科学。它将一切事物的状态、发展轨迹和环境的物理层面等因素，分解成最基本的形式，来研究它们的产生。现代量子物理学研究表明，量子物理学、精神、你的心态与生活成败之间的内在联系，远比我们想象的更为复杂和紧密。

我们小时候知道，现在我们能看到的存在于这个物理世界的一切东西都是由分子组成的。量子物理学家则进行了更深层次的探索，他们将分子再分解，得到比分子更小的物质。——亚原子粒子。1925 年，爱因斯坦发现了一个举世轰动的重大、神奇的方程：$E = mC^2$，能量 = 一切。

爱因斯坦的发现将推进牛顿物理学，让我们得知事物之间是依靠不同的振动频率的能量而聚合在一起的。亚原子也不例外，它在原子核内同样蕴含着纯粹的能量。爱因斯坦的理论证实了一切物质都可以分解成同一种基本单位。这种基本单位就是能量，纯粹的能量，能够创造一切的能量。

世界上存在的一切物质，不论是颜色、声音、大气、风、思想、心态、情感、四肢，等等，都依靠这种能量而存在。

科技水平的发展使得科学家可以更加深入地了解这种能量波，因此一个新的结论诞生了：波能量从理论上来讲，会随着观察者本身的意念而改变它的形式。

基于原子真实性质的结论，科学家们又有了更加惊人的发现。当科学家带着自己的主观意识去观察粒子的时候，粒子就处于被观察的状态。如果观察者相信它们是一种波，那么它们就会表现出波的形式和性质。如果你首先假设它们是一种波，然后又假设它们是以粒子或者其他性质形式出现，这些粒子就会根据你的主观意识做出相应的表象调整。

这一系列神奇惊人的事件得出的结论证实：我们每一个人的思想都是具有创造性的。同时也就意味着，这种蕴藏在亚原子粒子内的能量以何种形式存在，是受到人们思想直接影响的。

在马克斯·普朗克之前的研究广泛认为，根据爱因斯坦的相对论，能量是以波的形式在宇宙间穿梭，然后形成科学世界中可以感知的现实。

换一种说法解释，根据观察这种能量的科学家本身具有的思想和信仰，这种波动会立刻做出相应的变形。

后来，科学家在实验室中，将亚原子粒子分成两半，又发现了这两部分之间就存在着可以观察到的交流能力，这种能力跟时间和空间无关，不管这两部分相隔多远，这种力依旧存在。

科学证明：无论你的心态是什么、相信的是不是真实的，你都是你现实生活的创造者。如果你的生活是一张画板，那么上面的一切都是由你自己绘制而成的。你想要什么样的状态、生活和境遇，你想要什么样的幸福、成功和快乐，都可以心想事成。你只需要最大程度地将你的心态改变为积极，就可以一一实现，甚至不可能的事情都没有问题。

汤姆·邓普西就是一个心想事成、将不可能变为可能的好例子。

汤姆·邓普西生下来的时候，只有半只脚和一只畸形的右手。父母从来不让他因为自己的残疾而感到不安。结果是任何男孩能做的事他也能做，如果童子军团行军5000千米，汤姆也同样走完5000千米。

后来他要打橄榄球，申请加入新奥尔良圣徒球队。在他积极的心态下，本已拒绝他的教练对他产生了好感，因此就收了他。不久，在万众瞩目的球场上，他在比赛的关键时刻力挽狂澜，踢出史上最远的一球，让汤姆所在的球队获胜，引得六万多球迷全部意外惊呼。很快，只有半只脚和一只畸形右手的汤姆，就成为了让大家佩服的一流球员。

这似乎是个奇迹，但是从量子物理学来说，这只是符合了能量的规律。这个规律就是心想事成的秘密。还在张望什么呢？马上行动起来吧，用积极心态替换、消释掉消极心态。只要你拥有积极的心态，你就可以百事亨通、千事吉祥、万事如意！

好心态开启快乐密码

快乐是什么？不同的人会有不同的理解。在孩子眼里，快乐或许是随心所欲地上网玩游戏；在年轻人心中，快乐或许是和心爱的人共度浪漫时光；中年人在意的快乐，当是家庭和美、工作顺利；而老年人则会觉得身体健康、天伦之乐是最大的快乐。

美国著名的心理学家谢利克曼认为，快乐其实包含两种不同的感觉，一种是愉悦感，另一种则是满足感。前者是感官上的享乐带来的浅层愉悦感，例如大快朵颐、欣赏美图等。后者则是由心理上的成长及成就感带来的更深一层的满足感，例如看了一本好书、跟知己交心、探索生命的意义、克服困难达成目标等。当我们经过跋涉，感觉自己更上一层楼时，成长的满足感，就能让我们有内心深处的快乐。

快乐是人的精神世界的无价之宝。笑口常开、安康福泰、追求快乐是每个人生而有之的权利。但是当下，无论富有还是贫穷，无论婚姻还是单身，多数人活得都并不快乐，成天皱额锁眉，紧绷着一根弦，胸中像盛满着被烈日暴晒着的，焦虑和烦躁的干柴，轻易就会被生活中的事端或不顺心点燃，燃烧出大片大片的烦恼和郁闷，将身心的平衡扰乱。于是，快乐往往成为了人们的奢望。

难道快乐真的如同天上月，可望而不可即吗？不妨看看幽默大师马克·吐温所说的："快乐就像夕阳——人人都能看得见，但多数人的眼睛却望向别的地方，因而错过了机会。"

没错，除了供应生存的物质基础外，快乐与金钱等条件都并不存在因果关系。

有这样一个老太太，她有两个儿子，大儿子是染布的，二儿子是卖伞的，年纪轻轻，事业已都小有所成，但是老太太却整天为两个儿子发愁。天一下雨，她就会为大儿子发愁，因为不能晒布了；天一放晴，她就会为二儿子发愁，因为不下雨二儿子的伞就卖不出去。老太太总是愁眉紧锁，没有一天开心的日子，弄得疾病缠身，骨瘦如柴。两位孝顺的儿子找了好几位大夫来，都无法根治她的病。一位智者告诉她，为什么不反过来想呢？天一下雨，你就为二儿子高兴，因为他可以卖伞了；天一放晴，你就为大儿子高兴，因为他可以晒布了。闻听此言，老太太以后天天都是乐呵呵的，身体自然健康了起来。

心病还需心药医，快乐本是精神层面的感受，不快乐也是出自心灵的源头，只有改变了心态，才能够让人从千丝万缕如同“盘丝洞”里，越挣扎越勒紧的恐怖蜘蛛网的负面思维解缚，获得健康的身心。快乐是紧闭的心门后的宝藏，很多人用力去拉，却徒劳无功。原来，这扇门的密码只是转念一想，轻轻推开，和风日丽，不亦快哉！

美国有一位心理学家指出：“烦恼不是一阵情绪的痉挛，精神一旦牢牢地缠住了某种东西就不会轻易放弃它。”不良的心境有一种顽固的力量，一旦陷入，往往难以摆脱。因而，当一个人情绪不佳时不要过分独自地冥思苦想，最好将自己的心事倾诉出来，或是将思想转移到其他的事情上去，心理学上称之为“心境转移”。

好心态者打开快乐密码的金钥匙就是其特殊的理解。心理学上有一种“漏掉的瓦片效应”，一栋房子顶上铺满了密密麻麻的瓦片，有的人看到的是整齐的瓦片，有的人则只看到几块铺的不好的瓦片。自然，这种凡事只看消极一面的人，总是爱自己为难自己，是不会快乐的。面对同一样事物，好心态的人看到的总是事物积极的一面。一个装了半杯酒的酒杯，他们盯着的是那香醇的下半杯，而不是盯着那空空的上半杯；从窗外望出去，他们看到的是满天的星星而不是黄色的泥土。

有一个女孩子，她生性乐观积极，也很懂得过日子，更知道要如何排解自己的不快。清晨醒来，她会对镜中的自己大声说：“今天是个好日子。”即使昨天的坏情绪尚未消除，她还是会大声地说。然后刷着牙，想着刷牙是一件多么令人愉快的事，牙齿将变得洁白干净，不会受到蛀虫的侵袭，口气清新。洗脸也是一件非常愉快的事，因为清水的湿润，会使脸上的皮肤感到无比的舒畅。这都使她的脑细胞感到无比快乐。

她把细胞快乐论告诉人们，如果我们心态好，就会让身上的每一个细胞都会感到快乐，这样，我们自身自然也会非常的快乐。

其实这种与细胞积极对话的方式，正是好心态的暗示体现。我们也可以用这个方法开启快乐密码。每天清晨起床，对镜中的自己说："今天将是美好的一天。"总是保持着笑容，变得比以前开朗，不再把事情看得太严重，无论何时、何地，总是积极的挑战明天。开始懂得与大家和睦相处，而不是明争暗斗，从心底去爱人，而不是做做表面文章……渐渐地，我们的生活模式就会明显改善。

好心态是快乐密码的金钥匙。好心态不仅能打开我们的心扉，让我们体验到生活中的愉悦，还能使我们从逆境中崛起，在困难中成长，在荒芜的沙漠里，种出一片绿洲，开辟出让人更有收获的丝绸之路。

心态是财富的能量

在我们的人生中，财富虽然是附加价值，但也是我们安身立命的物质基础，是我们自我发展的根本保障。俗话说："钱不是万能，没有钱却是万万不能的。"

我们要吃饭穿衣，要解决基本的生存问题；在物质生活得到了基本保障之后，我们还渴望受到良好的教育、发展精神文明，让心智和灵魂都得到滋养。而且，一个人的最大幸福莫过于能够给他所爱的人提供力所能及的帮助。给予是爱的最自然、最真切的表达。无偿的给予有精神层面的，也有物质层面的。若连自己的生活都保证不了，哪来的能力付出和给予呢？在高度发展的商品社会，无论是物质消费还是精神消费，都必须依靠金钱才能得以实现。倘若想寻求发展但不努力积累财富，唾弃金钱，无异于构造空中楼阁。

古话说："君子爱财，取之有道。"哲言说："只要获得的财富正当光明，我们就应该积极地去追寻。"怎样追寻呢？显然，附加价值是紧紧依附着核心价值而存在，所以，作为核心价值的心态就是产生财富的能量。只要有积极的心态，就能够获得充裕的财富资源，反之，若没有积极心态，即使拥有再多的财富，都会失去能量，而逐步衰竭。

看过这样一个小故事：

曾经有两个人，一个体弱的富翁，一个健康的穷汉，两人相互羡慕着对方。富翁为了得到健康，乐意出让他的财富；穷汉为了成为富翁，随时愿意舍弃健康。

一位闻名世界的外科医生发现了人脑的交换方法。富翁赶紧提出要和穷汉交换脑袋。其结果，富翁会变穷，但能得到健康的身体；穷汉会富有，但将病魔缠身。

手术成功了。穷汉成为富翁，富翁变成了穷汉。

但不久，成了穷汉的富翁由于有了强健的体魄，又有着成功的意识，渐渐地又积累起了财富。可同时，他总是担忧着自己的健康，一感到有些不舒服就大惊小怪。由于他总是那样担惊受怕，久而久之，他那极好的身体又回到原来那多病的状态里，或者说，他又回到了以前那种富有而体弱的状况中。

那么，另一位新富翁又怎么样呢？他总算有了钱，但身体孱弱。然而，他总是忘不了自己是个穷汉，有着失败的意识。他不想用换脑得来的钱相应地建立一种新生活，而不断地把钱浪费在无用的投资里，应了“老鼠不留隔夜食”这句老话。钱不久便挥霍殆尽，他又变成原来的穷汉。然而，由于他无忧无虑，换脑时带来的疾病也不知不觉地消失了。他又像以前那样有了一副健康的身子骨。最后，两人又都回到了原来的模样。

这个故事虽然有些极端，但是却贴切地说明了：积极的心态能吸引财富，消极的心态只会失去财富。决定我们拥有多少财富的不是外部条件，而是心态。

在一个小镇上有兄弟俩，贫穷让他们过早地踏入了社会，为了谋生背井离乡，但却各自学了一手绝活。哥哥的特长是做饺子，弟弟最拿手的就是炒果条。于是，两个人都有了自己的事业，各自在镇上开了个小吃摊营生。

哥哥做饺子的手艺堪称一绝，凡是吃了他做的饺子的没有一个不说好的。可是，他对待顾客的态度很不好，顾客问他时总爱理不理的，或叫顾客先看有什么可卖之后才找他买。结果，他做的饺子虽然好吃却问津的人不多，顾客常受不了他的傲慢而不再回来。炒果条是新加坡特有的美食，弟弟花了好长的工夫才学了这门手艺，回到家乡发展。在当地炒果条的店也就独此一家。他炒的果条不但美味可口、人吃人爱，而且对待顾客充满热情，服务态度很好，所以，他的小吃摊总是高朋满座，生意也随之蒸蒸日上。

数年过去了，弟弟渐渐地富了起来，身上除了拥有汽车、洋房外，还开了十几家分店等。但是，只要有时间他还是经常亲自招待顾客，尤其是那些常客，对待顾客他还是付以同样的热诚。这也使得更多的客人闻名而至，让他的生意历久不衰地越做越旺。

而那位卖饺子的哥哥，他还是数年如一日，仍旧住在那简陋的屋子，守着那个破摊子，每天还是要为三餐而操心。

收获财富是从积极的心态开始的。如果你内心已贫瘠，财富将离你远去。弟弟之所以能够发财致富，正是因为他的好心态，帮他养成众多优秀的习惯。让他乐观积极地面对生活、面对事业，坚持到最后。

无疑，心态是财富的能量。每个人都有致富的机会。想要脱贫致富，首先应做的便是使自己的心态积极活跃起来，这样，对宇宙原能的影响就会更集中和强烈。不仅能影响他所想的事物的自身生长，还能激发出自己的潜能量，让自己拥有获得财富的一切力量。

心态和状态的旅行

1950 年，朝鲜战争爆发后，美国五角大楼把所有的军用物资购买计划列为保密文件，这可急坏了一些投资家。因为许多投资家都想预测备战计划对股市的影响，而想正确的预测备战计划对股市的影响就必须知道美国政府对原材料的需求量，特别是对铝、铜和钢材的需求量。

美国国家工业联合会也想知道这些，可是在高度保密的情况下，知道这些简直比登天还难。就在美国国家工业联合会一筹莫展的时候，一个年轻人自告奋勇地站出来，说让他试试。这名年轻人就是格林斯潘，当时他只有24岁，还没有从纽约大学毕业，只是为了支付高昂的学费，才来到这个投资机构做兼职调查员。老板实在找不到其他合适的人，只好抱着试试看的心理，让他去了。

要知道美国政府对原材料的需求量，特别是铝、铜和钢材的需求量，只要翻看美国有关的文件就行了，这是一条最便捷的路径。可这是不可能的。正因为如此，在美国国家工业联合会偌大的机构里，虽然人才济济，但没有人愿意调查这一切。怎么办呢？格林斯潘想到了1949年，那时候朝鲜战争还没有爆发，军事会议在开听证会的时候召开，所以没有保密。于是，他花了大量精力研究一年来的新闻报道和政府公告，了解到美国空军的规模和装备、每个营的飞机数、新战斗机的型号、后备战斗机的数量，然后再预计出损耗量。有了这些，就能基本预测出朝鲜战争期间每个型号战斗机的需求量。

知道了每个型号战斗机的需求量，格林斯潘又找来各种飞机制造厂的技术报告和工程手册，一头扎了进去。这对他来说虽然有一定的难度，但通过一段时间的研读，他还是弄清了每个型号的战斗机需要多少铝、铜和钢材等原材料，然后再根据每个战斗机的需求量，轻易地算出了美国政府对原材料的总需求量。

仔细地算出来后，格林斯潘写了《空军经济学》等两篇很长的报告，发表在当时有很大影响力的《经济记录》上。由于他计算出的数字非常接近当时美国政府保密文件里的数字，因此给许多投资者带来了丰厚的回报。

格林斯潘正是凭着这次成功，引起了许多人的关注，也为他以后人生的辉煌打下了坚实的基础。1987年格林斯潘任美联储主席，其后4次获得连任。任期之长，在美联储历史上极为罕见。更难能可贵的是，在格林斯潘担任美联储主席18年的时间里，美国经济出现了创纪录的、长达10年的持续增长期，中间只发生过两次温和的衰退。

人生是一次不能回头的旅途。作为过客，我们的心态和状态是随身携带着的最珍贵的宝物。生活是一条曲折不平的长路，遇到阻碍总是难免，有的人会停止前进而抱怨；有的人会躺倒放弃而消沉；而有的人则会选择绕行，即使暂时没有路，也会冷静地思考对策，积极找到缝隙或等待穿越的机会。事实上，并没有真正意义上的障碍，有的只是不同的心态。有时候，我们需要像水一样，遇高山而绕；遇平原而漫；遇格网而渗；遇闸门，则等待时机。平面上，两点之间，直线最短。但现实生活是立体的、多维的，更多的时候是，两点之间，却是“曲线”最短。格林斯潘正是凭借自己积极的心态和状态，不因堵塞的“直线”而嗟叹彷徨，开辟出“曲线”的捷径，到达成功之峰。

1914 年，举世闻名的发明大王爱迪生的实验室发生大火，眼看着所有的研究成果即将付之一炬，爱迪生的儿子焦急地四处找寻父亲，意外的发现到满头白发随风飘扬的爱迪生，竟然也挤在人群中平静地观看大火，好像身旁无关的群众一样。儿子气喘吁吁地对他说：“实验室就快烧光了，该怎么办呢?”

爱迪生却只是平静地说：“去把你母亲找来，这样的大火真的是一辈子难得一见。”

隔天，爱迪生面对化为灰烬的实验室说：“感谢上帝，一把火烧掉了所有的错误，我又可以重新开始了。”

爱迪生忘掉大火，重建了他的实验室，并成功地在大火之后三个月发明了留声机。

成功人的心态和状态，总是与大多数人不一样。这件事虽然只是爱迪生的生活一角，但是由此可以窥得之爱迪生的超乎寻常的好心态和好状态。“泰山崩于前而色不变，麋鹿兴于左而目不瞬”，面对困难、灾难，不畏不惧、不悲不躁，一心只往目的地奔去，难怪他能成为建树丰硕的发明大王。

生活风光之所以旖旎，正是因为有连绵的高山，也有潺涓的河流；生活景色之所以奇丽，正是因为有艰险的崖壑，也有狂放的海浪。运动学告诉我们，力量来自于对抗。没有跋涉，哪来踏实的步履？没有奔跑，哪来矫健的身姿?

若是心态和状态很消极，我们就只能够停留在自我的灰暗颓废的狭小空间，感受不到外界阳光雨露的滋养，渐渐失去信心、快乐、幸福和生活的意义，失去发现自我、完善自我、超越自我的可能性，将人生演绎成肥皂剧或者悲剧。

然而，只要我们有好的心态和状态，就能欣赏到一路的优美奇趣风光，开阔视野，获得灵性、才能和智慧的增长，升华整个人生境界，实现理想的圆美。

心态扭转乾坤

克利斯朵夫·利瓦伊曾是一位杰出的演员，深受观众的喜爱。然而一场意外，让他成为一个高位截瘫者。克利斯朵夫·利瓦伊不仅再也无法继续他的演员梦，而且失去了生活自理能力，他陷入了痛苦的深渊。

出院后的克利斯朵夫·利瓦伊坐在轮椅上，看着自己再也无法行走的双腿，想到自己再也没有机会回到电影行业，他的内心盘踞着巨大的悲伤，他越来越消沉和沮丧。

有一天，克利斯朵夫·利瓦伊和家人一起外出散心。他百无聊赖地用呆滞的目光望着窗外，那时，汽车正在蜿蜒的盘山公路上穿行，他忽然发现，每当车子即将行驶到无路的关头时，路边都会出现一块“前方转弯”的交通指示牌。而转弯之后，前方的路依然开阔。

当“前方转弯”几个大字一次次进入他的眼球的时候，猛然间，他有如醍醐灌顶：原来，不是路已到尽头，而是该转弯了。

从此，克利斯朵夫·利瓦伊以轮椅代步，当起了导演。经过一番努力，他再一次回到了深爱的影视行业，全身心的投入获得了极佳的产出，他首次执导的影片就荣获了金球奖。不仅如此，他还用牙咬着笔，创作出了他的书稿，受到了读者的喜爱和推崇。

面对生活的艰辛、事业的受挫及人生的重创，有的人变得心灰意懒，更有人丧失生的勇气。挫折从来不是失败，放弃才是失败。不要忘记阴影的出现是因为阳光普照，只需要让心态转个弯，你就能看见晴空万里。克利斯朵夫·利瓦伊正是由于心态一转，而探索和开阔出人生的新局面，获得成功。

无论遇到怎样的难题，只要你用积极的心态和状态面对人生，你会发现问题远没有想象中的那么糟糕，那只是将你磨砺得更有力量、让你得以登高的路基石而已。而你与宇宙原能的积极通道始终畅通无阻，你会感受和吸收到更多的天地精华，行出无悔无憾的美好人生。

霍金被誉为继爱因斯坦之后世界上最著名的科学思想家和最杰出的理论物理学家。刚过完21岁生日，霍金就被确诊患上了“卢伽雷氏症”，即运动神经细胞萎缩症。医生说，他的身体会越来越不听使唤，只有心脏、肺和大脑还能运转，到最后，心和肺也会失效，霍金被“宣判”只剩两年的生命。但霍金没有就此放弃，而是继续进行学习和研究。他的病情在一天天加重，1970年，在学术上声誉日隆的霍金已无法自己走动，他开始使用轮椅。到后来，霍金全身瘫痪且丧失语言能力，只有几根手指还能动弹，但霍金仍然极其顽强地工作和生活着。

长期以来，在丧失语言能力的情况下，霍金表达思想的唯一工具是一台电脑语音合成器。他用仅能活动的3个手指操纵一个特制的鼠标器在电脑屏幕上选择字母、单词来造句，然后通过电脑播放出声音。通常造一个句子要五六分钟，为完成一个小时的录音演讲，他要准备约10天。常人难以想象的艰难，霍金就这样习以为常。

霍金靠着他顽强的意志力改变了“生命终结”这个结论，更以坚忍的毅力攀登科学之巅。1974年，霍金在《自然》上发表论文，阐述了自己的新发现——黑洞是有辐射的。这一发现被认为是多年来理论物理学方面最重要的进展，这篇论文也被称为“物理学史上最深刻的论文之一”。1988年霍金的《时间简史：从大爆炸到黑洞》问世，该书同样被誉为人类科学史上里程碑式的杰作。

霍金的成功就在于他有着积极的心态，他没有过多地去思考疾病是如何折磨他的。当被人们问及病痛对自己有多大影响时，霍金的回答是：“不很大。我尽量地过一个正常人的生活，不去想我的病况或者为这种病阻碍我实现的事情懊丧。”在霍金所著的《果壳里的宇宙》一书中，他说道：“我即使被关在果壳之中，仍自以为是无限空间之王。”

“好心态能扭转乾坤”，这是霍金赠与世人的精神财富。

太阳因为积极，才最终冲破重重迷雾，光耀万里；江河因为积极，才流泻千里，直达瀚海；小草因为积极，才野火不尽，绿茵满地。我们常在困境之中，以为山穷水尽；我们常在逆遇之时，以为走投无路。其实，人的潜能价值无比，创造力也是无穷无尽的。只要从心灵深处出发，转变成积极心态，你就能从根本上改变局面，扭转乾坤，开辟出和谐、成功、幸福的大好新天地！

第二堂课

放松是快乐的开始——让自己安静下来

久久停留在紧张、不快乐的情绪中无法放松，不能摆脱这些灰暗的、负面的情绪，我们的工作、生活、健康都将受到极大的威胁，人生将失去色彩和价值。我们需要找到合适的方式让自己安静下来，将紧张释放出来，经由放松步入快乐的世界。

探寻内心的密码

内心是人生的出发地。只有把握自己的内心，才能把握自己的人生。人生一切问题的根源最终都指向了我们自己的内心，是我们自己内心的欠缺和不平衡，才导致人生的坎坷。要改变和重塑自己的人生，必须借助心灵的力量。心灵才是生命之树的根基，是生命的原点和动力。所以，要想人生成功和幸福，就必须探寻内心的密码。

《笑林广记》中有这样一则故事：

一鬼托生时，冥王判作富人。鬼曰：“我不愿富。只求一生衣食不缺，无是无非，烧清香，吃苦茶，安闲过日子足矣。”冥王曰：“要银子使，再给你几万也是有的，但这样的安静素雅，难给你享啊。”

说实在的，我很为故事中的鬼赞叹，它不仅品性高阔，心境辽远，而且还谙识人生要旨。

我们可以看到，鬼并不求财势名利，唯求素朴闲，得到心静之境，可算了淡泊了。谁知冥王兜头一瓢凉水：要银子用，可多多给你，这样的清静，实在难以成全。

为什么冥王会满足不了这样一个退而求其次的简单要求呢？难道金钱和富贵，还抵不上尘俗里的一个小小的愿望吗？

其实，冥王真是大知大觉者，将“乱花渐欲迷人眼”的世间已参悟透彻了。

的确，这个世界，富贵如手指的薄暖，浮名若云影的清凉，即便会绚烂，但如彩虹，很快会被时光荡涤，随风烟逝。只有安静的生活，才是真正与灵魂相携、与信仰相守的踏实日子，才能回归内心的恬淡静谧。怎样才能回归平静幸福的内心世界呢？唯一途径，就是找到内心的密码——开悟。如此，我们才能听到内心真正需要什么，用什么方式来满足内心的需要，我们的生活才能越来越如意。

20 世纪中期，朗莱德垄断了整个美国的石油产业，操控着美国的金融体系，连国会也对他言听计从。然而，伴随着金钱而来的是焦虑和烦躁。朗莱德罹患重度抑郁症，医生们动用当时最先进的医疗设备，耗费巨资请来世界各地的名医会诊，但都无济于事。

后来，他来到了中国河南的一座禅院。傍晚，他随手抓起斋房案头的一本书，那是本《四十二章经》。他只是半个“中国通”，加上佛经晦涩难懂，他异常吃力地读着。

突然，一个惊天秘密闪现在他眼前！第二天一早，拜别住持，他起身回国了。回到自己的王国，他做的第一件事便是下令解散财团，并辞去董事长一职，彻底与醉生梦死的生活说“拜拜”：推却一切应酬，声明自己已退隐江湖，不再在公开场合露面。《华盛顿邮报》一名记者就此写了一篇评论，他便买下了能买到的所有报纸，并付之一炬。

一身轻松的朗莱德开始积极投身于社会公益活动，人们看到的是一个便衣老头儿快乐的身影。他给贫民窟的贫民送去面包和鲜奶，和孤儿院的孩子们打成一片，甚至在搬运码头也能听到他欢快的号子……有人认为他脑子进水了，更有人认为他中邪了……不管别人怎么看待，反正他个人因此变得充满朝气，顽疾也不治而愈。

那晚究竟发生了什么？无人知晓。这个秘密一直保持到 1990 年——他去世时。

那年，朗莱德 92 岁，无疾而终。

他是在德拉华州的一个农场默默辞世的，死时身无分文。被发现时，他手中握着一张羊皮卷手稿，上面有两行字，第一行出自《四十二章经》的第二十二章：欲念之人，犹如执炬，逆风而行，必有烧手之患。

下面是朗莱德的批注：真正的快乐和恒久的幸福是来源于心灵的，依赖外物所获取的快乐都不会长久，比如金钱、肉欲……

我们生活在这个世界上，每天不停奔跑，甚至奔命，追逐的，是世俗的需要，而非心灵的需求。富可敌国的人，未必拥有幸福；权倾一方的人，未必感到快乐。幸福和快乐，说到底，只是内心的感受。打开内心的密码，就是找回我们对美好事物的认知和感受。

我们要时时学会拭去一切外在的物质形式的尘埃，沉心、静思，我们要常常尝试去抵制欲望横生的肆虐与焦躁，宁意、深情。开悟内心，解放内心，静享内心的蓬勃与丰富。如此，我们就能够保持良好的心理状态，成为自己的主人，以大智慧大仁爱激发出积极进取的精神、发现生活之美的意志，我们必然能够修炼出不平凡的自我，成就幸福、成功、快乐、和谐的人生！

健康和快乐的临界点

临界点是指由一种状态变成另一种状态前，应具备的最基本条件。比如说临界温度便是气体能液化的最高温度，后来也用以形容事态发展的待变状况。

临界点是由物理学而来，物理学中因为能量的不同而会有相的改变（例如：冰→水→水蒸气），相的改变代表界的不同，故当一事物到达相变前一刻时我们称它临界了，而临界时的值则称为临界点。例如：水在沸腾时有“沸点”，凝固时有“冰点”。

我们这里说的健康和快乐的临界点，就是指身心健康的状态。身心健康是人们追求理想的基础，也是实现理想后的追求。身心健康意味着能保持平静的情绪，敏锐的智能，适于社会环境的行为和愉快的气质，并且精力充沛，能够从容不迫应对生活和工作的压力；乐观积极，能够淡定自如处理突如其来的问题。无论面临何种情况，无论身处何种环境，都能够适应变化并且对事物产生积极的影响。

身心健康对整个人生积极的影响是举足轻重，也是循序渐进的，常常不易让人清晰地认知和体察，因而在生活中，除了生病以及影响到人们的日常活动时会引起人们重视，其他时候，很多人都往往会因为忙碌的工作和日常活动而忽视身心的健康。

现代医学告诉我们，身心互相影响。身体健康是心理健康的基础和载体，心理健康是身体健康的条件和保证。积极健康的心理状态，有益于身体健康；生理机能的异常状态也会导致心理的变化。消极不健康的心理状态，也会使人容易患生理疾病。

由不良情绪给人身心造成危害者，古往今来不乏其例。

古之牛皋生擒兀术，因狂笑不止而气绝身亡；周瑜三气于孔明，唯心胸狭窄而英年早逝；伍子胥为躲追兵，缘极度紧张而一夜鬓霜；今人山东一农夫忽闻独子死于非命，为强烈刺激而精神失常；河南一教授乍悉错案被雪，于骤喜然极之中一命归天……

美国新奥尔良的奥施纳诊所曾做过统计，发现500个连续求诊入院的肠胃病人中，因情绪不好而致病者占74%。美国耶鲁大学医学院门诊部统计，求诊病人中因情绪紧张而致病的占76%。据临床观察统计，癌症患者在发病前76%的人有过比较严重的精神创伤或长期的精神抑郁史。一位著名抗癌专家指出，死亡的癌症患者有1/3属于非正常时间死亡，这证明他们是被自己情绪了结的。

研究表明，高度焦虑者的心绞痛发病率是低焦虑者的2倍。如果有焦虑、抑郁情绪者，心肌梗死的发病率也明显增高。愤怒、焦虑、惊恐以及其他各种情绪的突然剧变都比较容易导致突然死亡。一些冠心病患者就是在消极情绪刺激下，诱发心绞痛和心肌梗死，甚至死亡的。高血压病患情绪极其不稳时可以诱发脑出血。过度狂喜也容易乐极生悲，因为极度喜悦兴奋而当场死去的也不止一例。心脏病患者因盛怒或紧张而发生猝死的事例屡有所闻。

国外专家说过："在一切对人不利的影响中，最能使人短命夭亡的，莫过于不好的情绪和恶劣的心境，如忧虑、颓丧、害怕、贪求、怯懦、嫉妒和憎恨等。"医学之父希波克拉底也如是说："人的情绪便是自己疾病的良医。人的意识、思维、感情等一切的心理活动都在无时无刻地破坏或帮助着人体的免疫功能。"可见，只有调适和平衡好身心状态，才能达到或保持健康和快乐的临界点。

怎样调适与平衡呢？这里有10点心得和大家分享。

（1）不可失去感恩之心，不可忘却大爱之情。

（2）多欣赏舒缓平静的音乐。

（3）多阅读励志类、幽默笑话类、心理调适类等方面的书籍。

（4）培养幽默感，心胸开阔，知足常乐。

（5）广交益友，发掘更多的兴趣。

（6）忧郁时也可适当的哭泣，或对挚友敞怀倾诉，或大声唱歌，或将烦恼、郁躁写在纸上，然后随着撕烂把消极情绪击碎。当感觉自己想要发怒时，首先想想发怒对身心健康的危害，深呼吸数到60。然后，避开致怒环境和致怒因、致怒对象。情绪低落时，不要怨天尤人、自怨自艾，看电影、和孩子嬉戏、随音乐漫舞都能很快地使人感受到另一种情绪体验。

（7）调志、适喜（快乐是种心境，并非狂喜）、制怒、御哀、解忧、善思、克惧、压惊、节欲。

（8）生活规律，每日三餐定时定量，两餐之间应间隔4到4.5小时。食物多样化，以谷类为主食，粗粮细粮适量搭配。

（9）晚上11点前睡眠，睡够8小时，最少不低于4小时。

（10）根据自己的体征，加强锻炼（包括呼吸法、气功、力量训练等）来增强体质和提高抗病能力。

通过这10点的全方位调理，相信你一定能够长久地拥有健康和快乐。自然，爱与美好与你同在！

学会接受事实

人生是一张单程车票，所有走过的路、登过的山、掠过的景、跌过的谷都成为不可更改的事实和历史。幸运的、快乐的、惬意的、幸福的，我们自然愿意欢欢喜喜地接受。如果是不幸的，带着伤害、带着眼泪，我们的心就会排斥，不愿接受，就会掉进各种假设的陷阱，悔恨、埋怨、懊恼、失望、自责，直至身心俱疲。只是，人们通常是根据对事实的感觉而非事实的真相来做决定方向和行程，所以那些悔不当初的憾绪愁情，却总是难免的。

在做了错事，走了弯路之后，后悔困扰也很正常，因为那是自我反省、自我解剖的开始，是一种“积极的后悔”，能让自己在以后的人生路上走得更好。但是，如果后悔不已，或自惭形秽，从此一蹶不振，那么所有的希望和未来都会“土崩瓦解”。

著名哲学家威廉·詹姆斯曾说过："要乐于承认事情就是这样的情况。能够接受发生的事实，就是能克服随之而来的任何不幸的第一步。"

《费城日报》的富雷特·法兰杰特先生在对一所大学的毕业生致辞时说："曾拿锯子锯过木头的人，请举手！"大部分的学生都举起了手。之后他又问："现在，曾拿锯子锯过木屑的人，请举手！"结果没有一个人举手。

"当然，拿锯子锯木屑是不可能的。木屑是锯剩下的残渣，而我们过去的琐事不也像木屑一样吗？为无法挽救的事追悔不已，不就像用锯子锯木屑一样吗？"富雷特说。

这段话简单却蕴含很深的人生哲理。是啊，往事已矣，追悔已不及，痛苦也无益；若不及时自拔，会连现在也无力，连未来都失去，我们将一生在追悔的恶性循环里越陷越深。

《资治通鉴》上记载说：汉灵帝时，太守孟敏出行，途中不小心失手打碎了一只瓦甑，但他却掉头不顾，径直前行。名士郭泰感到很奇怪，就问其中的原因。孟敏回答说："瓦甑已破，不能复用，顾之何益？"

孟敏能"掉头不顾，径直前行"，这说明他善于权衡利弊，知道后悔埋怨、计较损失没有任何益处，远不如接受事实、放下烦忧、轻装前进、创造未来！这也启发了我们，与其让一些无可挽回的事实破坏我们的情绪，毁坏我们的生活，还不如让自己坦然接受这些既定的事实，并加以适应。很多时候后悔是无济于事的，失去再多也没有失去教训可怕。

正如波普说的："并非每一个灾难都是祸；早临的逆境常是幸福。经过克服的困难不但给了我们教训，并且对我们未来的奋斗有所激励。"诚然，接受了不幸的事实，意味着接受失去，但只有接受才能化悲愤为力量，铺教训为成功的奠基石；倘若接受不了事实，就意味着我们会失去一切，意味着一望即知的失败。

哲言说："不幸于智者能催生美好，不幸于愚者能毁灭成功。"如果没有经历颠沛流离人生失意的挫折，我们能阅读到曹雪芹那不朽的巨著吗？如果李白真的官场得意、平步青云，他还能吟出千古传诵的浪漫诗篇吗？

经常观看全美职业篮球联赛（NBA）的人都知道，黄蜂队有一位身高仅1.60米的运动员，他就是博格斯——NBA最矮的球星。即便是对普通的男人来说，身高1.60米，也是一种缺憾。但是博格斯却接受了自己的身材矮小这个无法改变的事实，毫不气馁，自信而努力地在“长人如林”的篮球场上竞技，并且跻身大名鼎鼎的NBA球星之列。

“别人说我矮，反而成了我的动力，我偏要证明矮个子也能做大事情。”博格斯平静地接受了矮的事实，并以此为奋斗动力，终于成功地撰写了NBA的历史。

古话说：“木已成舟”。这个词代表着人生的种种无奈，总有些事情是我们不能把握和控制的。既然已经既成事实，我们就不要再为成舟前的那块木头做各种假设，不如学会接受。就像打牌一样，我们不会总抓着好牌，当手上抓着烂牌时，要想办法，发挥出最高的水平去赢下来。勇于接受生活真相的人，才能成为真正的强者。

制订切合实际的目标

目标是前行的方向，是未来的希望，是幸福的基石，是成功的起点。假如没有目标，再有天赋也会迷失在茫茫“迷雾”中，一无所获，无有所成。

1952年7月4日清晨，加利福尼亚海岸浓雾笼罩。在海岸以西34千米的塔林纳岛上，一个叫费罗伦丝·查德威克的34岁女人涉水下到太平洋中，开始向加州海岸游过去。海水冻得她身体发麻，雾很大，她连护送她的船都几乎看不到。时间一个小时一个小时过去，她仍然在游。15个小时以后，她又累又冻得发麻。她知道自己不能再游了，就叫人拉她上船。她的母亲和教练在另一条船上，他们都告诉她海岸很近了，叫她不要放弃。但她朝加州海岸望去，除了浓雾什么也看不到。几十分钟之后，她让人们把她拉上船。又过了几个小时，她渐渐觉得暖和多了，这时却开始感到失败的打击，她不假思索地对记者说：“说实在的，我不是为自己找借口，如果当时我看见陆地，也许我能坚持下来。”

人们拉她上船的地点，离加州海岸只有805米！后来她说，令她半途而废的不是疲劳，也不是寒冷，而是因为她在浓雾中看不到目标。查德威克小姐一生中就只有这一次没有坚持到底。两个月之后，她成功地游过同一个海峡。她不但是第一位游过卡塔林纳海峡的女性，而且比男子的纪录还快了大约两个小时。

查德威克虽然是个游泳奇才，但也需要看见目标，才能鼓足干劲完成她有能力完成的任务。这也启示了我们，如果我们不能制订明确清晰、切合实际的人生目标，我们的理想就会被云遮雾罩。我们无法随时知道自己究竟离理想有多远，是否有偏离，是否在靠近，我们无法体味日益抵达成功的成就感，心灵会倦怠，热情会受挫，直到失去意志和耐心，前功尽弃。

正如车尔尼雪夫斯基所说："没有目标，哪来的劲头？"法国作家蒙田也说："灵魂如果没有确定的目标，它就会丧失自己，因为，俗语说得好，无所不在等于无所在。没有一定的目标，智慧就会丧失；哪儿都是目标，哪儿就都没有目标。"制订目标耗时极少，却是帮助我们把握和改善命运的关键力量。

需要注意的是，我们制订的目标必须是切合实际的，而不是不尊重社会和自然规律的幻想，心理学实验证明，太难和太容易的事，不具有挑战性，也不会激发人的热情行动。因而，只有制订切合实际的目标，我们才能有奋斗方向；才能集中精力、努力不懈；才能少走弯路、节省时间；才能把握机遇、不断发展。

1. 怎样制订切合实际的目标

先闭上眼睛一分钟，平静地客观地看待自己，认识到自我的唯一性与可塑性，也要认识到自我的局限性与社会性。然后问自己5个问题：

（1）我是谁？

（2）我在这里干什么？

（3）我想完成哪些事？教育、收入、权力、威望、家庭、生活等。

（4）哪些东西才能使我满足？

（5）我想要成为怎样的人？我希望一生中能够作出什么贡献？是使自己

的个人生活更富足，让我们生存的世界更加美好吗?

找出答案后，可从个人的发展、身体健康、专业成就、人际关系、家庭责任、财务方面制订。先打草稿，把所有想到的目标先写下来、不必急于判断目标是否切实可行，也别管它们是长期还是短期的。把能想到的都写下来之后，对照你的目标表述检查一下。问自己两个问题："这个目标是否使我向理想迈进一步？是否真的是自己能全力以赴去执行的?"

如果答案是否定的，那么你就需要重新评估你的目标，考虑改写。然后，可以开始正式制订目标了。

由人生目标开始，自远到近、由大到小地去制订，逐一分解，依次是十年目标、五年目标、三年目标、两年目标、一年目标、季目标、月目标、周目标，直到日目标。

日目标围绕周目标；周目标围绕月目标；月目标围绕年目标；年目标围绕短期目标；短期目标围绕中期目标；中期目标围绕远期目标；远期目标围绕主线目标；主线目标围绕终极目标。

2. 制订切合实际的目标应遵循的基本原则

（1）人生大目标不要求详细、精确，但是尽可能伟大。爱因斯坦说："在一个崇高的目标支持下，不停地工作，即使慢，也一定会获得成功。"目标越高远，人的进步越大。

（2）中短期目标既要有激励价值，又要切实可行；既要具体明确，又要限定时间。这样才能行得通、走得快。

（3）日目标计划成小时目标甚至更细，并全力实施。每日不写也会重复必做的事不要写入计划当中。比如，每天都要重复的工作，但你可以把它具体化地写入；比如，打字员的"打字"就不用写入计划当中，而可以把"给某某打某某资料"等写入计划当中。具体的目标，催生清晰有效的行动。

此外，你还可每天检视日计划执行情况，定期作出评估。如果目标执行不当，就及时调整行动，使自己做的事情更接近目标。如果执行目标取得了预期成就，就依成就大小而奖励自己，激发自己更大的动力和活力。

人生的道路不可能一帆风顺，但是只要有明确的目标，你就会看到曙光、看到希望。带着切合实际的目标上路吧，你会迸发内心的激情和澎湃；带着切合实际的目标上路吧，你会采撷到旅途中的一颗颗璀璨的珍珠；带着切合实际的目标上路吧，你会拥抱辉煌的明天！

学习自我减压

忙碌的工作步调让你喘不过气？大堆的资料档案让你头晕脑涨？时有受到肩颈僵硬、双脚浮肿的折磨？时而被失眠、便秘等问题侵扰？时而感莫名的心烦疲累、无精打采？小心你的压力已濒临爆棚，小心疾病正在找上门来。

压力是当我们去适应由周围环境引起的刺激时，我们的身体或精神上所产生的反应。压力是一种人体因外界刺激而出现的一反常态的状态。适当的压力是有积极意义，但是压力过大而不去缓解，身体系统就会崩溃，体机能量也会衰竭。

有学者曾对500多人进行调查，发现人们如果压力过大而不知舒解，各种疾病发生率显著上升。美国耶鲁大学医学院报告：在所有门诊病人中，因情绪而患病的占76%。不过这些病人往往更多的关注是身体的症状，习惯了心理状态，而忽略了心理是致病或加深病情的主要原因。

“是药三分毒”，能够不上医院而自己预防当属最有效、最重要的方法。国家“九五”攻关研究表明，在预防上花1元钱，就可以节省8.59元的药费，还能相应节省约100元的抢救费、误工损失、陪护费等。《黄帝内经》上也早已提出“不治已病治未病”的防病养生谋略。

事实上，人的身体就像弹簧一样，当一定的压力施于人体时，它会启动应激机制，通过伸展来缓解不适症状。但是如果压力过大，并持续较长时间，应激机制就会丧失作用，就像弹簧在长期重压下失去弹性一样。这时，我们必须采取积极有效的措施减压，才能保持健康，否则就会不堪重负，患上各种疾病。

让我们先来做个小测试，清点一下我们的压力，看看它处于哪个等级？

从以下所列出的症状当中，标记出这一个月来你感受到的程度，然后统计出总分数。

（0：从来没有；1：偶尔如此；2：有时如此；3：经常如此）

- 腰痛
- 胃痛
- 胸口发闷
- 肩膀酸痛
- 头痛
- 习惯性的痉挛或抽搐
- 心跳加速
- 咬指甲
- 过分敏感
- 易怒
- 出汗
- 没耐心
- 呼吸急促
- 食欲不振
- 腹泻或便秘
- 没有精神
- 嗜吃
- 疲劳
- 哭泣
- 烟瘾
- 健忘
- 荨麻疹或脸颊发红
- 酗酒
- 无法专注
- 心神不定
- 乱花钱
- 感冒
- 沮丧
- 无助
- 失眠
- 焦虑
- 怪梦

总分：压力等级 0～9，轻微的压力症状；10～39，中度的压力症状；40～69，中重度的压力症状；70～99，重度的压力症状。

因压力、情绪而导致的症状并不易觉察，往往被人忽视。若时间较长，症状就会变得严重起来。因而，我们应该及时进行自我疏解，防止它继续滋长。

怎样的自我解压法，才能将压力和接踵而来的隐疾通通拒之门外并赶跑呢？下面的方法便捷又见效，持之以恒，你会得到意想不到的惊喜。

1. 看书法

看书能让我们不孤独，延缓身心脑的衰老。美国纽约州立大学布法罗分校心理学家希拉·加布里埃尔发现，读书能满足人的归属感，让你融入社会圈子，较少感到孤独。英国苏塞克斯大学研究发现，每天仅阅读 6 分钟就能减少 2/3 以上的压力，效果比听音乐或散步还好，这是因为阅读时精神集中，从而缓解肌肉紧张，降低心率。

2. 爱心法

满怀爱心地真诚对待周围的人，营造良好的人际关系，在这样融洽的环境中学习、生活、工作，你的压力会大减。

3. 规划法

善于整体规划：“一切尽在掌握”，这种感觉本身就是“解压药”。有选择的而不是被动地接受所面临的事情，能让人轻松不少。最好的办法就是根据轻重缓急列出清单，既有整体规划，又将问题分解成若干具体的小事，一件件应付起来就容易多了。完成一件，就在清单上画去一件，这样做带来的成就感足以鼓舞你将这一做法继续下去。

4. 运动法

这里指的运动，不是指离开办公室出去运动，而是在办公室中利用身边的办公器械，选用一套适合自己的运动方案，做 10 ~ 15 分钟。比如用手抓紧一个不用的水杯，里面装上重一点的铁块，将它上下举动，这个姿势不仅能运动你的手臂，而且还可以适当运动你的头颈部。最重要的是能调节你的心情，缓解你的烦躁情绪。

5. 爱好法

培养自己的一两项业余爱好，如书法、画画、弹琴、集邮，或者在家唱卡拉 OK，多一份爱好，则多一份空间，还可陶冶情操，让自己的心情轻松愉快起来。

6. 想象法

经常想象美好前景，用渡过难关后的美好前景来鼓励自己。将时间拉长，将现在情景推向将来，就不会在意这一时的飞短流长。还可想象自己变弱为强，转败为胜，困难都迎刃而解。也可通过回忆以往成功的经历，来支撑自己，保持自信心，一定能让眼前的压力逐渐释放。

7. 贴近自然法

大自然的景色，能陶冶情操；大自然的空气，能健脾润肺。心情不好或者感到心理压力大、郁闷不乐时，不要一个人关在屋子里生闷气，应该走出去，到环境优美、空气宜人的花园、郊外，甚至是农村的田园小路上去走一走，尤其是长期处于紧张工作状态中的人，定期到大自然中去放松一下，对于保持身体健康、调节身心紧张大有益处。

8. 音乐法

在人声嘈杂的办公室，工间休息时戴上耳机，听一听能使自己放松的音乐，不仅能使自己心情好，工作效率将会成倍提高。在寂静如铁的个人空间，打开音响，跟着音乐吼一吼、哼一哼，心情会转阴为晴。

9. 摇摆法

我们生活在拥挤的城市、封闭的空间，缺氧症状已越来越普遍。可放些舒心音乐或者自己哼唱的旋律，进行摇摆。就像肚皮舞里的“西米”动作一样，如果一时掌握不了也没关系，只要让全身抖动或者扭动也可以。这可通经络、活气血，大脑血氧充足，压力更易解除。

10. 找乐法

尽量找让自己开心的事去做。比如读一本笑话全集；和朋友去看一部电影；逛街，即使花点钱也无妨，只要开心就好。

驯服心灵的野马

每个人的情绪都是心灵的千里马，可以驰山越岭、百尺竿头，成就一番风云人生。但是对于这宝贵的良驹，很多人却不知道如何驯服它，任其变成野马横冲直撞、放任恣纵，结果不但自己头破血流、江河日下，也常让他人反感厌恶、烦恼不堪。

情绪分为负性情绪和正性情绪，也即消极情绪和积极情绪。现代心理学家将人的基本情绪归纳为五类：快乐、愤怒、厌恶、恐惧、内疚。除了快乐是心灵的良驹之外，其他情绪都可以归入心灵的野马——否定性情绪。

人的一切心理活动都带有情绪，并以不同的状态显露出来。无论哪一类情绪，都会在人的行为上留下烙印，激发或压抑个人的活力、精力和意志力。当你被否定性的负性情绪如抑郁、忧伤、焦虑、厌恶、愤怒等所困扰时，你的生活最容易遭受打击或损伤。持久的否定情绪是典型的自我挫败行为，最终的受害者是自己，它导致生活困扰、人际关系冲突和各种心理障碍，最终可能演化为智力障碍（如判断力下降、思维运转不灵、工作总是出错等）和躯体化症状（如偏头痛等神经官能症、心血管系统疾病、骨癌等），严重地阻碍你的人生走向成功与幸福。

心理学家告诉我们，一切情绪状态都具有暂时性、主观性的特质，都由一定的原因所引起，虽然人们并不常是明确地意识到自己情绪的成因。从心理健康角度来看，情绪的控制与调整是自我心理结构中最重要的调节机能，也是一个人心理成熟的首要标志。

怎样才能驯服心灵的野马，通过改变情绪，来改善人生呢?

1. 改变面部表情

当你情绪不佳时，你不妨立刻在脸上堆满笑容，这是改变情绪最快的方法。可以尝试每天五次，每次一分钟，面对镜子摆出个大笑脸，日子一久，这个动作便能和你的神经系统搭上线，进而形成一条神经渠道，使你养成习惯性的快乐。

2. 改变身体动作

身体的动作会改变我们的思考、感受和行为，也会影响体内的化学变化。假如你低头垂肩，走起路来双腿仿佛有千斤之重，那么你就会觉得情绪很差。如果你改变动作，深吸一口气，抬头挺胸，脸上堆满笑容并朝气蓬勃，你的情绪马上会振奋起来。你甚至可以试着蹦蹦跳跳地走路，这对改变你的情绪会产生更好的效果。

3. 提出积极问题

这是改变情绪最有效的方法。有什么样的问题就会有什么样的答案，唯有能提出好问题，才能得到好的答案。比如说，如果你一直不断地提出像"我为什么会这么沮丧?"或"为什么别人不喜欢我?"这类问题时，你的大脑会自动搜索信息，最终它会告诉你这样的答案："因为我天生是一个悲观的人""因为我很笨"等，使你一直摆脱不了这种无奈的状态。若是你能改问道："我怎样才能摆脱沮丧的状态，让自己快乐起来且更受人欢迎?"你的大脑就会告诉你使自己振奋的方法。因此我们尽可能使用具有建设性的和积极意义的问句，如"在这件事上我可以学到什么?" "这件事有什么好的一面?"等。

4. 心存感恩，学会表达感激

没有一个人是天生要为你服务的，也没有一个人是欠你什么的，所有你得到的都是你值得感恩的东西，记录别人给我们的点点滴滴的恩惠，保持这个感恩之心，最大的受益人是你自己。表达感激可以做幸福日记，入睡前写下 5 件让你最值得感激的事情，事情不论大小。不快时拿出来重温一下，幸福又温暖。

5. 慷慨有爱心

可能我们钱包里的钱不是特别多，但这并不意味着我们没法帮别人。比如坐在公交车里，让一个老爷爷坐一下，既不需要你的钱，又不花你的时间。

6. 做最感兴趣的事

你在做自己感兴趣的事情的时候，就会暂时摆脱烦恼。

7. 找成功者交谈

成功者大多性格开朗，乐观进取，跟他们在一起，你的情绪会受到良好的感染。

8. 读心理励志书籍或者笑话书、看喜剧电影

如《准时开心——身心放松的十堂心态课》。如果你情绪不佳时，你不妨大声朗读这本书中的《驯服心灵的野马》。

9. 有规律地锻炼

锻炼是生活中最重要的事情，每周只要 3 次，每次只要 30 分钟，就可以大大地改善我们的身心健康，还能保证睡眠质量。

10. 换一个环境，散步或旅游

11. 拒绝单一饮食，多吃蔬菜和水果，享受阳光和参与户外活动，并提高室内自然光线及充分享受冬季的乐趣

12. 勇敢

勇敢不是不害怕，而是虽然害怕仍然向前去往应该去的地方，明知山有虎偏向虎山行，这才是勇敢。勇敢能够激发潜能，建立正面的联想性。

生活瑰丽而琐杂，我们的情绪也时常容易一不小心就变为脱缰野马，我们要驯服心灵的野马，否则迎来的又将是失败的一天。当我们为别人带来风雨、忧郁、黑暗和悲观时，他们也会报之以风雨、忧郁、黑暗和悲观；相反地，如果我们为别人献上欢乐、喜悦、光明和笑声，他们也会报之以欢乐、喜悦、光明和笑声。

从现在开始，驯服它，成为心灵的主人吧，心灵之安和、人生之喜乐会随之而来。

装出好心情

实验证明，人在心情好的状态下，头脑敏锐，精力充沛，处事妥善，效率高效，机体新陈代谢旺盛，免疫调节功能处于良好状态，防御功能较强。反之，情绪处于忧郁、悲伤、烦恼、焦虑之中，尤其遇事不能冷静，恼怒、激动，直接影响到生理功能的正常运转。

美国加州大学心理学家艾克曼曾做过实验，要受试者装出惊讶、厌恶、忧伤、愤怒、恐惧和快乐等表情，结果发现他们表现出什么情绪，心情就会随之体现出与情绪相应的变化。当受试者装出害怕时，他们的心跳加速，皮肤温度降低；当受试者装出快乐时，他们的身体机能和心理感受也明显积极活跃了起来。总之，表情怎么装，心情就怎么改变。

一个简单的实验可以证明表情对心情的改变作用：当你心情不好时，如果对着镜子咧开嘴傻笑，坚持三分钟，你就会发现自己心情变好了！

事实上，早在1963年，英国心理学家汤姆金斯就提出了面容反馈假说，认为面部表情能够引发情绪体验。他认为，当我们开始意识到面部表情时，随之就意识到情绪。就如原本你心里像一池深潭一样平静，而一旦你露出笑容，很快就能体验到愉悦的感受。

因此，“装出好心情”并不是可笑的阿Q精神，而是一种快速调整情绪的好方法，它可以使人们拥有好心情，从原有的坏心情中开脱，从烦恼的死胡同中走出来。

在现实生活中，拥有丰富表情的人明显比表情单一的人更具有吸引力。没有一个人能够拒绝像花一般灿烂微笑的人，反之，当一个人的表情过于简单时，则容易让人感到气氛僵硬，甚至被怀疑是一个冷漠或者不受别人欢迎的人。

我们每天见到的第一个人，就是镜子里的自己。给自己一个怎样的表情，从某种意义上讲关乎一天的心情好坏、状态好坏、成果好坏。

怎样才能“装”出好心情呢？下面的可爱小表情，会让你沉闷的心情快速沐浴到阳光。

1. 高高嘟嘴法

高高地嘟起嘴唇，然后拿个镜子照下自己滑稽的模样，你会感到忍俊不禁。

2. 睁眼微笑法

睁大眼睛、微笑，睁大眼睛就像是有意给自己换一片视野，而从容的微笑则是赋予当下最善意的鼓励。

3. 屈肘加油法

集中注意力屈肘向下，在心里告诉自己：加油！无论如何一定行！你会感到精神为之振奋起来。

4. 吹前刘海法

把眼球向上翻起，吹吹发前的刘海。在运动眼球的同时调动了眼部肌肉，而从口中呼出的气体，则有助于缓解压力。如果没有刘海，那就吹睫毛也行，能取悦自己就好。

5. 高声朗读法

带有表情高声朗读，且要选择能振奋精神而非忧郁之作。一项心理研究显示：心情烦恼的病人带着表情高声朗读后，他们的情绪也大为改善。

6. 童心未泯法

像小孩子一样做出蹦跳、幼稚的动作，你会发现童心不仅能给你带来快乐，还能激发创造力。

7. 大声欢笑法

大声地笑出声来，可以多分泌让人快乐的激素。

8. 微笑跳舞法

微笑着去跳舞，跳能释放情绪、激发活力的舞蹈，比如肚皮舞等。

9. 列举哈哈法

把自己担心、害怕、厌恶的事一一列举出来，然后读出来，每读一条，就装出很高兴的样子，大笑两声“哈哈”。读着读着，你就会真的哈哈啦。

好心情是好身体的基本条件，是好事业的关键元素，是好生活的秘密诀窍。世界级潜能开发专家安东尼·罗宾说：“你有什么样的感觉，你就有什么样的生活。”还在等什么呢，给自己一个大大的笑容，“装”出属于你的好心情吧，你会收获到真正的好生活！

画出心情脸谱

你是否时会感伤？你是否时会郁闷？你不常感到快乐吗？你不常心生祥和吗？如果你的答案多半都不积极，那么你的心情就需要好好呵护了。

流云、清湖、淡露、浅草都可着色于画笔，再现它们的神采，那么，心情是否也可画出来呢？花朵之珠、孩童之笑、飞鸟之翼、光芒之煜都可成章于文字，赋予新的生命力，心情是否也可于纸上挥就脸谱呢？

当然可以。现在就行动，请准备一张白纸和一支铅笔，画出心情的脸谱。

首先，用铅笔在白纸上画一条直线，像我们小时候画过的“数轴”。

然后从左到右在直线上平均画出 10 个刻度，分别写上 1 ~10 的数字。接着，把你认为的坏心情用熟悉的词汇描述一下：痛苦、忧伤、悲哀、愤懑、沮丧、烦躁，或者郁闷？再用同样的方法表达心情一般的时候：麻木、索然寡味、平淡，还是宁静？最后，让我们满怀憧憬，想象一下你所期待的好心情：欣慰、满足、愉悦、感恩、激动、兴奋，乃至幸福。

请从这些词汇或者你认为更合适的词汇中挑选 10 个，以你的理解，按照不同程度的心情由低向高排列，并标注在相应的数字刻度下：1—痛苦、2—沮丧、3—郁闷、4—索然、5—平淡、6—宁静、7—欣慰、8—愉悦、9—兴奋、10—幸福。

评价一下你现在的心情，请在“心情脸谱”上选择与你心情相对应的词汇：如刚遭遇不幸，非常痛苦，你的心情指数就是 1；若是衣食无忧、家庭和睦，心情介于宁静与欣慰之间，你的心情指数就是 6. 5；而要是刚买了车，加了薪水，或者孩子上了重点中学，比较兴奋，你的心情指数就是 9。

除了可以测量心情指数，还可以测量心情特点：如果你的心情指数波动不大，比如从平淡、宁静到欣慰，维持在 3 个数级内，说明你的心情谱较窄，情绪相当稳定。而你的心情指数若是超过 6 个数级，跳跃幅度较大，如可以感受到深深地痛苦，也能够体验到莫大的幸福，那就表明你的心情谱相当宽，并且细腻、敏感，但情绪不够稳定。

另外，通过这条“心情脸谱”还能了解人的心情背景：如果心情脸谱偏右，指数经常在5以上，表明你的心情背景较为明朗；如果心情脸谱偏左，指数经常低于5，那就显示你的心情背景比较阴郁。

测量完毕后，我们也对自己的心情特点、心情背景有了比较清晰的了解。接下来，就是有的放矢地为自己营造一个良好的内心环境了。怎样才能去除消极情绪，使自己常葆好心情呢?

（1）看些喜剧和欢快的节目。

（2）回忆有意义值得回味的事。

（3）做些自己想做的事情。

（4）参与有益于社会的公益性活动。

（5）学会留心，担心明天不如关注当下。

（6）睡觉比泡澡或按摩更有益于你的情绪健康。

（7）音乐能刺激产生快乐感觉的那部分大脑。

（8）打扫、擦拭、清洗等劳动能帮你认真思考。

（9）取消那些没必要而你也不喜欢的活动。

（10）完成一项工作后，在清单上画掉它时很有成就感。

（11）园艺工作给人带来的成就感会持续好几天。

（12）养宠物的人在压力下明显心跳较缓、血压较低。

（13）忘掉股市，股民的心理健康受股市情况的直接影响。

（14）每天思考生命中积极事物的人，身体更健康。

（15）去图书馆、博物馆等城市里宁静的小岛。

（16）做志愿者，能为你提供另一种社交场所。

（17）学会独处，独处能给自己充电，并有时间去独立思考问题。

（18）多分析自身原因，客观看待问题。

（19）有朋友，有朋友的人血压、胆固醇、血糖等水平更正常。

不管你心情忧虑还是郁闷，不管你是希望生活如星空般平静，还是希望生活如花园般绚烂，只要你了解自己的心情脸谱，并积极行动给自己营造快乐心境，你会发现幸福好运已经越来越离不开你了哦!

从放松到快乐

通过科学家们的动物实验、临床观察、流行病学调查、生活取证等各种研究，我们已经认识到，人的心理状态不管是对于疾病的产生、发展、治疗、愈后还是对于保健、护理，都具有不可估量的价值和作用。每个人在一生中，不可避免地会因为学习、工作、家庭、感情和生活等主观或客观的原因，而产生担心、忧虑、失望、喜悦、愤怒、悲伤等情绪。从未停止过的意识和思维也使我们的心灵波动不已。

心理诱病的情况在生活中比比皆是，随处可见。比如，考生平时成绩优秀，到了考试时却因紧张而导致发挥不好，成绩下降；有些运动员在重大比赛时常因紧张而导致比赛失误；有时在某种突发情境下，人会吓得呆住或说不出话来、大脑空白，这也是紧张引起的知觉抑制；其他各种过激情绪也可引发突然疾患甚至是死亡。

人生在世，难免会遇到风风雨雨、沟沟坎坎。这些让人烦恼难休、紧张不已的事情会影响人们的情绪，导致人们失望、痛苦、郁闷、仇恨等。假如久久停留在这些紧张、不快乐的情绪里无法走出来，不能摆脱这些灰暗的、负面的情绪，那么，我们的工作、生活、健康都将受到极大的威胁，人生将失去色彩和价值。

全世界的医学专家都指出：抑郁症已经是全球危害人类的第五大杀手，排在心脏病后面。抑郁症的真正危害在于，由于它导致人们对生活失去所有的快乐，相当大的一部分人最终会选择自杀，少数抑郁症患者还会杀害他人。医学数据显示，中国现在的抑郁症患者，在没有治疗的情况下，15%会选择自杀。全世界自杀比例最高的国家是日本。在欧洲，全部自杀人群中，30%以上是抑郁症患者，美国的数据则超过50%。

对于不快乐情绪的治疗，专家指出，到了慢性发作的后期，除了长期甚至终身借助药物外，几乎没有办法，而在早期还可以借助很多社会性的方法，例如增加交流、倾诉，转移注意力，多感受生活的美好，等等。

一位医院的教授曾对早期病人以及正常人给了四句话的建议：“我们应该

记住该记住的东西，忘记该忘记的东西，努力改变能够改变的东西，接受不能改变的东西。这是让我们经常保持快乐的忠告。”前两句话是自我内心调节，后两句话则是人与社会的互动。忠告固然有益，但是能做到如此收放自如、洒脱自在却不是件容易事。

美国一家调查机构在全世界22个国家调查人们的快乐水平，结果显示，美国人的快乐水平最高，有46%的美国人对自己的生活感到快乐，其次是印度，37%的印度人乐呵呵地生活着，而中国人的快乐水平最低，位列榜尾，只有9%的中国人觉得自己活得快乐。

美国心理学博士凯伦·撒尔玛索恩女士说：“我们的生活有太多不确定的因素，你随时可能会被突如其来的变化扰乱心情。与其随波逐流，不如有意识地培养一些让你快乐的习惯，随时帮助自己调整心情。”

我根据个人经验和综合考察，总结了10个快乐小习惯，坚持下去，你会发现全新的自我，你会感受内心深层的快乐。

（1）日行一善。多做善事除了有益他人外，也能让你对自我有更多的认同感，更多的成就感，内心的焦虑和负面情绪也能在这个过程中得到缓解。

（2）看喜剧电影和笑话。这是直观的，也是立竿见影的方法。

（3）和益友们一起集体活动，你会在共同的玩乐中找到让自己坚强、平和的力量。

（4）定期运动。运动能刺激大脑分泌内啡肽。内啡肽也被人们称为“快乐激素”或者“年轻激素”，它能让人感到欢愉和满足，甚至可以帮助人排遣压力和不快。一般认为，中等偏上强度的运动，比如健身操、舞蹈、跑步、登山、羽毛球等，运动30分钟以上就能刺激内啡肽的分泌。

（5）享受天伦之乐。家人永远是你最重要的精神支柱，好好珍惜和他们的感情，定期为自己安排喜欢的家庭活动。若不跟父母同住，平日不能常相见，也别忘了时常打电话问候他们。

（6）享受音乐。陶醉在音乐的美感里，或者干脆开口哼唱。别怕自己可能五音不全，让别人听见笑话。音乐能让你热爱的感情找到一个流畅而愉悦的出口，并且，唱歌时，因自我有意识的控制和注意力的转移，你将会一扫困扰，感到身心状态焕然一新。

（7）快乐记事簿：养成每天写日记的习惯，记下每天的快乐心情，使你快乐的人物和地点。不开心或有兴致时拿出来重温，留住生活中美好的时光，千万不要将不愉快的情绪带到明天。

（8）自我增值：定期充电，上不同的有益的兴趣班和训练课程，体验一下不同领域带来的学习乐趣和成就感。只要忙得充实有意义，你的每种兴趣都会带给你不同程度的成就感。

（9）想象快乐：人类的潜能是非常奇妙的，好好运用我们的第六感和意志力，乐观进取地想着经过努力后所带来成功的美好情景，让自己经常有着正面的思想，它会在不知不觉中使你越来越接近成功。

（10）保持赤子之心：做出快乐的举动、行为，你会发现身体传递给心灵的能量，激发了你的快乐感。

全身心减压操

时代是巨轮，不停地向前飞速转动，世界发展的步调变快，物质质量更佳，但是这些快速却也时常会让人喘不过气，让我们的生活中紧张不已，于是我们都变成一个又一个的气球，随着个人的际遇被灌着气，当灌到一定程度的时候，就产生了压力，因为繁忙、因为忽略而没有释放，只是一直灌、一直灌，直到我们突然发现，在我们周遭的环境中，开始不断地出现，郁躁、自杀或者虐待自己的小孩、父母、伴侣……一切都似乎越来越脱离常规。

国外的医学研究报告指出，在我们每十个人当中，就有六个人有忧郁症的问题，高达60%的比例，而且罹病年龄还有逐年年轻化的趋势。至于男女的差别比例，女性忧郁症患者几乎为男性的两倍。而每三个忧郁症病人中，就有一人不知道自己得忧郁症；有2/3的人未寻求治疗。国外曾统计，在一般科求医的病人中，有20%～30%的人即是与忧郁症相关的精神官能症患者。这些症状、现象的频频出现，很大程度上，是因为不懂、不能有效地平稳情绪、缓减压力造成。

为了身心的健康、事业的成功、家庭的幸福，我们需要时时减压，以便处理好生活中层出不穷的问题。下面这套操，就是一种由表及内、由内到外地帮助我们排除身心毒素、恢复身心活力的全身心减压操。

进入主题练习前必须热身，否则，肌肉、内脏、神经系统机能不兴奋，身体肌群在没有预适应的情况下突然收缩运动，会促使肾上腺分泌大量激素，血管收缩、心跳加速，诱发心脑血管不良症状，并且肌肉、关节、韧带缺乏对体式的适应，容易拉伤扭伤。热身运动强度以感觉身体温热、关节轻松、活动自如为宜。用热身温和地唤醒智慧的身体，它会因此而感激你，让你的练习更见成效。

基本站姿：双脚并拢，收腹、挺胸、伸脊、沉肩、微收下颌、骨盆保持中立位。

1. 转圆减压操

（1）取基本站姿。双脚打开与肩同宽，双手自然放松体侧。

（2）髋部慢慢地小幅度地左右摇摆20次，然后小幅度地前后摇摆20次。

（3）髋部小幅度地由右向左画圆，旋转20圈。反方向旋转，同样旋转20次。

益处：热身并放松髋部，增加腰部的柔软度，行气活血，通筋活络。健脑提神，增强思维力。

2. 踮脚减压操

（1）取基本站姿。双脚打开与肩同宽，双手自然放松体侧。

（2）吸气，双手由身体两侧打开向上抬，双手十指相扣。呼气，双手掌放于头顶。

（3）吸气，将手臂伸直靠近耳朵，脚尖踮起。呼气，手肘弯曲，双手掌重放头顶，脚掌贴地，保持10秒，重复5个回合。

益处：舒展筋骨，改善血液循环，紧致手臂，提升胸部，预防肩周炎，强化心脏功能。提神醒脑，镇定神经。

3. 伸展减压操

（1）双腿并拢，取标准站姿。

（2）吸气，双手上提到耳旁，手肘、手腕、手指放松。

（3）呼气，保持腰背挺直，身体前倾，张口发出“哈”声，双手向前甩一下，自然摆动，同时，微屈双膝，收腹，将肺下部的废气彻底排出。

（4）吸气，慢慢还原直立。重复3~6次。

益处：调养气血，有益腹胀、胃病、肝炎、肠炎、糖尿病、失眠等病症。解疲去乏，激发创造力。

温馨提示：高血压、心脏病和眩晕症者不宜练习。

4. 狮吼减压操

（1）端坐椅上，双脚打开与髋同宽，双脚脚趾与膝盖指向同一方向，腰背挺直。

（2）十指大大张开，掌心朝下，放在膝盖上。

（3）深吸气，上身前倾，手臂伸直，手指绷紧，舌头尽力伸出，眼睛尽力睁大。

（4）呼气，像狮子一样发出吼叫声。重复3~6次。吸气，还原，放松。

益处：调和气血，有益于甲状腺和甲状旁腺，调节神经、舒缓压力，解疲去乏，增强创造力和思维能力。

5. 清心减压操

（1）端坐椅上，腰背挺直。

（2）吸气，双手十指交叉，在胸前翻掌，掌心朝外，向前平伸手臂；呼气，拱背，低头，收束下颌。

（3）吸气，抬双手臂到头顶，挺直腰背。

（4）呼气，放松双手，还原到体侧。

（5）交换双腿位置，重复练习。

益处：补益神经系统。解压去乏，激活思维，提神醒脑。

6. 弯仰减压操

（1）腰背挺直，端坐椅上，抬头挺胸，臀部置于椅子前1/2处，双腿并拢，踮脚，脚尖碰地，十指相扣，双手同时往上伸直。

（2）呼气，身体往下弯贴到大腿，双手环抱大腿，闭眼深呼吸，保持10~15秒。

（3）吸气，慢慢将身体回正，睁开双眼。呼气，放松。

（4）双手拉住椅子两侧，腰背挺直。先将头颈向后放松，然后上身微微后倾。闭眼深呼吸，保持10~15秒。吸气，缓慢还原。

益处：放松肩颈部，美化下巴线条，加强心肺功能。集中注意力，增强耐心。

7. 排气祛毒操

（1）端坐椅上，挺直腰背，双腿并拢。

（2）吸气，抬起双腿，双手十指交叉环抱双腿。

（3）呼气，用双手的力量将双腿尽量贴近身体，深呼吸，保持一会儿。

（4）呼气，缓慢还原，调息。

益处：按摩腹部脏器，增强抵抗力。提神醒脑，集中注意力，激发活力。

温馨提示：腰椎间盘突出者不宜练习。勿用头去强行触膝，放松头颈。

8. 拍打减压操

（1）端坐椅上，腰背挺直。

（2）放松身体，不再用力，放松头颈，闭上眼睛，关注自然深呼吸，保持10～20秒。

（3）睁眼，双手开始从头到腿的拍打。每个部位拍打20～50次。力度以感受到重力并且舒适为准。拍打时，想象所有的病气、浊气、晦气、邪气全部离自己远去，自己全身变得清澈、健康、洁净、澄明。

（4）感觉还残留压力时，头脑里想着烦恼之事，敲打枕头，想象把烦恼全部打碎，直到心里平静为止。

（5）想象左肩膀还残留烦恼气，用力“呼”地呼气，感觉把它吹散消逝。换另一侧肩。重复5个回合。然后对自己说：“结束了。”

益处：加速新陈代谢，促进血液循环，有益各系统。缓解焦虑、抑郁、压力，提神醒脑，激发活力。

温馨提示：女性行经期不宜拍打。

第 三 堂 课

与你的心灵谈谈——和内心有一个约定

世界卫生组织专家断言：从现在到本世纪中叶，没有任何一种灾难能像心理危机那样给人们带来持续而深刻的痛苦。从疾病发展史来看，人类已进入（不开心的）心理疾病时代。我们需要关注心灵，消释内心的荒茫；我们需要探索心灵，迸发积极的力量；我们需要邀约心灵，把握未来的希望。

远离精神暴力

精神暴力是肉体暴力之外的另一种暴力，又称软暴力。它的主要特点是通过非强力的形式给对方造成精神伤害，如恶意诋毁、陷害、长时间冷落别人、充满敌意的侵扰、不理性的责备等都可能造成对别人的精神伤害，这些行为都可以看做是精神暴力。

在精神暴力中，最可怕的、最易对别人造成精神伤害的是恶意议论、诋毁和中伤别人。研究证明，这种行为会使对方感到不安、沮丧、自信心损伤，甚至绝望，严重者可能会导致对方以自杀形式放弃生命。有些被伤害者无法承受这种精神伤害，可能会以更猛烈、更不人道的形式来反击伤害者。生活中，精神暴力却已是处处可见，像社会的隐疾般，剥夺了人们的身心健康、幸福感和价值感。

小娜有稳定的职业，丈夫是政府官员，家境宽裕，在外人眼里，他们幸福而美满。但小娜却向心理医生道出了她的痛苦：丈夫几乎半年都没和她说话了，在家中见面就像是陌生人，从不打招呼，即使说话也是言语冷淡或粗鲁，像一把刀子直插她的心窝。她因此得了抑郁症，最近甚至已发展到了无法正常生活和工作的程度。

小娜遭遇的正是典型的家庭精神暴力。中国法学会关于全国家庭暴力现状的一项社会调查表明：在发生矛盾的家庭中有88%会出现夫妻双方互不理睬的现象，30%多出现负气而走、摔门而去或摔东西的行为，48%的家庭存在互相辱骂的现象。这意味着大部分家庭都有过不同程度的精神暴力。

李伟是初涉职场的新手，人际关系让他饱受煎熬：领导对他不闻不问，拼命工作也没得到相应赏识；有些同事视他如无物，有些则对他的努力冷嘲热讽……虽然李伟意识到自己被孤立了，但领导或同事并没有直接攻击和训斥他。因此李伟每天上班都很痛苦，于是有了辞职的打算。

智联招聘的一项调查显示，职场中像李伟一样遭受过精神暴力的人高达71.2%。

而在学校里，语言暴力、变相体罚、变相驱逐、冷漠孤立歧视等精神暴力情况也存在不少。

- 伟大的发明家爱迪生8岁上学，仅读了三个月的书，就被老师斥为“低能儿”而撵出校门，但在其母亲的引导培养下，最后成为了世界著名的发明家。
- 三毛是我们熟悉的作家，然而少年时代的“精神暴力”却害苦了她，险些毁了她的前程。少年三毛因为数学成绩不好而被老师责骂，敏感而自尊的她因此患上了自闭症，在自己的房间里一待就是七年，再也不愿去学校，以致三毛一辈子只要一想起就心有余悸。
- 6岁的小辉一听说要去幼儿园就哭。原来，小辉的幼儿园老师对他不理不睬，老师看到其他小朋友会微笑，看到他却会露出不高兴的样子。老师提问时，挥挥小手也得不到回答问题的机会。这样的区别对待，让敏感的小辉对幼儿园充满了厌恶。
- “当父亲在一页一页地翻阅那本书之时，詹姆斯一直提心吊胆，唯恐他会突然抬起头来望着他，对他说出刺耳的话……詹姆斯想，要是父亲再对他视而不见或者唠叨讽刺，他就拿起一把刀子，直捅他的心窝。”这是英国女作家弗吉尼亚·伍尔夫长篇小说《到灯塔去》中的一个细节。詹姆斯因为长期遭受精神暴力，对父亲怀恨在心。唐登华表示，家长对孩子施加冷暴力往往是不经意的，有些家长还保留有“父严子孝”的教育观，对孩子比较苛刻。还有些家长忙于事业，供给孩子优越的物质条件，却忽略了亲子交流。

由于精神暴力的内隐性、隐蔽性和延迟性，所以，它不像体罚一样引起人们的警觉，人们往往忽视它的存在，而易造成受害者，尤其是心智不成熟者心灵的病态，导致无法挽回的恶果。

为什么人与人之间会有精神暴力呢？早期的心理学家认为，人有一种与生俱来的侵犯欲，有一种“希望自己幸福和希望别人不幸”的心理趋向。各种侵犯欲与心理趋向受不良社会文化因素影响之后，很可能会演变成一种精神暴力行为。新的研究则证明，人的暴力行为存在脑基础。一般来说，暴力行为与大脑颞叶皮质、位于边缘系统的丘脑，以及大脑额叶皮质生理机能活动异常有关。然而，无论导致暴力行为的原因如何，心理学家坚信，人类的暴力行为是完全可以预防和控制的，学会了预防和控制，我们才能远离精神暴力。

怎样预防和控制精神暴力呢？心理学家认为，关键是要认同别人的独特性，尊重人与人之间的差异性以及每个人既定的价值观念和习惯，不可有支配、控制别人的欲望。另外，有精神暴力倾向的人一定要不断培养自己的忍人之心，学会宽恕别人的错误，用多元化、发展的眼光来看待别人的错误，不可抓住别人的错误与缺点不放，更不能用侮辱和诋毁别人的方式对待别人的错误。

一些心理学家还发现，有些优美动人的古典音乐有助于减少人的暴力念头，所以有精神暴力倾向的人也可以多欣赏古典音乐，减少自己的暴力想法。另外，平时加强情感联络，多与人进行沟通，不断扩大交往范围，并与少数人建立起深厚的友谊，也能有效减少暴力想法与行为。

此外，夫妻之间应注意：经济上要自立自强、给彼此一个空间、建立亲密的伙伴关系、学会投入情感、防微杜渐从说“不”开始。

职场上，则要积极找当事人沟通，消除误会；理性地对待工作和同事；不要过于敏感；让自己更强大更可爱。

再有，如果职业是高压职业，比如说教师，除了加强提高师德外，还要注意梳理情绪、舒缓压力。

作为父母，在教育孩子时应该要让斥责与褒奖相辅相成、并行不悖。褒奖能激发人向上的意志，而斥责有警惕作用，提醒孩子不再犯相同的错误。斥责不是整日唠叨不休，不是精神暴力，斥责是理性的疏导、积极的警惕，像一个安全指标，告诉孩子正确的方向，并引导孩子通向光明的彼岸。

如此，自可避免精神暴力的发生，使我们能有更平和的心态、更积极的状态，去创造出成就斐然的事业和幸福美满的生活。

吝啬你的敏感

“敏感”在汉语词汇里，是感觉敏锐，对外界事物反映很快。

心理学认为敏感在性格上可认为是指：过度的在意细节带来的感受和变动并善于将之放大，然后做出相应的反应。敏感的人容易往心里去，并因小事而牵动情绪，同时，敏感的人心思较为细腻缜密，具有较强的洞察力。

敏感本来并不是负性评价。往往反应较为敏感的人，都比较聪明、要强，还有一些性格比较细腻的人，特别善解人意，常常自省，表现得也比较敏锐。反应敏感虽然和心理过敏有一定的联系，也有质的区别。前者是常态，是优点；后者是心理病态，是缺点。过敏的人往往表现为多疑、好大惊小怪、自言自语、坐立不安、发呆，甚至会喜怒无常和出现幻觉等。

过敏会常常使自己处于忧心忡忡的心理状态之中，并不断给自己的心理加压，以致自己终日处于紧张、焦虑的竞争状态之中，长此以往如果没有适当的释放压力，最终必将导致心理崩溃，自信心消失殆尽，给身心和生活造成不可估量的损伤。因此，我们应该吝啬自己的敏感，别让它洪水泛滥，才不致引发冲垮自己的洪灾。

1. 造成过于敏感心态的原因

（1）生理原因：个体本身的相貌、身材、身体素质、体力及生理上的缺陷、疾病所带来的限制，无形中在工作、生活的适应上会增加许多困难，他们会担心受到别人的歧视、嘲笑或议论，因而产生心理过敏。

（2）心理原因：意志薄弱、泛化心理、性格孤僻、情绪不稳等心理原因也会造成心理过敏。

（3）家庭原因：急剧的社会变迁导致离异家庭、寄养家庭、贫困家庭增多，处于这些不利家庭环境的孩子缺乏情感上的关爱和经济上的贫困双重压力，也有的父母亲或家人曾有劣迹或地位低下，面对其他幸福家庭的孩子，他们对自己家庭不幸“不堪回首”，产生强烈不满甚至憎恨，不愿也害怕别人提起或蔑视自己的家庭，也会产生心理过敏。

（4）曾经过失：比如偷窃、赌博、吸毒、抢劫等问题行为会造成青少年的心理敏感，这些过失行为使他们曾受到过屈辱、歧视，精神上受到严重挫伤，事过境迁以后，他们想重塑自身形象，赢得他人尊重，但又害怕自己以往的过失行为被人了解或提起。

2. 怎样做才能避免过于敏感

（1）磨炼意志：加强意志的磨炼，多参加需要意志去努力的体育活动，多让他们进行磨炼意志的实践。

（2）自我暗示：这是一种对自己施加某种积极的影响，从而调整心境、情境和加强自我意识的方法。当发现别人有某些让自己很难受的“可疑”行为时，应该暗示自己要冷静，应全面分析和了解，不要胡乱猜疑。

（3）难得糊涂：在一些生活细节上不必斤斤计较，糊涂一些，这样可以避免自己的烦恼。

（4）加强沟通：主动和相关的当事人开诚布公的沟通和交流，获取现实的信息，排解掉自以为是的心理阴影，就显得尤为重要。

（5）降低期望：降低期望值，把自己看成一个极普通极正常的人，“尺有所短，寸有所长”，一个人在一两个方面有所特长就不错了，根本不必要事事争强好胜。别人的挑剔，可能只是个别人的眼光，况且挑剔是一种极有价值的信息，对人的成长有益处。

（6）心胸开阔：宽容是心理过敏的良药，能让人融入亲朋好友，快乐地生活。朋友之间不能斤斤计较，也不能太要面子，有些时候将自己姿态放低，反倒会赢来尊重和友谊。

（7）换位思考：多站在他人角度思考问题，你就会更能理解他人，更能发现生活中的真善美。

（8）坚定信念：树立积极的信念，就能增强自信心，让自己拥有良好的自我感觉。这也是应对心理过敏的良策。

（9）培养兴趣：适当参加健康的文体娱乐活动，不仅增进了人际交往，纠正自己的偏执心理，还可以提升自己的自信力。

（10）消除偏见：“缺乏变通，偏见比无知离真理更远”，过于敏感，往往出自偏见。因此，当你有了某种疑虑时，不妨先调查一下，看猜疑与事实是否相符。也许你会在调查中消除疑虑和误会，走出心理过敏的误区。

当我们吝啬了自己的敏感，让敏感在正常范围内，我们在健康上，身体免疫力会增强，不会因过于压抑而抑郁，不会因过于敏感而焦虑；我们在认知上，才能接纳自己和他人的缺点和错误，里里外外的负面评价都不会往心里去，能“相逢一笑泯恩仇”；我们在情绪上，心情才能比较稳定，也相对比较积极；我们在行为上，才能勇敢主动，比较坦诚，不为细节所困扰，得到更多有益身心的社会支持，赢得灿烂的人生！

打开意志的力量面对挫折

意志力是心理学中的一个概念，是指一个人自觉地确定目的，并根据目的来支配、调节自己的行动，克服各种困难，从而实现目的的品质。对于一个人来说，意志力是一种为人处世的方式，人们可以通过它来指导自己的思想和肉体。一个人的行为，无论是精神的还是身体的，都是其意志力的外在表现。

罗伊斯说：“从狭义的角度讲，意志力一般是指我们全部的精神生活，而正是这种精神生活在指引着我们各种各样的行为。”

医学博士威廉·汉纳·汤姆森说道：“人之所以成为万物之灵，是因为人拥有特殊的责任感，而让人产生强烈责任感的正是其意志。有些人刚开始似乎优势明显，聪明过人，有机会受到教育，有很高的社会地位，但其中能走得很远、攀得很高的人为数并不多。他们一个接一个的变得步履蹒跚，害怕被人超越。而那些最终超越他们的人刚开始并不被世人看好，很少有人想到他们能超越那些具有明显优势的人。因为他们看起来并不聪慧过人，综合素质也远远落后于那些人。意志的力量可以解释这一切。在人的生命过程中，再也没有什么比意志力具有更强大的精神力量了！”

心理学专家霍姆斯说：“意志力就像身体的领袖，威力遍及四肢百骸，人体的一切活动都离不开它。”

强大的意志力是身体的主人；正确的意志力是心智功能的统帅；完善的意志力是个人道德的导师。成功者与失败者之间最大的差异，就在于其意志的力量。

古今中外所有大成，无一不是因坚强的意志而产生的。英国大诗人弥尔顿最完美的杰作诞生于他双目失明之后；达尔文被病魔缠身40年，可是他从未间断过对改变整个世界观念的科学预想的探索；爱默生身患多种疾病，包括眼疾，但是他留下了美国文学史上一流的诗文集；查理斯·狄更斯，病魔没有一刻离开过他，但是他却在小说中为世界创造了许多最健康的人。

每个人要想成功，但必须具备坚强的意志力，才能实现。而这种意志之力，是我们与生俱来的，它默默地潜藏在我们每个人的身体之内，等待我们打开它。意志的力量，一旦被打开，对世上每个人的价值将无法估量。

那么，到底什么才是打开意志力量大门的金钥匙呢？

（1）设定具体明确的目标，然后积极主动投身实现目标的具体实践中去。

（2）化整为零，将大目标分成多个小目标。在一个单位时间内，专注完成一个，然后进行下一个。

（3）在遇到阻力时，想象自己在克服它之后的快乐。

（4）仔细比较，权衡利弊。可以在一张纸上画好4个格子，以便填写短期和长期的损失和收获。

（5）在许多情况下，将单一的大目标分解成许多小目标，定期回顾自己的“胜利”就能够信心百倍地坚持下去。

（6）坚强的意志不是一夜间突然产生的，它在逐渐积累的过程中一步步地逐步培养而成的，中间还会不可避免地遇到挫折和失败，必须找出使自己斗志涣散的原因，才能有针对性地解决。

（7）实践证明，每一次成功都将会使意志力进一步增强。如果你用顽强的意志克服了一种不良习惯，那么就能获取与另一次挑战决斗并且获胜的信心。

（8）实践目标的过程，一次未成，再次重新下决心；两次不行，第三次下定决心。你会发现自己在一点一滴的积累中，已打破了旧的消极惯性力，而建立了新的积极意志力。

（9）如果自己有莽撞的倾向，培养平和和保守的个性。如果自己倾向于过分的保守，就应当培养当机立断的作风和积极上进的精神。

（10）每天都要让自己做一件自己不愿意做的事，并尽力做好。

（11）日行一善。

（12）坚持每天至少20分钟的运动。

（13）自我提醒。首先是针对弱点，选择相关座右铭警戒自己；然后，制定一些要求来自我约束，并时时检查执行情况。

（14）自我暗示："我的意志力很坚强，我一定行！"

俗话说："意志创造人。"大脑是你在这一世界上取得自我肯定成功的唯一源泉。在你的大脑中，储藏着取之不尽、用之不竭的财富。只要你积极主动坚持去提高意志力，你就可以逐渐打开意志的力量，进而获得人生的无价之宝，拥有生活中的各种成就。

准备好灭火器

生活总是五光十色、光怪陆离的，因而人会不可避免地会对一些事情感到愤怒。

美国弗吉尼亚州林奇伯格市的愤怒化解研究所主任道尔·金特里博士曾统计过，每人每周会发怒两次，男人发怒的强度要大一些，女人每次发怒的时间要长一些。美国生理学家爱尔马教授的研究发现，人生气10分钟耗费掉的精力不亚于参加一次3000米赛跑。

愤怒普遍存在，但却是一种需要我们控制和疏导的情绪。伊索说："人需要温和，不要过度地生气，因为从愤怒中常会产生出对易怒的人的重大灾祸来。"

愤怒，无论是压抑还是爆发，都会导致身体问题，哈佛大学2004年的一项调查显示，每年约有三万例心脏病突发病例都是由瞬间的愤怒触发的。

医学试验表明，愤怒、生气等消极情绪会使交感神经系统末梢释放过量去甲肾上腺素，同时肾上腺髓质也过量分泌肾上腺素，这两种物质过量所产生的剧毒几乎仅次于自然界的蛇毒，会明显降低机体免疫功能，加速衰老、导致疾病发病率和死亡率都比正常人明显增高。不仅如此，愤怒还会破坏到人们正常的工作和生活，导致人际关系的紧张和情感的破裂。愤怒就像熊熊山火，一旦燃起，就会迅速划算，极易烧毁我们辛辛苦苦栽种的福田。因而，准备好我们的灭火器，及时扑灭怒火，成为了当下急需解决的事情。

什么才是我们的灭火器呢？怎样才能有颇见成效的制怒呢？

（1）在爆发愤怒前数600下，再开口。

（2）有意离开“触媒”，即争吵的对象、发怒的现场。转移注意力，去做点别的事情。

（3）进行健康检查。诸如糖尿病、慢性疼痛、睾丸激素过低和雌激素过低等身体问题可能会导致人们易怒。

（4）学会幽默。幽默通常是一剂良药。幽默会使你和其他人都得到生活中最珍贵的礼物——笑，笑声会使你的生活充满阳光。

（5）运用同理心。如果另一个人是你的愤怒源，则尽量从他（或她）的角度看待问题。提醒自己保持客观，并承认每个人都会犯错，而且人们通过错误学习如何提高。

（6）换种方式表达你的愤怒，不要用暴力的方式。暴力只会带来更多的愤怒、伤害和复仇。无论是口头的、还是躯体的攻击都不会熄灭怒火。告诉别人是什么让你感到愤怒或受伤害，告诉他们你真正希望他们做的是什么。

（7）充分认识发怒带来的不良后果。发怒时可造成心血管机能的紊乱，出现心律不齐、高血压和冠心病等症状，严重时还会导致脑血栓或心肌梗死，以及高血压患者的猝死。当要发怒时，首先想想于自己健康极不利。

（8）抓住让你愤怒的事件，而不是人，说“这件事情真的让我很生气。”是针对事件，说“你这混蛋，怎么做出这种事情？”就是针对人了。

（9）愤怒的当时写一封信，可以是写给你发火的对象也可以是写给报刊、杂志或领导。这封信写得越详细越好。把这封信放一天再读一遍，再考虑是否真的值得发火。

（10）每个人都有一些不能表达的愤怒，要替这些情绪找到出口。体育锻炼是一种很好的释放方式：慢跑、打球、在没人的地方大喊大叫等都可以。

（11）留意愤怒的迹象。对自己快要愤怒的反应和感觉要敏感，当你愤怒的时候，你的手是不是不知不觉地攥成了拳头？你开始在房间里不停地走来走去？嘴里不停念叨、诅咒或者紧咬牙关？当你能够灵敏地觉察到自己快要生气时的种种迹象时，便可立即做些努力以平息即将到来的怒气。

（12）用冷水洗脸，冷水会降低皮肤的温度，消除怒气；闭目深呼吸，把眼睛闭上几秒钟，再用力伸展身体，使心神慢慢安定下来；自我按摩，按摩头部或太阳穴十秒钟左右，有助于减少怒气，缓解肌肉紧张。

最后要提醒的是，我们要更加关注生活中更重要的事情，认识到大多数沮丧、困难以及受辱的遭遇都是微不足道、过眼烟云的事情，对于强者而言，愤怒可以转化为成就的动力。

多吃“开心麻花”

开心，即是心情舒畅、快乐的意思，也代表开通思想，启发智慧。中医学称为开通心窍。可见开心实在是身心中很重要的能量。开心不仅仅是一种愉悦的感受，它还是一种平衡的精神毅力，使我们能从生活的每一方面发现美好。同时，它意味着勇敢和坚忍，使我们能淡定自如地面对复杂的生活。

开心，能给任何人带来生机和活力，能击退萎靡和颓废，让弱者变得坚强，让强者富有韧性，让智者更感幸福，让仁者更具祥和。世界卫生组织专家断言：从现在到本世纪中叶，没有任何一种灾难能像心理危机那样给人们带来持续而深刻的痛苦。从疾病发展史来看，人类已进入（不开心的）心理疾病时代。

到底是什么样的原因造成这样的心理危机呢？

德国心理学家惕基指出，笑声的减少主要原因是现代人把成功看得过重，大多数自认为没达标准的人感到羞愧和沮丧。美国心理学家卡瑞也认为，消费主义的盛行使得现代人更喜欢跟别人相比，结果使许多人觉得不如别人，自认为是竞争的失败者，以致情绪低落和苦恼。身心在缺乏开心的情绪中，系统性地开始衰竭和病变。显然，开心已成为人们时下的情绪状态急需的重要“营养”。这种“营养”像麻花般由两股力量组成：一股是生理营养，一股是心理营养。

1. 生理营养

（1）南瓜。富含维生素 B6 和铁，这两种营养都能帮助身体所储存的血糖转变成葡萄糖，而葡萄糖正是大脑唯一的燃料。

（2）香蕉。含有生物碱，可以振奋精神和提高信心，并可帮助大脑制造血清素，减少产生忧郁的情形。

（3）葡萄柚。不但有浓郁的香味，更可以净化繁杂思绪，也可以提神醒脑，增强抵抗力并且抗压。

（4）菠菜。除含有大量铁质外，更有人体所需的叶酸。人体如果缺乏叶酸会导致精神疾病，包括抑郁症和早老性痴呆等。研究也发现，那些无法摄取足够叶酸的人，在 5 个月后，会无法入睡，并产生健忘和焦虑等症状。研究人员推论，缺乏叶酸会导致脑中的血清素减少，造成抑郁症出现。

（5）樱桃。含有花青素，可以减少发炎。长期面对电脑工作的人会有头痛、肌肉酸痛等毛病，也可以通过吃樱桃来改善状况。

（6）大蒜。德国从针对大蒜对胆固醇的功效中研究发现，被测试者吃了大蒜之后，感觉不太疲倦、不焦虑、不容易发怒等。

（7）深水鱼。鱼油中的 ω－3 脂肪酸有常用的抗忧郁药，如碳酸锂的类似作用，能阻断神经传导路径，增加血清素的分泌量，使人的心理焦虑减轻。

（8）西红柿。含有氨基酸苯丙氨酸，这种营养素会降低内啡肽的崩溃。

（9）绿茶。除了含有大量的抗氧化剂，它还含有维生素 C，有助于降低应激激素的分配。

（10）莴苣叶、芹菜、香菜。来源酪氨酸的氨基酸，有助于治疗抑郁症，帮助调节血压，缓解情绪压力和治疗头痛，放松紧张的情况。

（11）谷物、土鸡肉、海鲜。英国心理学家们给接受试验者吃了 100 微克的硒之后，受试者普遍反映，觉得精神很好，思绪更为协调。美国农业部也发表过类似的报告，硒的丰富来源有鸡肉、海鲜、全谷类等。

此外，控制怒火，用金银花、菊花、玫瑰花、合欢花，能疏肝理气、解郁安神；用百合煮粥，或将鲜百合炒着吃，效果也不错。烦躁时，多吃含钙食物。钙镁等营养素能稳定情绪，让人摆脱沮丧。富含钙的食物主要有牛奶、小鱼干以及各类豆制品，黑木耳、黑芝麻、海带、紫菜等的含钙量也不容小觑。

2. 心理营养

（1）每天锻炼注意力。注意力集中的人，看起来会更加朝气蓬勃、精神饱满。因此，做事情时提醒自己，一旦开始就要全身心投入。

（2）一日三餐别饱食。美食让人开心，但是饱食会伤脑伤身，且在吃到太撑之前停手，会给你带来更加美好的回味和期待。

（3）时时发现和感受生活中点滴的美好。

（4）每周至少学习一个新观念。好的观念是成功的加速器。

（5）常常从传统文化中汲取心理营养。我国传统文化中蕴藏着丰富的心理养生的原则与手段。如形神并养，养神为主；养神重德，欲贵适度；以静制躁，顺时调神等，其精华就是精、气、神三者有机的完美结合。这些都为人们提供了化解心理紧张、调适不良性格和脾气的良药，对于维护心理健康，增强心理素质，从容应对知识经济时代的心理挑战是非常必要的。

（6）定期挑战新事物。要想保持年轻、积极的心态，最好对新鲜事物保持高度关心，并且试着挑战，不断给自己带来成功的喜悦。

（7）培养一生信仰。随时在不开心时告诉自己，一切都会好起来。

开心的心情虽有先天的基因，却主要来自后天的“营养”。提不起劲的时候、索然无味的时候、郁闷忧烦的时候，记得多吃“开心麻花”哦。当我们的“营养”双管齐下，自能福慧双修、智勇双全进而双桂联芳，直遂凌云之志。

为心灵松绑

人的一生有着许多坎坷、许多阻碍、许多迷惘、许多无奈。当繁复纷杂的生活琐事交织成无形的网络，人们穿行在其中，稍不留神，就会被团团缠绕，甚至绷着死结，越挣扎越紧缚。于是，有的人束缚“手脚”，有的人停滞不前。心灵被锢上枷锁，生活被抹去色彩，创意被扼杀，出息变窒息。

你常觉得紧张苦恼吗？你常很难入睡且睡不香吗？你常感到心烦意乱吗？你常感到无故害怕且畏首畏尾吗？如果有两个以上的肯定答案，那么，你极可能已经在不知不觉中掉入自己营造的心灵枷锁中了。倘若你不能及时为心灵松绑，那么，你只能在这残害心灵的牢笼里，眼睁睁地看着心灵凋谢、健康消逝、快乐不再、成功不来而一筹莫展。

我一位学员在工作之余，曾参加过某大学的培训课。课堂上，教授问：什么是你们心目中的人生美事？同学们不假思索地争先恐后地说：健康、才能、美丽、爱情、名誉、财富……

教授不以为然地摇着头，说："你们忽略了最重要的一项。没有它，即使得到上述种种也会给你带来可怕的痛苦。"

接着，教授在黑板上写下：为心灵松绑，还心灵一条自由通道。

当时她和其他同学一样，都曾怀疑这几个字是否真的如此雷霆万钧。几年后，经过工作变动、爱情变故、人际危机，受过苦痛、挣扎、煎熬的她，终于深刻地体悟到：为心灵松绑，就是破除烦恼与痛苦的牢笼，解去浮华与虚荣的负担；为心灵松绑，就是除去昨日的杂草，清理积压的污染；为心灵松绑，就是耕耘肥沃的心田，播种幸福和成就。

松绑需要多阅读书籍。读书，是一种享受生活的艺术。当你枯燥烦闷时，读书能使你愉悦；当你迷茫惆怅时，读书能使你明智；当你愉快时，读书能让你更能发掘生活的美好。"书中自有黄金屋，书中自有颜如玉。"使人饱览世间万种风情，细品百味人生，在体验审美愉悦的同时，情满意溢其乐融融。读书实在是乐志、忘忧、解惑和医愚的绝好方式。

松绑需要乐观。可以延长寿命、有益身心健康、增加心理灵活性、提升幸福感、提高自尊感和自我完整感、促进创造力，并通过提高生产率给你成功的职业生涯。乐观主要在于我们现实可行的目标和期望，对你的梦想保持信念，不要掉入感到无望的陷阱，与那些在日常生活中表现乐观的人交往。

松绑需要善良。心存善良，就会与人为善，乐于友好相处，心中就常有愉悦之感；心存善良，就会光明磊落，乐于对人敞开心扉，心中就常有轻松之感。总之，心存善良的人，会始终保持泰然自若的心理状态，这种心理状态能把血液的流量和神经细胞的兴奋度调剂到最佳状态，从而提高机体的抗病能力。

松绑需要宽容。人在社会交往中，吃亏、被误解、受委屈的事总是不可避免地发生，面对这些，最明智的选择是学会宽容。宽容是一种良好的心理品质，它不仅包含着理解和原谅，更显示着气度和胸襟、坚强和力量。一个不会宽容，只知苛求别人的人，其心理往往处于紧张状态，从而导致神经兴奋，血管收缩，血压升高，使心理、生理进入恶性循环。

松绑需要淡泊。淡泊是一种崇高的境界和心态，是对人生追求层次上的定位。有了淡泊的心态，就会在世俗中随波逐流，就不会对身外之物得而大喜、失而大悲；就不会对世事他人牢骚满腹、攀比嫉妒。淡泊的心态使人始终处于平和淡定的状态，保持一颗平常心，一切有损身心的因素，都将被击退。

“春有百花秋有月，夏有凉风冬有雪。若无闲事挂心头，便是人间好时节。”为心灵松绑，才能消释内心的荒芜；为心灵松绑，才能把握未来的希望；为心灵松绑，心田就会一直迸发清爽积极的力量，你自然气平神清，快乐无限。

增强你的心灵弹力

心灵的弹性是指什么？弹性本来是物理学史的一个名词，它是指物体在受外力作用下，产生形变，若除去外力后形变随之消失。物理学中有一条定律，它的意思是，在弹性限度内，物体的形变如扭曲、拉伸，均与弹力体的弹力成正比。把这条定律用在人的心灵力量增强上，其要义就是使人的心灵具有弹性，能伸能缩，能够正确对待与处理生活中遇到的各种困难。

一根筷子，用力一折，就断了；可是一根藤条，无论如何也折不断，难道是藤条比筷子更结实吗？事实上并非如此，只不过是藤条比筷子更具柔韧性罢了。生活中也是一样，我们生活的环境总是在不断变化的，环境的变化总是会影响到身处其中的人，就好像我们给筷子和藤条加的外力。

有些人，就好像筷子一样僵硬，环境变化时，没有舒缓压力也不知变通，结果也自然和筷子一样落得个折断的下场；而真正能适应环境的人则像藤条一样，该柔软的时候柔软，该坚强的时候坚强，随着环境的变换不断地调整自己以适应环境，这样的人才能够成功地生存在这个世界上。

《易·系辞下》有这样一段文字：“尺蠖之屈，以求信也；龙蛇之蛰，以存身也。”

"尺蠖之屈，以求信也"这是生物界的现象及其中的道理。尺蠖在爬行的时候，先把身体变曲、弓起来，老虎也是一样，要攻击对方的时候，也是先把腰弓起来。你如果碰蚯蚓一下，它会马上把身子卷曲起来，许多昆虫都会这样，以保护自己。所以"尺蠖之屈，以求信也"，它要把身子先弯曲、弓起来，才能有伸展，才能够前进或后退。我们常用的弓也是这样的，先要弯曲，它伸展开来时才会有强大的推动力将箭射出去。所以，有时看似屈，实则是为伸做准备的。中国的兵家常有这样的用兵之道，撤退、埋伏，都是屈之道，也都是弹性之道。

心灵也是如此，有弹性才有轻松和自由。所谓弹性，那就是能屈能伸，在大是大非的原则问题上，我们应该像筷子一样，具有稳定性与不变性；但在一些细小的问题上，我们又必须像细柔的藤条一样，具有灵活性与多变性。

心理课堂上，一位老师端起一杯水，问在座的学生："各位认为这杯水有多重?"有的学生说半斤，有的说一斤。老师说："这杯水的重量并不重要，重要的是你能拿住它多久？拿一分钟，大家一定觉得没问题；拿一个小时，可能会觉得手酸；拿一天，可能需要叫救护车了。其实，这杯水的重量始终是一样的，但是你拿得越久，就越会觉得沉重。这就像我们承担的压力一样，如果我们一直把压力放在身上，不管时间长短，到最后我们都会觉得压力越来越沉重而无法承担。我们必须做的是，放下这杯水，休息一下后再拿起这杯水，我们才能拿得更久。所以，各位应该将承担的压力在一段时间之后适当放下，并好好休息一下，然后再重新拿起来，如此，才能够承担更久。"

没错，一味地弛，会让我们空虚懈怠，再无"起飞"的能量；但是一味地张，却也会让我们精疲力竭，再无"续航"的能量。我们需要增强心灵的弹性，张弛有道、屈伸有度。只有这样，我们才能够四两拨千斤，化解压力于无形，在学习、工作和生活中立于不败之地。

南非前总统曼德拉也曾说："生命中最伟大的光辉不在于永不坠落，而是坠落后总能再度升起。"

增强心灵的弹性，首先需要均衡的营养、适量的运动。然后，就是困惑郁闷时要及时找人倾诉，可以找亲友，也可以匿名找电台，再不然，就写在日记本里都可以。此外，经常想象成功的景象，保持发掘事物的积极一面。最重要的，是建立健全的信仰，信仰能让你拥有前所未有的力量，开创意想不到的局面。相信自己，相信美好，相信因果，相信努力，相信奇迹。没有什么难关是过不了的，没有什么美好是来不了的。

在这个世界上为人或处世，你不能企望事事顺利，但可以做到事事尽力；你改变不了所处的环境，但可以改变自己；当你增强了心灵的弹性，你会发现自己的改变，自然会带来周围环境的改变。或许你没有辉煌的昨天，但是你可以拥有踏实的今天，更可以创造理想的明天！

避免冲突的魅力法则

冲突是什么？斯蒂芬·P. 罗宾斯说："冲突是一种过程，这种过程是起始于一方感觉到另一方对自己关心的事情产生消极影响或将要产生消极影响。"Dean Tjosvold 说："冲突是指个体由于互不相容的目标、认识或情感而引起的相互作用的一种紧张状态。"

每一个人活在这个世界上，都不可能孤身一人过完你的人生，都得要与人相处、交往，但是在交往的过程中，常常是相见好、相处难，如果只是偶尔见面，大家没有什么利益关系可能还不容易产生冲突，若是天天生活和工作在一起，大家彼此之间的思维方式、性格志向、爱好兴趣、生活方式、家庭背景、修养素质不一样时都会导致冲突，因而，冲突在我们的日常生活中到处可见。

1. 冲突的产生的原因

（1）相互竞争。多发生在职场，如商界、政界、学术界等。

（2）观点不同。多见于领导成员之间，也常发生在学术界。

（3）趣味相异。这类冲突主要发生在同事之间、邻里之间。

（4）感情不和。这类冲突主要发生在亲属之间，如夫妻矛盾、婆媳矛盾、父母与儿女之间的矛盾等。

（5）性格不同。个性、气质不一样以及相反的人，相互之间也易产生冲突。

（6）产生误会。人与人之间的相处，即使主观上不想发生摩擦，但仍然难以避免产生一些误会，有些误会甚至还是根深蒂固、难以消除的。

（7）不理性的表达态度、欲望、行为。有时出发点是好的，但是由于用很不理性的态度表词达意，扩大了冲突的张力。比如同事之间、邻里之间，甚至两个陌生人之间，都往往会因一点小矛盾而轻则产生口角，重则拳脚相加，以致发展到不共戴天之仇。

冲突若不及时制止和控制，任其发展，极容易导致两败俱伤，产生不可估量的损失。无疑，避免冲突，将干戈化为玉帛，人生健康指数、幸福指数、成功指数和快乐指数都会直线上升。

2. 避免冲突的魅力法则

（1）先从培养良好的个性品质这一根本因素入手。坚持原则、与人为善，就能保持和谐的同事关系，建立良好的个人形象。

（2）平等对待他人。不抬高自己、贬低别人，或摆出拒人于千里之外的冷面孔。

（3）主动沟通和表达，以增进你与他人的相互了解和理解，可以尽量避免不必要的误会和错误。

（4）换位思考。人习惯于以主观意识为出发点作出判断，这往往容易导致偏见甚至误解的产生。“己所不欲，勿施于人”，公平心能让你有正见。

（5）敬人者，人恒敬之。每个人都有强烈的受尊敬的欲望，也就是说，渴望被尊重是每个人基本的心理需求。

（6）宽容。“金无足赤，人无完人。”对别人不要求全责备，多一分宽容，多一片晴空。

（7）学会耐心、细心地倾听对方的意见，肯定其中合理成分并真诚、坦白地说明自己的想法和要求，让人觉得你是希望得到合作而不是在挑别人的毛病。

（8）注意观察，防患于未然。及时了解别人的思想动态，努力把各种矛盾、摩擦化解和消除在萌芽阶段，减少或完全消除人们之间的隔阂。

（9）胸怀大志、高瞻远瞩。这会让你不愿浪费时间在眼前之利的角逐，也易避免一时之气的宣泄而破坏心中大理想的进程。

(10) 因时因地说服他人。如果不分场合、信口开河，不管人前人后，指名道姓地对人训斥，效果往往不佳，还容易出现与说服动机相反的结果。

(11) 在负面情绪中，不要协调沟通，更不要急于做决定。负面情绪中的协调沟通常常无好话，理不清、讲不明，很容易冲动而失去理性。如吵得不可开交的夫妻，反目成仇的父母子女，对峙已久的上司下属……尤其是不能够在负面情绪中作出冲动性的“决定”，这很容易让事情不可挽回，让人后悔莫及。

(12) 大事求合一，小事有弹性。原则性上求得一致的方向，小事情上保持自由决定的空间。

通过掌握这些避免冲突的魅力法则，我们能转不利为有利，化危机为转机，让你能在冷冽的世事中保护到自己并如鱼得水、游刃有余。

心中无惧社交才能更轻松

随着社会经济结构的剧烈变化，我们的生活节奏越来越快，人与人之间的联系越来越频繁，人们纷纷走出家门，迎接生活的挑战，构筑自己的人际交往圈。“积极”是时下倡导的主流心理特征，然而，“社交恐惧症”近几年来悄然浮现。

邻居的一个男孩，聪明勤奋，上小学时颇得老师赏识，当上了班长。可就在一次班会上，他站在讲台上发言时说错了一句话，引起了同学们的哄堂大笑。他当时不知这是因为讲错话所致，还以为是自己脸上出了什么毛病。从那以后，他就总觉得自己长相难看，先是觉得脸面不好看，后来又觉得头型不好看，再往后就觉得连体形也不好看了，总之，他觉得自己浑身上下哪儿都不好看，以至于后来他越来越关心自己的长相了。

工作之后，更是疯狂，他贴面膜，甚至光顾美容院，希望通过这些方法使自己的长相能有所改观。随着时间的推移，他变得越来越内向，越来越孤僻，最后发展为极度自卑，甚至常常不敢走出家门，更不敢与生人交往。平时别人多看他一眼，他就觉得是自己长得太难看才吸引了别人的视线；如果别人没有看他，他又觉得这是因为自己长得不好看，别人对他不屑一顾。后来，他已发展到不敢在公众场合露面，更别说与人自如交谈了。现在，他连正常的工作和生活都无法继续了，他感到非常地痛苦。

这个男孩患上的正是“社交恐惧症”。社交恐惧症是一种对任何社交或公开场合感到强烈恐惧或忧虑的神经症。常无明显诱因突然起病，中心症状围绕着害怕在小团体中被人审视，一旦发现别人注意自己就不自然，不敢抬头、不敢与人对视，甚至觉得无地自容，不敢在公共场合演讲，集会不敢坐在前面，故回避社交，在极端情形下可导致社会隔离。部分患者甚至对打电话、到商店购物或询问权威人士都感到困难。

要克服社交恐惧症，不妨做到以下几点：

（1）做一些克服羞怯的运动。比如单脚交替站立的平衡类运动等。

（2）学会专心地、毫无畏惧地看着别人。对于社交恐惧症的人，开始这样做有一定的困难，可以试着从身边熟悉的人开始，然后戴着口罩去街上与店员等陌生人进行眼神和言语交流。

（3）丰富自己的知识。知识领域过于狭窄也可能造成恐惧症。如果经常阅读好书籍包括励志书籍、报刊，开阔视野、丰富阅历，你会慢慢发现，在社交场合你可以毫无困难地表达自己的意见，这会有力地帮你树立自信，克服羞怯和恐惧。

（4）有意识地多接触结交积极、乐观、勇敢的朋友，并尽可能地和他们主动打招呼和沟通。由于社交恐惧症主要由一种极端的“怕”的心理引起的，比如怕见陌生人、怕难为情、怕表现自我……这是在多年的日常生活、工作、学习中形成的，因而平时逐步地培养和积累对外界的适应能力也是非常重要和有效的。

（5）改善自己的性格。多参加体育、文艺等集体活动，尝试主动与同伴交往，在交际的实际过程中，逐渐改善羞怯、恐惧感，使自己成为开朗、乐观、豁达的人。

（6）增强自信。从心理学的角度来说，自信就是自我接纳自我的程度。一个能完全接纳自己的人是非常自信的，反之就是自卑的。

(7) 不要过分注意自己的言谈举止。

(8) 随和、大方、练习专注关注身边事，而淡化对自我的关注。

(9) 多与身边人沟通。设身处地体验、理解对方的感情，善于谅解和同情别人，这也是一种缩短人际距离的有效方法。

此外，放松疗法（详见第七堂课）、呼吸法（详见第七堂课）、冥想（详见第八堂课）等也对改善社交恐惧症有帮助。

当然，任何事物的改善关键除了方法外，还需要有坚定的信念和意志力。克服社交恐惧症也是如此，只要循有效方法坚持下去，一定会将消极因素连根拔除，卸下沉重负担，轻松社交，赢得友情、释放感情、飞扬心情。

消除恐惧的想象训练

众所周知，恐惧的破坏性很大。不仅能摧残一个人的意志和生命，破坏人的身体健康，还能打破人的希望、消退人的志气、禁锢人的个性，而使人的精神和心力“衰弱”，以致不能创造或从事任何事业。

对于这样一种带有强迫性质的、不以人自身的意志和愿望为转移的情绪。马克·富莱顿说：“人的内心隐藏有任何一点恐惧，都会使他受魔鬼的利用。”诺贝尔文学奖获得者福克纳说：“世界上最懦弱的事情就是害怕，应该忘了恐惧感，而把全部身心放在属于人类情感的真理上。”

“我怎么才能更有进步？我如何做得更好？”成功者总在这样思索着，因此，他们总是能找到一条更好的道路。任何事物，都有成长的余地，何况是消极情绪呢？

一个小孩，相貌丑陋，说话口吃，而且因为疾病导致左脸局部麻痹，嘴角畸形，讲话时嘴巴总是歪向一边，还有一只耳朵失聪。但是这孩子在面对别的孩子嘲笑、讥讽的话语和目光时，他默默地忍受着。他有自卑，但更有奋发图强的意志。当别的孩子在玩具中打发时间时，他则沉浸在书本中，其中有很大一部分书是成人读物，他却读得津津有味，因为他从中学到了坚强，学到了一种永不放弃的品质。

为了矫正自己的口吃，他模仿古代一位有名的演说家，嘴里含着小石子讲话。看着嘴巴和舌头被石子磨烂的儿子，母亲心疼地抱着他流着眼泪说："不要练了，妈妈一辈子陪着你。"懂事的他替妈妈擦着眼泪，安慰着妈妈，继续将自己想象成演说家来训练自己，然后又模仿领袖人物，并且把这种想象与实际的训练结合起来，于是他获得了很大的提高，远远超出了他的同龄人。同时，这种训练也增强了他的自信、坚定了他的意志、调整了他的心态。这一切，最终使他成为一位出色的政治家——他就是加拿大第一位连任两届跨世纪的总理让·克雷蒂安。

他运用的这种方法，就是想象训练法。想象训练是练习者有意识地在头脑中想象出各种动作的过程，并唤起各种临场感觉的训练方法。很多著名运动员都会进行这种想象训练，通过反复想象自己成功时的景象，最后在真正出现同样场面时这种训练就会发挥积极的作用。哈佛大学的斯蒂芬·科斯林教授让一组试验对象每天想象收缩和放松自己的右手食指肌肉，每天进行几分钟这样的练习。四周后，测量结果发现这些手指力量增加了 20%。进一步研究发现，其实手指的肌肉并没有发生任何变化。但是大脑中控制肌肉的神经回路得到加强。其他各国科学家也曾进行过类似实验得出了相同结论。此外，研究结果还证明了，对于很难消除的恐惧，想象训练也是一种极佳的方法。

运用想象消除恐惧应具备四点：

第一，生动性。即想象的清晰性，想象越清晰，作用也越大。

第二，可控性。指想象能按想象者的意向变化，正确地进行想象。

第三，放松感。放松是有效想象的前提条件。放松时，脑电波处在内心平静的 α 波时，想象是最有效的，紧张会抑制住想象。

第四，真实性。这也是关键，必须得要当真。我们只有集中精神，真正进入状态，融入其中去体会，想象训练才会有效。真实性主要体现为想象的逼真和演练的认真。

完成消除恐惧的想象训练，最好准备好小卡片和笔。

（1）找一个自由自在的安静空间，在深呼吸中放松身心，然后舒服地躺下或者坐下来。

（2）闭上双眼，想象让你感到恐惧的各种情境。如果你曾经有过印象特别深刻的恐惧感，也可以对当时的情景作一次清晰的回顾。例如，你考试考砸了、把某件老板交代一定要做好的事情搞砸了或者第一次与某人约会的时候。用至少15分钟去想象这些让你紧张至极、恐惧不已的情景。注意，把这些情景想象得越具体越清晰，效果会越好。

（3）把这些情景记录在不同的卡片上，然后按照恐惧的程度，把最不令你恐惧的情景记录卡片放在最前面，把最令你恐惧的情景记录卡片放在最后面，依次排列好卡片。

（4）抽出排在最前面的卡片，想象这个情景即将发生。想象你很镇定从容地去对待，脸上带着自信的微笑，心境平和宁静。而事情的结果如你所愿，很顺利。然后，做个深呼吸，保持这种身心安稳的感觉。

（5）重复上述四步骤的想象，只是这次让你恐惧的事情，结果变得很糟糕。比方说，你向老板坦诚交代所负责的重要项目失败了，但老板仍非常愤怒地怪罪于你，甚至让你预感到会因此被辞退，想象这件让你恐惧的事情的最糟糕的后果。想象虽然初时你感到沮丧又恐惧，但还是欣然接受了事实，接受了自己的这些感觉，最后，当你接受了自己的恐惧时，恐惧却消失了，你不再为这件事情感到恐惧或紧张。

如果在做第五步的想象时，你感到恐惧、紧张和不安，无法让自己去接受所想象的最坏结果时，请停下来，有规律地做几次深呼吸，让身体进入放松状态，然后再接着想象逐步加深坏结果的程度。如此反复，直到卡片上的所有情景都不会让你感到恐惧为止。

按同样方法继续想象下一个使你更恐惧的情景（下一张卡片）。注意，每开始下一张卡片的想象前，都要确保你在想象上一张卡片时不再感到不安和紧张后，再进入下一个阶段。

做完这个练习，令你感到恐惧的全部状况，你都从容自在地经历过了，沉浸在这种心中无惧的感觉，意识到这种感觉会给你带来身心的活力、生命的创造力，成就、智慧、幸福纷至沓来。

第四堂课

愉悦轻松沟通——与世界达成和解

俗话说："一言以兴邦，一言以丧邦。"很多时候，能否战胜困难，获得成功，不在于命运，而在于你在面对各种问题时，是否善于沟通应变，化解危机和尴尬。沟通是成就人生、改变命运的无往不利的法宝。生活因沟通而充满生机，世界因沟通而美好和谐。

心打开，沟通便无障碍

俗话说："一言以兴邦，一言以丧邦。"在这世界里，国家与国家缺少沟通战争会爆发；团队与团队缺少沟通障碍会频发；家庭与家庭缺少沟通隔阂会产生；爱人与爱人之间缺少沟通误解会滋生；上级与下级缺少沟通就会造成损失；父母与孩子缺少沟通就会造成对立；老师与学生缺少沟通就会造成伤害。沟通是成就人生、改变命运的无往不利的法宝。

生活中，有些人说话做事，要风得风，要雨得雨；有些人处处碰壁，这两种不同的境遇，很大一部分原因来源于你与别人的沟通。

沟通是一门技巧，更是一门艺术。这门艺术是综合心理活动的有机产物，因而唯有将心门打开，信息才能畅通无阻地往来。

关闭着心门，阳光就永远不会照进屋子，屋子便永远寒冷；关闭着心门，我们所渴望的就永远不会属于我们。

太多的梦想与抱负常常在种种怀才不遇的寂寞与伤感里搁浅，于是有人便麻木、愤恨、怨天尤人，紧紧地锁上了那扇通往幸福与快乐的心灵之门。人生往往如此，有的人活得暗淡，并不是他的生活里没有阳光，而是因为暗淡的心境，早已把朝向阳光的门悄然锁上。

孤独，是因为心锁锁住了你的出口，也锁住了别人的入口，只留你自己孤独守望天空，于是，望不到别人的斑斓，而在自己的世界灰暗；失败，是因为心锁缚住了你飞翔的翅膀，让你无力翻越命运之海……

打开心门你会看见，彩蝶飞舞着裙裳，花儿散发着迷人的芳香，溪水唱着欢快的歌。你会听到人生的劲歌妙律，看到大海的澎湃波涛，闻到生命那绝美绮丽的迷人芳香。

下面这个故事就说明心门开闭的区别。

在一座寺院里，新来的慧能小和尚独坐寺内，闷闷不语，这种状态已经持续好多天了。师父看出了其中的玄机，也不语，微笑着领着弟子走出寺门。

门外，是一片大好的春光。师父依旧不语，怀抱春光，打坐于万顷温暖的柔波里。放眼望去，天地之间弥漫着清新，半绿的草芽，斜飞的小鸟，动情的河水。慧能小和尚深深地吸了口气，偷窥师父，师父正安详地打坐在山坡上，心中空无一物。

小和尚有些纳闷，不知师父葫芦里到底卖的什么药。

过了晌午，师父才起来，还是不说一句话，不打一个手势，领着弟子回到寺内。

刚到寺门，师父突然跨前一步，轻掩上两扇木门，把小和尚关在寺门外。

小和尚不明白师父的意旨，径自坐在门前，半天纳闷不语。很快，天色暗了下来，雾气笼罩了四周的山冈，树林、小溪、鸟语、水声也渐渐变得不明朗起来。

这时，师父在寺内朗声叫他的名字，进去后，师父问："外边怎么样了呢?"慧能小和尚答："全黑了。""还有什么吗?""什么也没了。"慧能小和尚又回答说。

"不，外边还有清风、绿草、花、溪水，一切都还在。"

慧能小和尚顿悟，明白了师父的苦心，这些天笼罩在心头的阴霾一扫而空。从此，他敞开心扉和其他师兄弟沟通、相处，若干年后，成为一位有口皆碑的传道大师。

生活就是这样，不是没有阳光、鲜花、清风和红枫叶，而是紧闭的心门早已把所有朝向春光的窗户悄然关上了；不是没有友情、温暖、互助和共勉，而是紧闭的心门早已把通往别人心中的道路给阻挡了。

打开心门，首先要培养自信。哈佛亨利·戴维·梭罗教授曾经说过："随着自信的激励，人生的法则也会变得简单，孤独将不再孤独，贫穷将不再贫穷，脆弱将不再脆弱!"成功人士的共同点是自信。他们在与别人交流的时候都很自然大方，放得开，他们不随波逐流或唯唯诺诺，有自己的想法与作风，但却很少对别人吼叫、谩骂，甚至连争辩都极为罕见。他们对自己了解得相当清楚，并且肯定自己。他们的日子过得很开心，有自信的人常常是最会沟通的人。

爱尔兰作家萧伯纳说："如果你有一种思想，我有一种思想，彼此交换，我们每个人就有了两种思想，甚至多于两种思想。”

打开心门，另一个关键是多阅读。人是思想和观念的产物，多阅读，能够眼界开阔、心思洞明。书籍能让我们发现自己身上的不足之处，促使我们不断地改正错误，摆正自己前进的方向；书籍可以给予我们希望和勇气，将慰藉缓缓注入我们干枯的心田，使黑暗的天空再现光芒；书籍能让我们汲取生存的力量和战斗的勇气，将浮躁的尘埃悄悄荡涤，让我们拥有平静从容的气质、清晰睿智的思维和不卑不亢的风度。我们自然会有勇气打开心门，去面对生活的起伏。

人与人之间的交往，贵在交心。将心打开，聆听彼此心波的振动，才能产生共鸣，才能让我们沟通无障碍。微笑着打开心门吧，你会告别烦恼，告别忧伤，倾听到窗外布谷鸟的叫声，感受到夏日灿烂的阳光，体味到秋天香甜可口的果实，寻找到冬天雪花纷飞的浪漫；你会穿过黑暗，穿过迷茫，体会到能量泉涌的活力，情感沉淀的温暖，智慧增长的幸福，成就积累的喜悦。

走出去，勇敢迈出第一步

世界上最难打开的门是心门，世界上最难迈出的步伐是第一步。很多人惧怕第一，害怕开始。人在开始学走路时，第一步是最难迈出的；学习上，第一个字是最难学的；经商时，第一桶金是最难挣的……所以人们常说：“万事开头难。”但是万丈高楼平地起，凡事都要有第一。勇敢地迈出第一步，努力尝试，即使失败，也是成功的开始。勇敢地走出去迈出第一步的人，总不会失望而归。畏首畏尾、胆小怕事，定然成不了大事。只有勇于进取、开拓创新的人才是真豪杰。

看过一个故事《最好的搀扶叫不扶》，说的是千里马的养成。

千里马在刚被生下来时，就像是从水坑捞上来的一根木棍，使劲地支撑前肢，力图站起来，但很快倒下了。起来倒下，又起来，一次又一次。这时母马走上前去，用鼻子对着湿漉漉的小马喷出气来，像在鼓励，又好似在说：再来，靠自己。小马嗅到母亲的气味，更加用力了，两条后腿也支了起来，腿弯弯地叉开着，然后重重地摔倒。这样反复几次，小马终于站住了，并向妈妈那里走出几步，接着又是摔倒。而母马看到小马驹向自己走过去时不是迎接，而是向后退步，小马驹贴近一步，它就向后一步；小马驹倒下了，它又前进一步，却从不帮助。

有人见母马这么折腾小马驹，故意让这样幼小的生命受折磨，就想过去扶一把，养马人却拦住了他，并说："这一扶就坏了。一扶，这马就一辈子也成不了好马，最多是一匹四肢健全的'残疾'马。"

千里马的速度并不在于日后的训练，而取决于出生时的第一步。人也是一样，无论我们想要怎样的成长和收获，我们总要走出去，勇敢地迈出第一步。如果我们因为害怕失败不敢迈出第一步，那我们将注定永远失败。

成功的大门，从来只对勇于叩门者打开。当你勇敢地迈出第一步，大胆地走进去，尽管会有坎坷，但呈现在眼前的，会是一片崭新的天地。

《为学》上说："天下事有难易乎？为之，则难者亦易矣，不为，则易者亦难矣！""为"才是问题的关键所在。

古人何曾想到过我们今天能真的做到"可上九天揽月，可下五洋捉鳖"呢？即使是古代，人们不也用愚公移山的神话互相激励着做事要全力以赴吗？河曲智叟那种只会高谈阔论而轻视行动的人任何时候都是被唾弃的对象。

既然我们的前辈们可以勇敢地走出来创造出火源、电灯、飞机、房屋，可以乘上火箭、登上月球，可以点击一下鼠标联通世界，我们为什么要惊恐地退缩？这世上本没有失败，只在于你愿不愿意走出来，勇敢地迈出第一步。不能迈出第一步，就是彻底的失败，失败者被淘汰后的屠宰场绝不是我们命运的归宿。

《史蒂夫·乔布斯传》中有这样一段话：迈出第一步的时候，使你停下来最普遍的理由就是恐惧，这是一种非理性的焦虑。因为大多数情况下恐惧源于潜在的失败：由于我们的教育体系、文化以及社会，助长了对于失败的莫名恐惧。这是荒谬的，因为失败本身就是一件美丽的事情，你肯定将会经历失败，这没有什么不好的，因为你从中学到了经验并将会使得自己变得越来越好。

“在真正行动之前，不要自己吓倒自己。”这是世界500强企业之一的美国百货公司员工手册里的第一句话，也是所有员工都奉行的一个准则。正是因为这样的信念、这样的员工，才让美国百货公司能在与沃尔玛等零售业巨头的竞争中稳稳立足。

我们在行动之前，总会面对许多问题。例如，来自别人劝阻的压力以及自己的顾虑。我们无法预测行动的结果，也无法预测行动会为我们带来什么。但是我们可以预测和确定的是，没有行动就没有任何结果。因而，我们必须勇敢面对这一切，抗拒自己的害怕、恐惧和原地踏步。再多顾虑也毫无意义，我们必须下定决心，走出来，勇敢地迈出第一步。

跑过八百米的人都知道，跑前心中有种恐惧感，但真的跑出第一步，恐惧消失得全无踪影。只要我们鼓起勇气，制订好计划，专心地从落实最易实现的计划开始，慢慢积累经验和信心，绝不放弃，我们的辉煌未来和希望，就能够一一展开；我们的美好计划和梦想，就能够一一实现。

给自己一个新的开始吧，走出来，勇敢地迈出第一步，你会成为自己人生舞台上的明星！

区分沟通对象才能处处受欢迎

早在两千多年前，孔子就说过：“可与言而不与之言，失人。不可与言而与之言，失言。知者不失人，亦不失言。”这是指，可以跟人交谈而不交谈，失去了交朋友的机会。不可以跟他交谈而跟他交谈，失去了交谈的意义。智者不会白白失去交朋友的机会，也不轻易失去交谈的意义。可见沟通时区分对象，是沟通的先决条件。

东汉末年，有个学者牟融，对佛学颇有研究。但他向儒家学者宣讲佛义时，却不直接用佛经回答问题，而是引用儒家的《诗经》、《尚书》来证明佛教的道理。

儒家学者责难他，问他为何这样做。牟融平心静气地回答：“我知道你们能理解儒家经典，所以引用儒家的话和你们谈。你们没有读过佛经，如果和你们谈佛经，不就等于白讲了吗?”

随后，牟融向他们讲了一个“对牛弹琴”的故事。战国时期，有一个叫公明仪的音乐家，他能作曲也能演奏，七弦琴弹得非常好，弹的曲子优美动听，很多人都喜欢听他弹琴，人们很敬重他。一天，他对着一头正在吃草的牛，弹了一曲高深的“清角之操”。牛没有理会他，仍然自顾吃草。

公明仪对牛仔细观察，明白不是牛听不见他的琴声，而是牛听不懂这种曲调，所以跟没有听见一样。

弄清原因后，他又重弹起了一首像蚊子、牛蝇、小牛叫唤的乐曲。那牛立刻停止了吃草，摇着尾巴，竖起耳朵听起来。

讲完这个故事后，牟融说：“我之所以引用你们所懂的‘诗书’来解释你们提出的问题，也就是这个道理啊!”听他讲学的那些儒家学者这才心悦诚服了。

“对牛弹琴”，讽刺的就是“说话不看对象”，琴弹得再好，对牛也没有任何意义。公明仪再懂佛学，对不理解佛经的人据经引论地沟涌，也无法实现宣讲意义。这也告诉我们，不区分对象的沟通是毫无作用的，有时甚至还会招来不必要的麻烦，甚至杀身之祸。比如，我们对一个目不识丁的老太太大讲 WTO、普希金、雪莱，她懂吗？岂不是白费口舌？又如我们称一位未出嫁的姑娘叫大妈，你想后果会怎样？朱元璋皇帝过去放牛时的穷苦朋友因直言煮豆故事而被杀，岂不是祸从口出？“一样米养百样人”，我们说话一定要因人而异的沟通，要了解听话者的身份、年龄、职业、爱好、文化修养等诸多方面的情况，才能让我们的沟通产生意义，达到预期的效果，走到哪里都会受到欢迎。

鬼谷子《权篇》上说：“与智者言，依于博；与博者言，依于辨；与辨者言，依于要；与贵者言，依于势；与富者言，依于高；与贫者言，依于利；与贱者言，依于谦；与勇者言，依于敢；与愚者言，依于锐。”

“未可与言而言谓之傲，可与言而不言谓之隐，不观气色而言谓之瞽。”“中人以上，可以语上也；中人以下，不可以语上也。”在任何时候，心中要有主心骨：沟通中，沟是手段，通是目的。说话人不能我行我素，想说什么就说什么，而要看对象，从对象的不同特点出发，说不同的话，创造一种和谐、融洽的气氛，达到沟通的目的。

与文化层次高的人沟通就要理性色彩重一些，与文化层次低的沟通就应该用朴素的话语表示。

与内向型的人沟通时，你就可以用他感兴趣的事激起他的热情。当他把你当做知心人的时候，就会表现出他热情的一面。如果是与外向型的人沟通，就像外向型性格一样爽快、干脆，拖拖拉拉、犹豫不决最让他难以忍受。碰到外向型的人，最好是竖起耳朵闭上嘴，即使你不问他，他也会告诉你他的喜好。这时你只要顺着他的意思，引出他得意光彩之事；往往能产生意想不到的效果。这种人不喜欢你冗长枯燥的说教，轻松简洁明快的赞美他最乐于接受。

如果是与感觉型的人沟通，不妨多多聆听，多表示了解他的感受、多问他的感觉，强调价值，如荣誉、安全、可靠等；少用语言、多与之相伴，用缓慢、低沉的声调对他说话；让他接触实物样板，与有关的人直接接触。

与视觉人沟通，你必须下一番苦功，训练自己去假想一幅幅的景象以配合对方的习性，并要注重自己的装扮来吸引对方。和他聊天时，不要只顾滔滔不绝地讲，更重要的是详细“描述”其情其景。在视觉型人面前，你应该小心克制自己的情感，千万别在他面前痛哭流涕，或者说童年的悲惨往事，最好让对方“看透”你是个敏感的人，并向他“表现”你风趣的一面。

与听觉型人沟通时努力做到安静多聆听并且声音动听。

与体觉型人沟通，运动是最好的接近方式，跟他一起运动，会增进不少感情。

说到底，区分对象而沟通，最重要的就是要先了解对象。如果彼此非常熟悉，说话时自然会注意到不同特点，沟通相对会顺畅很多。如果是面对初次相识的人，千万不要急于说什么，而应先倾听对方的话语，倘若对方彬彬有礼，你也就应该和气、谦逊；若对方说话很直，不会拐弯抹角，你就应该坦诚、实在，想到什么就说什么；若对方情绪低落，既不爱说也不爱听，你则应该少说几句，或者干脆不说。总之，在日常交际中，我们只有了解对方，区分对象而沟通，才能够说出合适的、有礼有节、知人知心的话，处处受欢迎。

赞美的推动力

心理学研究表明，爱听赞美是人们出于自尊的需要，是渴求上进、寻求理解、期望鼓励、期待支持的表现。赞美如花，能绽开动人的笑颜；赞美如蜜，能甜润干渴的心田。赞美是对他人及其行为的肯定，是打动人心灵、激发人情感、鼓励人热情的极佳方式。哈佛大学教授威廉·詹姆斯说："人性深处的最大欲望，莫过于受到外界的认同与赞美。"他又研究发现，通过鼓励和赞美，人做事的热情和效率会由20%～30%提高到80%～90%。

被媒体誉为日本现代情爱文学大师渡边淳一读小学时资质平平，是个很普通的学生。当然平时也就没有什么赞美能垂青自己。在上中学一年级的时候，有一次语言教师要求以词的形式，真实地表达内心的感受。他信手写了一首，谁知得到老师的大力夸赞："呵呵，写得很好啊！"他异常惊喜，就爱上了语文。越爱，就写得越好，结果越受到表扬，在赞美声中循环往复，激发了他对文学的浓厚兴趣，不知不觉就成为了大作家。

每个人都会受到影响，而赞美的影响则具有神秘的威力，甚至可以改变人一生的命运。正如美国著名企业家玛丽·凯·阿什的那句坦诚之言："赞美是一种非常有效而且不可思议的推动力量。"

1921年，美国钢铁大王卡内基出100万美元的超高年薪聘请一位执行长。

众多的报名者中，一个叫夏布的不起眼的年轻人最终被卡内基锁定。许多人表示质疑："为什么偏偏是他？"卡内基说："因为他最会赞美别人，这是他最值钱的本事，却是你们最缺乏的一种能力。"后来，夏布果然成为卡内基最为得力的事业助手之一，得到公司上下一致的认同与尊重。

人人都渴望被赞美，爱听赞美是人们提升自尊、寻求理解、支持和鼓励的一种正常的心理需求。在生活和工作中，能够适当地给予别人真诚的赞美，会使别人感到心情愉悦，不仅能增进互相的友谊，而且还能创造和谐的交际环境和氛围。

需要注意的是，赞美并不是每天大夸对方的优点，如果这样做，还不如经常批评他的不足。培根曾说："即使是好心的赞美，也必须恰如其分。"人们往往不能接受言过其实、含混不清，甚至是泛泛的赞美。赞美是一门沟通艺术，在正确掌握和运用时，应注意以下一些事项：

（1）赞美应真情实意，符合事实。缺乏真情实感、公式化的寒暄客套是不会打动人心的。赞美应该是肺腑之言，真诚的赞美才能被接受被理解。真诚的赞美才不会给人虚假和牵强的感觉，对方也能够感受到你对他表达的是真诚的关怀。

（2）赞美应独具慧眼，善于发现。每个人的兴趣和爱好、文化修养、脾气秉性各不相同，所以我们需要有针对性地进行赞美。否则你的赞美就很可能适得其反，也就是人们常说的"拍马屁拍到了马蹄上"。

（3）赞美要把握好时机。注意观察对方当时的情绪和心情，如果对方正处于失意落魄、情绪低迷的时期，适当的赞美可能就会起到振奋其精神的效果，当然，过分地赞美可能会使对方更加反感或失落。另外，当人们说到得意的事情时，总希望得到及时的回应。此时，给予适当的赞美且恰到好处，可以通过"我也觉得很不错"等，表达自己的敬佩和感叹。

（4）赞美要具体。赞美他人时最好回想某一特定情况，描述出具体的行为。夸赞别人越具体越好，说一百遍"你真漂亮"，还不如说一句"你今天的衣服搭配得很时尚"要恰到好处。

（5）间接表达赞美。借用第三方传达自己对他人的溢美之词，有时候比直接赞美更让人感动，也显得更真诚、更可信。因为这是一种通过他人或他事来间接赞美他人的方法。

（6）类比赞美法。就是通过用已知事物与跟它有某些相同特点的事物进行比较类推来赞美别人的方法。

（7）欣赏赞美法。渴望被欣赏是人的本性，而赞美是欣赏的表现，所以赞美无疑是滋养他人自信的一剂良药。例如，看到小孩子帮助大人扫地的时候，如果家长没有呵斥她扫得不够快，而是用赞许的口气说她扫得真干净，则会增强孩子做好家务的信心。

（8）否定式赞美法。是指用反语或否定的语言来赞美某人或某事的形式。这种方式可以达到实则褒扬的赞美作用，往往会起到一种很理想的效果。

（9）相关赞美法。通过赞美与某人联系密切的人、事或物，来表达对一个人的赞美之意也是很普遍的。这种方式应该可以把它归纳为直接与间接的完美融合。比如，如果想赞美某人有能力可以说他的公司打理得井井有条、公司业绩蒸蒸日上等。

（10）冷场就会出现尴尬，赞美也一样。因此，你在赞美完对方后，一定还得主动引申一些对方感兴趣的话题继续交流。

在生活和工作中，孩子的不断进步来自家长的赞美，员工的工作激情来自上司的赞美，爱人的温馨甜蜜来自伴侣的赞美。不要发愁该赞美别人什么，用心去发现每一个人、每一件事的不同之处，那就是你值得赞美的地方。

赞美是种莫大的推动力，既点燃了别人的激情，推动了别人的进取，也推动了自我的进步和修养的完善。让我们从现在开始，不要再吝惜自己的赞美之语，把赞美别人当成一种习惯，你会发现更多美好、更多温暖，你会收获更多和谐、更多成就！

会听与会说同样重要

我们在报纸、杂志、网络媒体，到处都可看到各种演讲培训班、口才培训班，古话说：“一人之辩，重于九鼎之宝；三寸不烂之舌，强于百万之师。”会说是良好沟通的基础，举足轻重，然而，会听与会说同样重要，一个人会说，必先会听。诚挚地聆听别人的倾诉，不仅是一种同情和理解，不仅是一种单向的付出，更是一种关爱和礼貌。与人交谈，如果没有用心去听，很快会让人觉得被轻视而不快，以致拂袖而去；学生上课，如果没有用心地去听老师讲课，这一节的内容知识肯定没有掌握，以致根基浅薄。

曾经有一位年轻人去向哲学家苏格拉底请教演讲术，为炫耀自己，年轻人滔滔不绝地说了许多话，结果苏格拉底叫他交纳双倍的学费，理由是："因为我应该教会你两门功课，一门是怎样聆听，另一门才是怎样演讲。"可见，不善聆听的人要讲好话是不可能的。

生活中，时时刻刻都要三思而行，要用心去听，才能会听、善听、懂听，才能不鲁莽行事，才能具有生命的活力，才能以不变应万变。人们一致认为，会听的人，别人欢迎、自己长智。

那么，怎样才是会听呢？简而言之，就是设身处地的听，指除了用耳朵去听之外，还要用自己的眼睛去观察对方的动作和表情，用自己的心为对方作设身处地的考虑，以及用自己的大脑去研判对方话语背后的动机。不但在听，而且在努力理解讲话者所说的内容。所以，站在对方的立场上用心和脑去听、去理解他，这种眼到、心到、脑到的听，我们才称为会听。

会听能力的培养是生活的需要，学会聆听不仅可以让我们更好地交流和沟通，还能提升读写能力、推动思维的发展。具体说来，会听的能力主要包括以下几个方面。

（1）聆听的姿势。与对方交谈时，不要同时忙着其他事情，也不要采取交叉着手或脚的姿势，这会让对方感到你心中是有防备的。应该把身体放松，不要让双手交叉在胸前，并采取开放而自然的态度。这传达了"我正在认真听你说话"的信息。

（2）眼神的接触。交谈时，眼神要和对方自然接触，但是如果直直地盯着别人，会使得他们不想再说下去。那么你可看着对方的一只眼睛，过 5 秒钟，视线移向另一侧眼睛，再过 5 秒钟，移向嘴。保持三角形的路线移动。

（3）耐心的倾听。"越是不想说的话开场白越是长"。请允许给对方足够的时间说开场白。

（4）适当的动作。根据麦拉宾法则，人类获得的信息有 8% 是来自眼睛。交谈时，如果能以点头回应对方的话语，对方就会因看到你的动作而留下"你很认真听他说话"的印象。适时点头，适当地说："是的"，"对"，"嗯"等。这样对方就会感到你对他的谈话内容很有兴趣，就会愿意与你交谈并对你留下很好的印象。

（5）用坦率的，富有幽默感的态度去听，这样一来，说的一方也会感到非常自由，向你敞开心扉，吐露心声。

（6）要做到以友善和同理心情去理解对方的心情。

（7）体贴的重复。归纳对方说的重点，并加以重复，是让对方了解自己确实理解他所说的话的重要步骤。只要能够做到这一点，对方就能感到你与他产生共鸣，并且接受你给予的肯定感，与你共享情感的交流。

（8）在对方的话还没讲完时，就轻易打断别人说话，不但是一种不礼貌的行为，还会让别人觉得你没有素质或自己被冒犯。

总而言之，会听是一个人成熟的最基本的素质之一，也是人际交往成功的秘诀。莎士比亚曾说过："你的耳朵可以倾听所有人的谈话，但你的声音仅能给少数人而已。"听是熟悉环境的重要途径，当你成为一个会听的沟通对象时，你会更清楚地了解周围的人群和环境，这能帮助你采取更恰当的言行。同时，会听也是对他人的一种尊重和认可，当你专心致志地聆听对方讲话时，他一定感觉你是懂得尊重和欣赏他的人，这种感觉非常强烈地促使他对你产生信赖感，甚至无条件地接受你。

换位思考，零距离沟通

许多著名的心理学家、社会学家在论述做人做事的方法时，都会强调换位思考。有人甚至说："不能换位思考，就不可能交到朋友，就不知道什么是成功。"那么，到底换位思考是指什么呢？换位思考简单地讲就是站在对方立场上思考问题的一种方式。具体来讲就是在人际交往过程中，能够体会他人的情绪和想法，理解他人的立场和感受，并站在他人的角度思考和处理问题的能力。换位思考是人际交往的基础，是进行有效沟通的基石，也是形成个人气场的"催化剂"。

通过换位思考，可以让人了解别人的心理需求，感受到他人的情绪；通过换位思考，可以让人揣摩到对方的心理，达到说服对方的目的；通过换位思考，可以让人欣赏到他人的优点，给予对方真诚的鼓励，使团队和谐高效；通过换位思考，领导者可以得到下属的拥护；通过换位思考，下属可以得到领导者的器重。

刚开发出一次性尿不湿之初，宝洁公司对市场真是信心百倍，简直是志在必得。瞧！多么的方便呀，一次性使用，用后就可以丢掉！大大免去了年轻父母们清洗婴儿尿布的麻烦，而且能够节省时间。于是，宝洁公司将尿不湿推向市场时，把“方便”作为宣传重点并反复强调。

然而，结果令人沮丧。年轻父母们对尿不湿的反应并不像他们预期的那么强烈，更别说在尿布市场上出尽风头了。对此，市场部的工作人员感到大惑不解，为了找到问题的症结，他们展开了一次市场调查。调查得知，年轻的父母们尽管承认尿不湿的确能够带来一定的方便，然而由于制造商过分强调“方便”一词，使他们认为好像自己使用尿不湿就是为了图省时、省力、省心，而不求“质量”，进而普遍产生了逆反心理。

了解这一情况后，宝洁公司立即将产品宣传的策略重心由方便转为高质——该产品质优，比棉布更柔软、更吸水，能使婴儿的皮肤更干燥、清爽！很快，这一重心的转移扭转了父母们对宝洁公司推出的尿不湿的态度，他们争相开始进行购买。尿不湿在尿布市场上顺利打开了销路，并且风行一时。

这个故事虽然说的是营销方面的门道，但它所揭示的道理同样适用于人际学。同样的事物，不同的立场会有不同的看法和选择。话不投机、沟通不畅等问题，往往都是由于不同的立场所致。为了达到沟通顺畅这个目标，我们就要设身处地地理解他人的情绪，明白及体会身边人的处境及感受，才能做出合适的回应，并积极处理好各种问题。

美国汽车大王亨利·福特曾说过：“如果成功有秘诀的话，那就是站在对方立场来考虑问题，能够站在对方的立场，了解对方心情的人，不必担心自己的前途。”“己欲立而立人，己欲达而达人”，在生活交往中，我们要能够与他人换位思考，易地而处，从他人的角度理解问题，充分体会他人情感和在交流中的需要，正确地表达自己的意图，才会有真正意义上的和谐发展。

换位思考看似是一个非常简单的道理，然而在实际生活中却很难做到这一点。很多人会认为别人总是不理解自己，不体谅自己，而自己呢，却也很少想到或者真正做到全面去理解他人。具体来说，换位思考包括以下几个方面。

（1）将心比心，感同身受。设身处地是第一步，先站在别人的立场上去感受和体会，即所谓的感同身受；然后，在这基础上加以表达，也就是让别人明白“我感同身受”。

（2）“己所不欲，勿施于人”。当你想要强制别人做某件事时，把你自己当成对方，如果你被迫接受他人的意志，会怎样？俗话说，“强扭的瓜不甜”，别人不认同不赞成的事就不要强迫对方去接受，否则，对方会对你产生抵触心理，即便迫于某种原因去做了，也不会收到好效果。

（3）不要人云亦云，传播小道消息。每个人都恨流言蜚语，但很多人却热衷于做流言蜚语的忠实传播者，可是，在传播这些捕风捉影的话题时，你是否想过：如果话题的主角是你自己，你又作何感想？真正的君子，应该“敏于行，慎于言”，什么话该说，什么话不该说，自己心里应该有一杆秤，人云亦云，搬弄他人是非，损人而不利己，只会降低自己的人格，丢失自己的成功能量。

（4）“正人必先正己”。我们经常说：“一个巴掌拍不响”，两人之间出现问题、矛盾、隔阂时，不要一味埋怨他人，而应该先从自己的身上找原因，反省自己的错误和不足，自己先做出改善，再对别人提要求才能让人信服。

换位思考并不是轻飘飘的四个字而已，学会它要有宽阔的胸怀，要有恢宏的气度，还要有体贴的爱心。换位思考是沟通障碍的破冰剂，当你学会换位思考，你会发现，人际关系原本可以如此融洽，交往原本可以如此顺利，沟通完全可以实现零距离！

赢人心，获得友谊的至高法则

英国培根曾经说过一句让众人深表赞同的话：“缺乏真正的朋友乃是最纯粹最可怜的孤独；没有友谊则斯世不过是一片荒野。”

友谊是闪亮明灯，照亮我们的旅程；友谊是澄澈泓泉，润泽我们的生命；友谊是不败鲜花，芬芳生活的四季；友谊是不灭火炉，温暖人生的旅程。交友帮我们取人之长，补己之短，从而丰富自己的头脑、提高修养、完善自我、圆满人生。

意大利薄伽丘说："友谊真是一样最神圣的东西，不仅值得特别推崇，还值得永远赞扬。"中国古诗词"海内存知己，天涯若比邻""桃花潭水深千尺，不及汪伦送我情"等许多诗句都是歌颂友情的伟大。一个没有友谊的人，等于这个世界上没有他的同类，唯有他孤独一人。有了友谊，就有了朋友，就有了相互关怀的人，自己的生活就有了意义。

从远古至今，似乎每个人都在漠漠红尘中寻觅着真挚的友谊。在这人情味越来越淡的今天，友谊是每个人这一生取之不尽、用之不竭的宝贵财富。

人们常感叹："士为知己者死、女为悦己者容，千金易得、知己难求。"获得友谊似乎已成为一件难以企及的事情。其实，只要你能赢得人心，你就能获得真挚的友谊，成就你的事业、温暖你的一生。

那么，怎样才能赢得人心呢？

赢得人心的至高法则是——将心比心，以心换心。

三国时期，当阳长坂坡之战是曹操、刘备两军的一次遭遇战。骁将赵云担当保护刘备家小的重任。由于曹军来势凶猛，刘备虽冲出重围，家小却陷入了曹军围困之中。赵云为救刘备妻儿，单枪匹马突出重围，历尽艰险，终于来到了刘备的面前。当时刘备正在距离长坂坡20余里的地方和众人在树下休息。

赵云一见到刘备，便立即下马"伏地而泣"，而"玄德亦泣"。赵云不顾自己的疲惫，气喘吁吁地对刘备说："赵云之罪，万死犹轻！夫人身带重伤，不肯上马，投井而死，云只得推土墙掩之。怀抱公子，突出重围，赖主公洪福，幸而脱险。"说着，他想起怀中的公子刚刚还在哭泣，便急忙解开来看，却见阿斗正睡着还没醒。于是赵云欣喜地说："幸得公子无恙！"便双手递给刘备。

刘备接过孩子，扔在地上说："为汝这孺子，几损我一员大将！"赵云看到刘备如此，连忙从地上抱起阿斗，泣对刘备说："云虽肝脑涂地，不能报也！"虽然人们对刘备掷阿斗一事历来颇有争议，但无论是刘备故意作态给别人看，以笼络周围将士的心，还是他真的爱将胜于爱子，阿斗的确是赵云从地上抱起来的，这在一定程度上表明了刘备当时是轻父子情、重君臣心。他对赵云的感激怜爱之心溢于言表，赵云也由此更加坚定了为刘备效力的决心。

正是因为刘备对将士有着感恩之情，他的周围才聚集了赵云、张飞、关羽、诸葛亮等这些才华横溢的杰出人才，并成为他振兴大业的有力依靠。同时，刘备还懂得安抚民心，实施“仁政”。刘备在与川军的斗争中，竖起免死旗，收降川兵，又谕众降兵“愿降者充军，不愿者放回”，实行优待俘虏的政策。这样一来反而使得人心向之，川军不战而溃。当军队进入成都时，百姓们之所以“香花灯烛，迎门而接”，就是因为刘备对百姓施行了仁政。于是，他得到了百姓的拥护和将士的爱戴，顺利地占领了成都。

刘备最终之所以能够三分天下，拥有自己的一席之地，其中最重要的原因就在于他将心比心，以心换心，而获得了朋友对他的支持和感恩，并得以依靠同人的友谊成就自己的事业。

不仅在古代如此，在我们当今的社会里，“将心比心，以心换心”也是真挚友谊的法则。以心换心，只有帮助别人，善于与别人共事，才能得到对方相应的付出，同时也获得自我人格的提升，得到人们的信赖与支持。古代做大事、成大业的人，都是靠“将心比心，以心换心”才得到无数朋友的支持，并依靠他们的力量取得事业的成功。

正所谓“得人心者得天下”，在任何情况下，当你赢得人们的心灵时，人们就会大力支持你，同时，他们会以自己最大的能量和工作热情，成为你事业和人生的好帮手。

在与他人“将心比心，以心换心”时，需要遵循以下几点原则：

（1）一定要真诚。尔虞我诈和虚伪的敷衍都是对同人关系的亵渎。真诚不是写在脸上的，而是发自内心的，伪装出来的真诚比真正的欺骗更令人讨厌。

（2）让同人觉得与我们交往是值得的。我们在交往中总是在互相付出着某些东西，或者是物质，或者是情感。但其中我们应该注意的是，要不怕吃亏、不要急于获得回报和不要轻易对人付出太多。

（3）让同人觉得自己很重要。人最深层的心理需求就是获得被尊重被重视的需求。别人喜欢我们往往是建立在我们喜欢他们、承认他们的价值的前提下。

（4）维护别人的自尊心。但这并不意味着在交往中要处处逢迎别人，在不伤及他人自尊心的情况下，陈述与对方不同的意见，或者委婉地指出对方的不足是不会影响同人交往的。

（5）要尽力创造一种自由、平等的氛围。在与同人交往的过程中，如果想使别人从内心深处接纳我们，就必须保证别人在与我们相处时能够实现对情境的自我控制。也就是说，要让别人感觉是在一个自由、平等的气氛中与我们进行交往。

（6）胸怀宽广。要有“海纳百川，有容乃大”“大肚能容，容天下难容之事”的精神和气魄。对朋友不要苛求，更不要过于计较小节，人无完人，要求过高，便没有了朋友。但是更加不能把标准定得太低，什么三教九流、酒肉之徒，不辨黑白、不明是非，仅凭一时之江湖义气，一时谈得来，就成挚友，那是万万不可的。记住：一个人能走多远，最关键是与谁同行。

《孟子》上告诉我们：“敬人者，人皆敬之；爱人者，人皆爱之。”只要你能够以将心比心，以心换心，你自然会赢得人心，获得对你诚挚关爱和大力支持的友情。

善意谎言也有用武之地

说谎骗人可不好，这是连小朋友也知道的，孔子所说“与朋友交，言而有信”正是如此。然而，在生活中，面对有些情况，我们讲实话对人、对己、对事都无益。这时我们需要曲线行驶，用善意的谎言缓和矛盾，以免大家造成难以估量的损伤。

在医院，医生出于稳定病人情绪的考虑，对待患有重症或绝症的病人，往往会隐瞒真实的病情（家属例外），于是就撒一个善意的谎言，明明癌症到了晚期，还说是一般的结核，能治好。医生这样做，是希望病人能放松心情，保持乐观的心境，积极配合治疗；另外，有时候对患有绝症的病人，医生和家属那善意的谎言，会使病人对生活燃起激情，重获生命的信心，甚至可能因此创造奇迹。即使不能彻底治愈，至少可以延长生命。

又比如，妻子如果很肥胖，屡次减肥都失败了，当她郁闷地问丈夫："我是不是太胖了，我是不是要减肥呀，我穿衣服是不是很难看?"如果丈夫不尊重、体谅妻子的心情，就会直露地批评说："你看你长得一身膘，穿衣服哪能好看呀?!"这样生硬的话必定会伤害妻子的自尊心。如果丈夫尊重、体谅妻子的心情，就会用善意的谎言鼓励妻子："不会难看，只是减点肥会对你的身体更好些。"这样，不仅不伤妻子的自尊心，也能增强她的信心，让她更有动力去减肥。

当你去拜访朋友，主人热情地拿出你并不爱吃的零食招待你，而你却直言说："不吃，不吃，我从来就不喜欢吃这样的零食。"这样不仅让人扫兴，而且还伤了主人的自尊心。你应该体谅到主人的一片热情和好意，委婉地说："谢谢，谢谢！多香的糖。只可惜肚子还饱着呢，没有胃口吃了，太遗憾了！"

曾经有一位农村教师，他撒了一个谎，说自己可以给学生预测未来：你将来可能成为数学家，他能当作家，那一个具有艺术天赋……在老师的指点、熏染、鼓励和塑造中，孩子们变得勤奋刻苦，懂事好学。几年后，大批学生以优异成绩迈进大学的校门，这座小村庄也因此闻名遐迩。人们都以为这位老教师能掐会算，可以预知未来。其实，老师的良苦用心是将一个美丽的谎言种植在孩子的心灵，就像播一粒种子在土里，终将枝繁叶茂，开花结果。

在人际交往中，巧妙地说一些善意的"谎言"，往往也可以使人际关系更融洽、更亲近。比如，在安慰别人时，尽量使用一些不会伤害别人的话语，必要时可以说一些善意的谎言。善意的谎言也要有度，一旦超过那个界限，即使出于善意，也有可能对别人造成伤害，因此必须合理地把握谎言的"度"。

说善意的谎言必须遵循两条规则：

(1) 必须是出于善良的动机，以维护他人利益为目的和出发点。善意的谎言本身的性质决定它并非恶意，而是建立在内心的诚挚和善意的基础上。它与其他谎言的区别在于，那些谎言是为说谎者谋取利益，而不惜伤害他人的行为。本身善良的人在某种状态下“被逼”说出的谎言是善意的，这种谎言对主体来说是一种友善，一种关心。

（2）善意的诺言必须合情合理。这是善意的谎言得以存在的重要前提条件。许多善意的谎言明显是与事实不符的，但因为它合乎情理，因而也同样能体现我们的善良、爱心和美好。比如，当我们应邀去参加庆祝活动前遇到不愉快的事情时，我们必须把悲伤和恼怒掩饰起来，带着笑意投入欢乐的场合。这种掩饰是为了礼仪需要，怎能加以指责？有时候我们说假话就是为了摆脱令大家不快的困境。

当我们按照上述两条规则去说善意的谎言时，那么善意的谎言就有了用武之地。它可以起润滑作用，使人际关系更融洽、更亲近；有时候还能起到巨大的积极作用，带给一个人生活的希望，甚至能改变一个人生命的轨道。此外，善意的谎言还具有神奇的力量，鼓舞人们为了心中的梦想而不言弃，未来的道路因此被欢乐的心情照亮，生活因此变得更加美好。

当然，生活是现实的，我们不能一味以谎言来解决问题。我们也不能否认，善意的谎言也是谎言，既然是谎言最好还是尽可能少说为好。若是使用不当，也会有碍于诚信。

化解危机和尴尬的沟通应变

在当今复杂的社会体系中，由于人与人之间缺乏沟通，导致了父子反目、朋友绝交、邻里碰面形同陌路的事例比比皆是，沟通的作用我们不能忽视。如果忽略了它的力量，小则因此生成争执而失去人际关系，或者失去成交的机会，大则会失去整个人生。这之间的利害关系有不少人一辈子都没有真正认识到。很多时候，能否战胜困难，获得成功，不在于命运，而在于你在面对各种问题时，是否善于沟通应变，化解危机和尴尬。

新中国成立初期，周恩来总理接受一位美国记者的采访，美国记者无意中看到了周总理办公桌上的“派克”钢笔，于是他便用讥讽的口吻问：“请问总理阁下，你也崇尚我国的钢笔吗?”周总理听了他的问话，便笑着风趣地说："谈起这支笔来话就长了，这是一位朝鲜朋友的战利品，作为礼物送给我的。我无功不受禄，就拒收。朋友说，留下做个纪念吧，这是美军在朝鲜板门店签字仪式上用过的。我觉得这支笔很有意义，就收下了贵国的这支钢笔。"美国记者听了总理的回答，立刻面红耳赤，说不出话来。

周总理摆脱了挑衅的困境，又维护了祖国的利益，轻松地在机智幽默中化解了尴尬和危机。

不同的沟通方法会产生不同的结果：

巨能钙在事件发生最初选择的是沉默，然而"巨能公司默认产品有毒"的报道立刻见之于报端，巨能公司董事长终于坐不住了。他做客新浪网，希望能息事宁人，然而为时已晚，对巨能公司不利的市场反应已经形成。但与不少企业遭受类似问题茫然不知所措形成鲜明对比的是，创维集团连夜展开了危机公关的沟通活动，做出一系列严谨而周密的科学举动，稳定了军心，稳定了媒体，将自身的负面影响降低到了最小。

在中美史克 PPA 遭禁事件中，在事发的第二天中午，中美史克全体员工召开大会。中美史克总经理杨伟强向员工通报了事情的来龙去脉，宣布公司不会裁员。此举赢得了员工空前一致的团结。杨伟强事后总结："我们最大的成功，应该是没有将外部危机转化为内部危机。管理层积极与员工沟通，并且在康泰克和康得全面停产的情况下，坚持不裁员，这一方面团结了员工，使他们更积极地进行新产品研发；更重要的是，磨难使员工们今后对企业更加忠诚。"此后，中美史克积极与政府、公众和媒体沟通，其合作、坦诚的态度，使得中美史克在失去旧康泰克市场时，反而树立了良好的形象。这种良好的形象也给"新康泰克"上市铺平了道路。

"沟通"是危机管理中最关键的两个字。但这种沟通对企业来说是个长期的工作，并不是等危机来了才开始"临时抱佛脚，"中美史克远离 PPA 风波的日子如此之快，而且做得如此精彩，和它所实施的沟通是分不开的。

只有卓效的沟通应变，才会使自己在复杂多变的环境中如鱼得水、左右逢源，立于不败之地，所以，生活中要想游刃有余，就必须学会与人沟通。沟通能平息人与人之间的怒火；沟通能抚平人与人之间的创伤；沟通能消除人与人之间的矛盾，因而沟通能化解生活中的危机，消除骑虎难下的尴尬局面。

那么，当我们面对危机和尴尬局面时，可以使用什么样的沟通应变妙招呢？

（1）未雨绸缪。只有未雨绸缪才能有条不紊、自信沉着地应对无处不在、随时可能出现的危机和尴尬。

（2）及时、主动的沟通。个体可与所需沟通对象开诚布公、敞开心扉的沟通，以取得理解。企业则需要发出声音、让公众了解事情的真相，既可以展示组织良好的负责任的形象，同时也能够很好地避免误解、谣言的产生。

（3）有效沟通。沟通要想有效果必须遵循两个原则：一是要使用有效语言，要使用你沟通对象能够理解的、听得懂的语言，不要使用专业术语和行业用语。二是要么不说，说到的必须做到，否则，就会又陷入了诚信危机之中。

（4）可以运用第三方。危机发生后，自己说自己往往是不可信的，要依靠独立的第三方也就是调节人员、权威人士、意见领袖为你说话。你说一百句话的效果不如他们说一两句话的效果，因为他们有影响力和可信度，危机发生后，公众更相信他们。

（5）尊重他人，诚挚合作。企业坚持大家的利益至上，善于倾听、换位思考、尊重感受、态度先行，在适当时期表达你的爱心和同情心就能获得大家的理解与支持。要遵循友善沟通的原则，不要与任何利益相关者对抗，特别是媒体。危机出现后，要与媒体合作，要与媒体进行很好的沟通，对抗只会使危机升级，使危机的影响面更大。

此外，在生活中，个体遇见尴尬时，还可以使用巧妙应答、幽默风趣的沟通应变或者转移话题、缓和气氛的沟通应变方式来灵活处理。

做快乐的沟通达人

在当今这个信息化程度越来越高，各种关系越来越复杂的社会里，有效的沟通不仅是一切人际关系的基础，更是我们赖以生存的基本条件。

我们从出生到成长，无时无刻不在和人进行着沟通。沟通，无所不在！无论你是企业员工、领导、销售代表、父母、配偶、子女、老师、学生……在你生命中所扮演的每一个角色，在相对应的人际互动中，沟通始终占有极大的影响力。

根据研究显示，一个人成功的因素75%靠沟通，25%靠天才和能力。因此，培养卓越的沟通能力，是迈向成功人生的关键要素之一。

若你是沟通达人，你的事业会一帆风顺，你的人际关系会融洽和谐，你处理生活中的各种问题也会事半功倍。

多年的经验告诉我们，以爱心为前提，以信任为原则，以理解为手段，不断创新沟通方法，与他人沟通起来才会得心应手、游刃有余。

（1）重视第一印象，打好沟通的基础。中国人的定式论告诉我们，第一印象很重要。我们应注意穿着大方得体，永远带着微笑。举止潇洒，神采奕奕，洋溢着生命活力。这样的气质和风度比清秀的面目更具魅力。

（2）真诚。避免那些空洞的许诺和毫无意义的废话，要言行相符，言行统一，树立诚信的形象。

（3）积极、主动，"日疏愈疏，日亲愈亲。"不要看见对方似乎冷淡、似乎陌生，便望而却步，不敢唐突热情。"日疏愈疏，日亲愈亲"，相信自己的热情能融化任何冰山雪岭，何必非别人先开颜。要主动出击，热情袭人，一见如故，似多年深交。情感是有迁移性的，对方不是石头，必受感染，即使有冷漠，也一扫而光，觉得与你"似曾相识"，"人生"的距离立刻缩短。

（4）在沟通过程中还应注意微笑。如我们具有亲和力并且自信的微笑后，就不会给他人一种敌意，可以拉近与对方的距离并可以减少一些解决问题的阻力。

（5）要自信。自信从何而来呢？源自日常的学习与积累。日常多看书、多学习，把感受进行总结以培养良好的素养、沟通心态和方法。

（6）在沟通过程中必须注意自己的语速。如，语速过快就容易说错话并不易改正，而语速稍慢就易改正错误的语句并不会怠慢别人。

（7）尽量使用"你"或"你的"而不是"我""我自己，我的"。

（8）一定要耐心聆听。如果你拒绝聆听别人，就会使对方深深地感到自己并不重要，认为自己的确是可有可无的，进而对你心生排斥和反感。

（9）尽可能地经常使用他们的姓名。更多以姓名称呼他们，而不要忘记了他们的姓名。

（10）赞美他人，关心他们的家人。当他们值得赞扬时，就及时地赞扬他们，让他们高兴。另外，适时地表现出关心他们家人，也有利你很快地与他们成为好朋友。

（11）在回答他人的话之前，请稍加停顿。这一小会儿的停顿，不仅可以让自己有时间思索而不至于说了不合时宜的话，另外也会使他人感觉到你认真地聆听和思索了他人所说的话，肯定了他所说的话是值得思考的。

（12）说话时，请注视着对方。眼神的无声交流也是很重要的。

（13）该说的话说完后，就马上停止。抓住重点，简明扼要。简洁能使人愉快，使人喜欢，使人易于接受。说话冗长累赘，会使人茫然，使人厌烦，而你则会达不到目的。简洁明了的清晰的声调，一定会使你事半功倍。

（14）谈论别人感兴趣的话题。成为一名成功的受人欢迎的发言者，最有效的方法就是告诉人们他想听的内容。

（15）一位美国心理学家说："幽默可以润滑人际关系，消除紧张，减轻人生压力，使生活更有乐趣。它把我们从个人的小天地里拉出来，使我们一见如故，寻得益友。它帮助我们摆脱窘迫和困境，增强信心，在人生的道路上知难而进。"幽默就像润滑剂一样协调着人们的关系，它可以消减压力，化解误会，活跃气氛，增强说服力，在社会交际中具有无可替代的优势。幽默是人生中必不可少的调味品，是一种绝妙的沟通能力。

（16）在沟通过程中切记不能带有敌意的语言，不能有藐视的表情，不能口若悬河"主讲"，不能轻易下断语，"肯定""一定"等的话应尽量避免，多从自己的实际情况出发。

（17）不要通过贬低别人来抬高自己。真正的进步，是靠你不断努力所创造的价值来体现的，不要通过贬低他人形象来树立自己的形象。

（18）不要打击任何人，任何事。如果你不会或不能说好话，最好保持沉默。攻击别人是错误的，但这不是"不要攻击"的主要原因。其主要原因在于：在人际交往中，攻击会反弹，并击中攻击者，攻击只能说明攻击者心虚。

（19）在群体沟通时，孤雁难成群，不要只是关注领导者或发言人，不要只是关注那些有权威的人或值得你关注的人。

（20）如果你希望他人改变，最好用间接的方式促使他转变。间接的方法是多种多样的，如把指责变为关怀；用形象的比喻来加以规劝；避开实质问题谈相关的事；谈别人的或自己的错误来启发；用建议的方法提出问题，等等。

世界因沟通而美好和谐，生活因有效的沟通而充满生机。沟通是快乐生活的前提，是人与人之间建立友好关系的重要渠道。只要我们勤加练习沟通技巧，做个快乐的沟通达人，就能为自己，也为社会带来更多的成就和美好。

第 五 堂 课

和不愉快谈恋爱——走出不愉快的阴影

心陷不愉快的阴影，就会因此受到束缚，潜力、才能得不到释放和发挥。不愉快是迈向成功的绊脚石。因而，自己就是最大的敌人，能战胜自己的人，还有什么不能战胜？只要你找到内心的方向，你就能走出不愉快的阴影，奔向不远的前方——幸福、快乐的所在。

不快乐是小怪兽

据世界卫生组织（WHO）统计，全球目前至少有5亿人存在各种精神心理问题，约占世界总人口的10%，这一状况还在明显升高和持续扩大。

美国芝加哥大学调查，1957年生活快乐的人为35%，他们每人每天能欢笑18分钟；到1997年时，快乐的人数就减少了5%，欢乐的笑声则减少了12分钟。

40年的光景，美国人的工薪收入增加了3倍，笑声却减少了3倍。

2001年，在被调查的中国年轻人中有80%认为自己的心理年龄已经到了“中老年期”。中国中小学生有20%的人被证实存在心理困扰，5%~8%有严重心理障碍，2%~3%被诊断为精神分裂症患者。日本高校学生自杀率已高达4%。

心理学家调查，如今儿童患抑郁症的危险较20世纪30年代增加了10倍，而且年龄提前。

我们为什么不快乐？我们生活在两个极其复杂的世界：一个世界是关于我们的外在的物质世界，比如我们生活的环境、地位、职业以及在社会中扮演的角色等；另一个世界是我们内心的精神世界，只属于我们自己的世界。

从小到大，我们几乎都被教育要用一生去探索和认识我们所处的外在世界。我们需要获取，需要拥有，需要幸福快乐，需要实现自己的人生价值。然而，与我们的意愿背道而驰的是，很多人在充分享受物质生活的同时，依然活得不快乐、不幸福，依然不知道快乐的真正含义。

所谓快乐，真正的意义在于“乐”字上。我们之所以不快乐，是因为我们所得到的“乐”，都来自于我们的感官刺激。我们的眼睛看到美好的东西，耳朵听到悦耳的声音，舌头尝到美味的食物，我们追求感官的欲望。但这些刺激来得快，去得也快，转瞬即逝。当我们满足了一个欲望以后，新的欲望又升起，得到满足的心情很快就会消失。

欲壑太大，杂念太多，通往幸福快乐的出口被不快乐的小怪兽扼守，于是我们患得患失、焦灼痛苦，迷失或窒息而动弹不得、移动不了。

有一位青年，老是埋怨自己时运不济，发不了财，终日愁眉不展。这一天，走过来一个须发皆白的老人，问："年轻人，为什么不快乐？""我不明白，为什么我总是这么穷。""穷？你很富有嘛！"老人由衷地说。"这从何说起？"年轻人不解。

老人反问道："假如现在斩掉你一个手指头，给你1千元，你干不干？""不干。"年轻人回答。"假如砍掉你一只手，给你1万元，你干不干？""不干。""假如使你双眼都瞎掉，给你10万元，你干不干？""不干。""假如让你马上变成80岁的老人，给你100万元，你干不干？""不干。""假如让你马上死掉，给你1000万元，你干不干？""不干。""这就对了，你已经拥有超过1000万元的财富，为什么还哀怨自己贫穷呢？"老人笑吟吟地问道。青年愕然无言，突然什么都明白了。

亲爱的朋友，如果你早上醒来发现自己还能自由呼吸，你就比在这个星期中离开人世的人更有福气。

如果你从来没有经历过战争的危险、被囚禁的孤寂、受折磨的痛苦和忍饥挨饿的难受……你已经好过世界上五亿人了。

如果你的银行账户有存款，钱包里有现金，你已经身居于世界上最富有的8%之列！

如果你的双亲仍然在世，并且没有分居或离婚，你已属于稀少的一群。

如果你能抬起头，面容上带着笑容，并且内心充满感恩的心，你是真的幸福了。

因为世界上大部分的人都可以这样做，但是他们却没有。

如果你能握着一个人的手，拥抱他，或者只是在他的肩膀上拍一下。你的确有福气了。

因为你所做的，已经等同于上帝才能做到的。

看到这里，我们是否该用由衷的感恩之心，将不快乐的小怪兽驱逐呢？

其实，真正的快乐是生而有之的安然状态。当人们迷失了自我原本淳素的心时，就产生了恐惧不安。极力想寻求外面的东西来填补欲壑，以期获得片刻的满足。然而，却只能如挑雪填井，片刻即失，往复轮回，徘徊在外部世界的无常苦海中。无常即为变数，而变数随时都有可能消失。

因此，想要拥有真正意义上的快乐，就必须探索被无常困扰之外的那个世界——我们的内心。当你挖掘出内心的正念正思之明、感恩珍惜之情、洞察到因果之道、知晓了真爱之则，你树立了建立在自然和社会客观规律上深刻认知的健全信仰，那么，无论世事如何万变，你都能以心转境，以内在世界的美好创造出外在世界的大成与福乐。

要学会爱自己

爱是什么？真正的爱，是快乐的以当下之力，给予所爱的自己与他人最好的未来。

大多数人都还没有意识到爱自己的重要性——爱自己是实现自我价值以及能够爱别人的前提条件。早在两千年前，耶稣基督就已经向我们阐明了这一道理——爱你的邻人，如同爱你自己。

由于几乎人类所有的问题追根溯源都是缺乏爱，因此，让越来越多的人知道什么叫爱自己，知道要到达爱的地点需要哪些内心的发展步骤，是非常重要的。

爱自己，就是肯定自我的价值。无论你是谁，无论你的背景、你的身份、你的学历、你的外表、你的健康、你的工作、你的拥有，你都是这世上独一无二的，不可复制、不可替代的。你生来就有着无限的潜能，你生来就有着不可估量的价值。

爱自己，就是当自己生活的主人，理解和认识自己的经历与选择，并承担责任。

爱自己，就是依据自己的而不是他人的价值观，来评判自己的价值。

爱自己，就是不管发生什么，都要绝对忠诚于自己的内心并一直保持下去。

爱自己，就是全身心的接纳自己，不因别人的否定而自卑，不因别人的优秀而嫉妒，不活在别人的眼光里迷失自己，不活在别人的施予里寄生自己。

爱自己，就是照顾好自己、保护自己的私人领地、保护自己的身体健康和心理健康、了解自己的真实兴趣。

爱自己的基础是谦虚的学习，我们需要开启混沌的迷蒙，认清自我，认知社会，认识自然，把握规律，靠近真理——靠近真理的过程，就是自我超越、自我丰富、自我价值实现的过程。

爱自己，与自恋不同。自恋是自以为别人对自我各方面的赞许。自爱是自己对自己的爱护、欣赏、自省和超越。

爱自己，与自私不同。自私的人以自我为中心，把目光往外看，关注可以“获取”些什么。他相信，“拥有”能让他幸福。他甚至一点也不关心其他人的存在，其他人怎么样对他来说根本不重要。自爱的人把目光对准自己，影响到所有方向。他做事为了自己，也为了别人，就因为他愿意付出。他关心自己的存在，自己怎么样对于他来说很重要。

如果你要过一种清醒的生活或想变得幸福，你必须爱自己。

因为爱自己就是面对自己，与自己保持联系，就是你觉得自己很重要。只有从这一点出发你才能发现，是什么在阻碍你幸福，什么能够真正使你幸福，你需要什么来使生活得到满足，使人生发出灿烂的光芒。

如果你不爱自己，你的一切就缺少基础。你就像一艘没有船长的轮船，你会紧紧抓住一切对自己有利的东西。你大多数时候感到没把握，很容易紧张。生活、周围的人们和未来都让你害怕，于是你寻找外在的庇护。你不得不取悦别人，当有人不喜欢你时，你就怀疑自己。你不相信自己，也不相信别人，你会不敢肩负对自己的责任，你会感到自己的软弱。不爱自己，你就处于弱者的位置。在危机和困难前会丧失对生活的信心，因为你把自己视为生活的牺牲品，很少相信自己。情愿冷漠地对待自己，既不认真对待也不真正关心，甚至常常无情地对待自己。

爱自己，你才不会虐待自己，才不会强求自己做那些勉为其难的事情，才会按照自己的方式生活，走自己应该走的道路。爱自己，你就处于强者的位置。愿意从生活及其困难中学习，并视之为一种挑战。你会一直善待自己或积极学习善待自己，认真地关心自己，使自己真正的成长、有力。

爱自己，就要相信自己，善待自己，让自己的生活精彩纷呈。不要误认为是要让某个人后悔，而是为了让自己的人生更精彩。

爱自己，就要爱自己的身心，再郁闷也不要去泡酒吧。抽烟、熬夜、喝酒不仅会更添寂寞感与忧伤，还会伤害自己的身体健康。

爱自己，就要爱自己的真实，不要贪慕虚荣。要明辨什么样的行为是在“物化”自己。不要将自我的核心价值寄托在名望、地位与财富，这些都是附加价值。

爱自己，就要爱自己的休闲时间，逐渐养成阅读书本、听音乐的习惯。

爱自己，就要爱自己的特点，买适合自己的衣服、饰物。适合自己的就是最好的，所以不必羡慕别人的行头。

爱自己，就要爱自己的目标，知道自己要什么，并为之努力奋斗。

爱自己，就要爱自己的感情，不要爱上已婚却还对你信誓旦旦会抛妻弃子迎娶你的男人。

爱自己，就要爱自己的思想，不要为了任何人任何事折磨自己。比如不吃饭、自闭等，这些是傻瓜才做的事。

爱自己，就要爱自己的原则，自己的人生观和价值观。出现问题可以忍让并寻求解决，但是触及原则，要保持自己。丧失原则会让你失去生活的目标。

爱自己，记得切莫太快进入亲密关系，以免患上依赖症。

爱自己，记得勿过度理想化对方，随即又感觉幻灭失落。

爱自己，记得勇于说出自己真正的需求，而不是将需求藏在埋怨的背后。

爱自己，记得学习面对孤独，克服独处时的茫然不安，并发展出默观自省的能力。

爱自己，记得在自我实践以及对关系的投入之间取得平衡。

爱自己，记得永远不要为了取悦伴侣而失去自己的生命特质。

爱自己，记得花“过多”的时间在外表上，是一种严重的不自爱举动，因为目的只是为了“取悦”他人。

爱自己，记得要投资自己的智慧，只有大智慧才能管理和发展好自己的人生。

爱自己，记得爱自己，记得要懂得区分“配合”与“牺牲”的差异，因为前者能带来双赢，后者则会制造“相互拖累”关系。

爱自己，记得诚实表露自己的真实想法与感受，乃是提升自尊的重要方式。

爱自己，记得学习有创意、果决而适度地表达愤怒，而非漫无目的的唠唠叨叨。

爱自己，记得不再依靠爱情或别人来追求完整的自我，在自己的内在找到阴阳两面的统合。

爱自己，记得快速释放掉恼人的记忆以及对未来的幻想，全神贯注地活在当下。

爱自己，记得学会照顾及满足身心的需求，而且是不加外求的。

爱自己，记得要感恩自己，感恩境遇，感恩自然的赋予。你会更懂得珍惜。

爱自己，记得树立远大的志向，告诉自己，只要我坚持超越，我值得并能够拥有最好的一切。

爱自己，记得一定要树立积极坚强的信念，你会发现，信念是你力量不竭的源泉。

学会爱自己，不要等待，从今天开始，从这一刻开始。人，不应该牵挂未来而焦虑企盼，也不应该对往事反悔惋惜而不能自拔，要知道只有现在这一分、这一秒才是最重要的、最能确定的。活在每一个当下，懂得爱自己的你，多么懂得爱人，又多么惹人爱……

走出自卑的阴影

自卑是一种消极的自我评价或自我意识，表现为对自己的能力或品质评价过低，轻视自己或看不起自己，担心失去他人的尊重的心理状态。自卑的人往往轻视自己的形象、能力和品质，总是拿自己的弱点与别人的优点比，觉得自己不如别人，在人前会自惭形秽。这种情绪一旦盘踞心头，就会对什么也不感兴趣，忧郁烦恼、丧失自信、焦虑失望、不思进取甚至沉沦不振，假如遇到困难或挫折，更是长吁短叹，怨天尤人，抱怨生活给予自己太多的坎坷。

一个人心中有自卑的阴影，就会很容易因此受到严重的束缚，聪明才智得不到发挥，所以自卑是迈向成功的绊脚石，是幸福的最大敌人。

每个人在不同的时期，都可能产生不同程度的自卑心理。有的人喜欢用过高的标准作为自己的目标，结果使自己永远处于达不到要求的失败地位，导致自卑感的产生；有的人很在意别人对自己的评价和看法，当别人贬低自己时往往产生自卑的心理；有的人错误地把别人对自己的夸奖当做讥讽，他们感受到的信息就带有自我否定的消极，他们会越发地感到卑微、低下；有的人对于家庭背景、经济收入以及身份地位感到不满，对于物质财富和精神财富的攀比心理也会产生自卑的心理；有的人由于身体的缺陷不能像正常人那样生活也会产生自卑的心理，如此等等。

自己就是最大的敌人，能战胜自己的人，还有什么不能战胜？那些睿智的成功者也都曾出现自卑的念头，但是他们敢于顶住寒风，倾尽全力克服自身的缺陷，走出自卑的阴影，因而能够走上人生与事业的顶峰，造就不同凡响的影响力。

1951 年，英国有一位名叫弗兰克林的人，在一次不经意之间，他从自己拍得极好的 DNA 的“X”光照片上发现了 DNA 的螺旋结构，他对此很是兴奋并就这一发现对公众做了一次演讲。然而不幸的是，由于他生性自卑，居然很快又怀疑起自己的假说是错误的，从而慢慢地放弃了这个假说。

到了 1953 年，科学家沃森和克里克在弗兰克林之后，也从照片上发现了 DNA 的分子结构，从而也进一步提出了 DNA 双螺旋结构的假说，并进行了大胆的科学论证。这一重大发现标志着生物时代的到来，两位科学家也因此获得了 1962 年诺贝尔医学奖。

弗兰克林的经历告诉我们，如果一个人被自己的自卑感所控制，聪明才智和创造力也会受到消极影响而无法正常运作，潜能也无法被有效开发，最终往往走向失败。

记得著名作家、心理医师毕淑敏就曾经分析过：人类的天性优势大概有十几种，一个人既不可能全部拥有，也不可能一项没有，最少的人也会有三四种。所以，我们每一个人都无须太过自卑，只要认真去寻找，总会发现自己闪光的一面。

任何人都不是完美无缺的，优点和缺陷是相对的。一个人在某处有极短之处，就会在某一方面有过人的极长之处。每个人总会有自己的优势所在，最重要的是我们应该学会思考和发现自己的优势所在，从而摆脱自卑的阴影。

为了走出自卑的阴影，需要注意以下几点：

（1）对自己的自卑进行心理分析。通过自由联想和对早期经历的回忆，让自己明白自卑情结是因为某些早期经历而形成的，实际上现在的自卑感是建立在虚幻的基础上的，是没有必要的。这样就可以从根本上瓦解自卑情结。

（2）全面了解自己，正确评价自己。将自己的兴趣、嗜好、能力和特长全部列出来。你会发现你有很多优点，并且对自己的弱项和遭到失败的地方持理智和客观的态度，既不自欺欺人，又不将其看得过于严重，而是以积极的态度应对现实，这样自卑便失去了滋生的温床。

（3）消除自卑就不要用别人的标准来衡量自己。因为他人的优势你不完全具备，你的优势也往往是他人的短处。你需要相信、明白和接受这个道理，自卑感就会逐渐消失。

（4）转移注意力。不要一味关注自己的弱项和失败，将注意力和精力转移到自己最感兴趣，也最擅长的事情上去。从中获得的乐趣与成就感将强化你的自信，驱散自卑的阴影。

（5）用行动证明自己的能力与价值。你可以先选择一件自己最有把握也有意义的事情去做，做成之后，再去找一个目标。这样，每一次成功都将强化你的自信心，弱化你的自卑感，一连串的成功则会使你的自信心趋于巩固。

（6）从另一个方面弥补自己的弱点。每个人都有多方面的才能，社会的需要和分工更是万象纷呈。一个人这方面有缺陷，可以从另一方面谋求发展。只要有了积极心态，就可以扬长避短，把自己的某种缺陷转化为自强不息的推动力量，最终成为超越缺陷的卓越人士。

（7）写下自己的优点，学会自我鼓励，从成功的回忆中建立成功的自我形象。

（8）看看自己最满意的照片。它能有效地调节你低落的心情，并明确地提醒你，你能以一种光彩照人的形象出现。

在有意义的生命里，每桩伟业都由信心开始，并由信心跨出第一步。每个人都有着卓越的天赋和才能，在平凡里出众，既是走出自卑阴影的有效途径，也是制胜之道。

自信心量表分析

“自信心量表”由美国心理学家罗森伯格制订，目前它是世界上最常用的测量个人自信心的量表。它共有10个测题，用以测量个人对自我感觉的程度好坏。

1. 以下是一组有关自我感觉的句子，请按你的情况作答

1：很不同意；2：不同意；3：同意；4：很同意

（1）我认为自己是个有价值的人，至少基本上是与别人相等的。1 2 3 4

（2）我觉得我有很多优点。1 2 3 4

（3）总括来说，我觉得我是一个失败者。® 1 2 3 4

（4）我做事的能力和大部分人一样好。1 2 3 4

（5）我觉得自己没有什么值得骄傲。® 1 2 3 4

（6）我对于自己是抱着肯定的态度。1 2 3 4

（7）总括而言，我对自己感到满意。1 2 3 4

（8）我希望我能够更多的尊重自己。® 1 2 3 4

（9）有时候我确实觉得自己很无用。® 1 2 3 4

（10）有时候我认为自己一无是处。® 1 2 3 4

总分：

注：“®”表示该测题要反过来计分。

“自信心量表”计分方法：受测者在3点评尺上对测题作答：1：非常同意（strongly agree）；2：同意（agree）；3：不同意（disagree）；4：非常不同意（strongly disagree）。因此，其最低得分为10分，最高得分为40分。在10个条目中，第3、5、8、9、10五个条目的算分是反向的（即1分算做4分；4分算做1分；2分算做3分；3分算做2分）。

2. 得分解释

10～15 分：自卑者

你对自己缺乏信心，尤其是在陌生人和上级面前，你总是感到自己事事都不如别人，你时常感到自卑。你需要大大提高你的自信心。

16～25 分：自我感觉平常者

你对自己感觉既不是太好，也不是太不好。你在某些场合下对自我感到相当自信，但在其他场合却感到相当自卑，你需要稳定你的自信心。

26～35 分：自信者

你对自己感觉良好。在大多数场合下，你都对自我充满了自信，你不会因为在陌生人或上级面前感到紧张，也不会因为没有经验就不敢尝试。你需要在不同场合下调试你的自信心。

36～40 分：超级自信者

你对自己感觉太好了。在几乎所有场合下，你都对自我充满了自信，你甚至不知道什么叫自卑。你需要学会控制你的自信心，变得自谦一些。

3. 影响自信心的主观因素分析

（1）成就动机因素。我们需要建立良好的成就动机，这是增强自信心的重要条件之一。通过设置明确的行为目标，增强成功体验，有助于自信心的提升。在我们持续获得知识与能力时，在我们有着愉快的情绪体验时，在我们有着明确合理的行为目标制定时，我们的自信心会树立得很坚实。此外，在建立了明确的行为目标后，培养自我积极评价、自我积极反馈信息的能力，又更激发了我们的成就动机，充分调动了主观能动性。一个成功动机强的人，也是一个成就高的人。提升成就动机，主要在于三点：①追求可能的成功。②依靠自己，尽心尽力。③没有最好，只有更好，追求自我超越。

（2）归因因素。归因是指人们对他人或自己的行为进行分析、判断和指出其性质或推断其原因的过程。人们往往会从内在的和外在的方面进行归因，同时还要考虑原因的稳定与否。积极的归因可以提高人的自尊心和自信心，而消极的归因会使人自暴自弃、丧失信心。归因是影响自信心的一个重要因素。一个人的自信心的形成虽然开始于童年时期，但是在后来的生活中，个人的经历对自信心的高低产生影响。随着经历的丰富，成功和失败的经验也必然会有所增加。当我们对于成功事件进行积极归因时，就能从中增强自信心；对失败事件进行有利于自己的归因，同样能够增强自信心、坚定信心。

调整归因方式的方法：①要客观分析影响你成败的原因，不要主观臆断。②在一般情况下，都要先从自己内部找原因，激发自我责任感，但也不要一味自责，也不要一味埋怨外部环境。③要尽量找自己可以改变的原因，不要过多归因于不可改变的原因。

（3）自我效能因素。自我效能是美国心理学家班杜拉提出的一个核心概念。它是指个体对自己能不能在一定水平上完成某一活动所具有的能力判断、信念或主体自我把握与感受。自我效能感是自信心建立的基础和条件。增强自我效能感，对提高自信心有着极大的帮助。提升效能感的方法，主要有以下几种：①提供积累成功经验的机会。这种机会的创造，一方面需要任务难度适中和要求恰当；另一方面就是要灵活机动地掌握任务难易度和评价标准。②提供与个体有相似性的榜样，榜样的力量是无穷的。③充分进行积极的自我暗示和劝说。④唤起和保持积极的情绪。

认清自我价值

一对老夫妇省吃俭用地将四个孩子抚养长大。在他们结婚五十周年的时候，孩子们决定送给父母最豪华的爱之船旅游航程，好让老两口尽情徜徉于大海的旖旎风情之中。

老夫妇带着头等舱的船票登上豪华游轮，可以容纳数千人的大船令他们赞叹不已。美中不足的是，各项豪华设备的费用皆十分昂贵，节俭的老夫妇盘算自己不多的旅费，细想之下，实在舍不得轻易去消费。他们只得在头等舱中安享五星级的套房设备，或流连在甲板上，欣赏海面的风光。

幸好他们怕船上伙食不合胃口，随身带着一箱方便面，既然吃不起船上豪华餐厅的精致餐饮，只好以方便面充饥。到了航程的最后一夜，老先生想想，若回到家后，亲友邻居问起船上餐饮如何，自己竟答不上来，也是说不过去。于是狠下心来，决定在晚餐时间到船上餐厅用餐，反正是最后一餐，明天即是航程的终点，也不怕宠坏了自己。

在音乐及烛光的烘托之下，欢度金婚纪念的老夫妇仿佛回到初恋时的快乐。在举杯畅饮的笑声中，用餐时间已近尾声，老先生意犹未尽地招来侍者结账。

老先生闻言不由得生气，“我又不是偷渡上船的，吃顿饭还得看船票?”嘟囔中，他拿出了船票。

侍者接过船票，拿出笔来，在船票背面的许多空格中画去一格。同时惊讶地问：“老先生，你上船以后，从未消费过吗?”

老先生更是生气，“我消不消费，关你什么事?”

侍者耐心地将船票递过去，解释道：“这是头等舱的船票，航程中船上所有的消费项目，包括餐饮、夜总会以及其他活动，都已经包括在船票内，你每次消费只需出示船票，由我们在背后空格注销即可。”

老夫妇想起航程中每天所吃的方便面，而明天即将下船，不禁相对默然。

在我们出生的那一刻，你是否已然想过，上天已经将最好的头等舱船票交给了你。使你可以在物质上、心灵上，享有最豪华的待遇，只要你愿意出示自己的船票。更重要的是，千万不要浪费了你的头等舱船票。

许多人终其一生，也只是过着如同拿方便面充饥一般的生活。这并不是他们应有的船票，而是他们没有想过去使用，或者根本不晓得船票的价值。甚至当有人好意提醒时，还会像那位老先生一样大发雷霆。

要正确运用我们生而有之的头等舱船票，拥有豪华的人生旅程，我们就要认清自我价值。

自我价值是不依赖自身以外的人、事、物来证明的价值，完全由自我决定的价值，是一种独立的人格。在社会生活和社会活动中，我们的自我价值是社会和他人对我们作为人的存在的一种肯定。其核心是尊严，和保证人的尊严的物质精神条件。自我价值感强的人，会注重自我完善、积极向上。如果自我价值为零的时候，人就会启动自我毁灭程序。自我价值的实现必然要以对社会的贡献为基础。

在人生之路中，有人成功了，也有人失败了，造就他们成功和失败的因素很多，关键的一点在于他们是否认清自我价值。只有认清了自己的价值所在，才能将自己的能力发挥得淋漓尽致，才能在自己的路途大展宏图，走向成功。

一个人的自我价值如何，在于他本身是什么，而不在于他拥有什么。这个本身指的是核心价值，比如说，品质、思想、情感、情操等。而拥有指的是附加价值，比如说，金钱、地位等。因而，我们大可不必因为身外之物的一时得失而得意或者失意。

生命本身就是一种价值，是无价之宝。尼采说过："成为你自己！"我们肯定自我价值，接纳自己，做真实的自己。

另外，我们要提高自己的心理素质和能力，自觉地磨炼自己，培养坚强的意志和良好的心理素质。养成理性、正面的思维和行动习惯，在需求未满足时保持耐性，相信耕耘与收获的因果关系，自己未得，不是自己不能，而是自己没有坚持。

以古今中外那些身处逆境仍然奋斗不息，取得伟大成就的人物为榜样，鞭策自我、勉励自我，把激发进取的名言警句作为自己的座右铭。帮助自己确立更积极的人生观、价值观和世界观。

当我们认清了自我，我们就会充分地肯定自我，不懈地完善自我，积极地超越自我，并活跃地、全神贯注地体验生活。那么，无论我们的起点如何，也不管我们背景、学历、职业等各方面条件如何，我们都能达到自我实现的人生状态，获得生活的幸福、心灵的安宁和内心的丰富。

表达你的感受

人生路途不可能一直顺心如意，当遇到生气、委屈这些负面情绪，是强颜欢笑，还是直接表达，对于很多人来说，往往难以把握。在人际沟通中，表达感受最难：压制感受，自己感到压抑、焦虑；释放情绪，又担心伤害与其他人的关系。从小我们就被教导要内敛、收束和含蓄，因而我们往往习惯于忽视和压抑自我的情绪、感受。

然而，心理学告诉我们90%的心理疾病根源在于情绪，没有解决以及压抑的情绪感受特别具有摧毁性，会影响到与它们对应的器官及组织。长期不恰当的处理沮丧抑郁的情绪感受，可能导致胆结石或其他胆囊疾病；长期的焦虑与担忧影响了胃经，可能导致胃溃疡与胃炎。

因而，从最基本的生理层次而言，懂得如何表达他们情绪的人，比不表达或不知如何表达的人要健康许多。从人际关系和谐而言，表达感受是一种与人亲密的渠道，能够带来成就，还能使人们感觉更佳、心情更好。

当然，如果人们过度表达情绪，也会有生理上的痛苦。当人激动地用口语抨击时，他们的血压会升高 20 毫米汞柱的平均值，而且有一些人会增加 100 毫米汞柱之多。所以，保持身心健康的关键是学习如何恰当地表达感受。

1. 真诚地表达感受

不要纠结于是否能表达自己的感受，尤其是负面感受，不要担心表达负面感受，会伤害自己与他人的关系，或者让自己显得脆弱不堪，反而造成更大的麻烦。

实际上，只要处理得当，在许多情况下，感受表达不但不是自找麻烦的举动，反而会是解决问题的极佳策略。我们需要深刻认识到表达感受不仅有助释放压力，也可增进彼此了解，促进相互的了解，培养团队凝聚力，也就相对地会提高做事效率。因此，不妨卸下面具，把自己的真实感受表达出来，不必强行压抑。

此外，一个真实的、个性鲜明的人更能让人感到踏实可靠，相处起来更简单，也更容易打动人。与其过多地做形象、态度等“表面文章”，不如设法增加自己的实力、内涵，逐步调整性格，把乐观、勤奋、谦和等特征坚持下来，慢慢地成为习惯，而不是“为了微笑而微笑”。

2. 就事论事是重要原则

在表达负面感受时，真诚并不代表肆意发泄，想什么就说什么。就事论事是重要原则。如果自己的感受表现与所发生的事情匹配，那么大多数人就能够理解和接受，不会节外生枝。而不符合当下情境的情绪反应，无论是过分还是不足，都会引起周围人的好奇、多心，甚至会牵带出来麻烦，引起自己新一轮的情绪反应。

就事论事，说明自己是理性的，而不是情绪化和神经质。情绪化可能会成为影响自己职场晋升、人际和谐的重要因素。

3. 根据场合灵活表达感受

一般来说，刚刚发生的一些小的不满感受，可以用无声的语言和幽默的态度来表达内心的不满。如果对方通情达理，用无声的语言或玩笑式的话语是能够起到一定作用的，而且这种表达方式也能更好地沟通感情，不至于以后双方尴尬。

如果事情真到了要和别人面对面说清楚的地步，那就该勇敢地就你的不满和对方交流一下。需要注意的是，假如你决定要表达你的感觉，你必须很清楚地确认你和你的伙伴都了解你的感觉是放在一个特定的情境之下，而不是直接针对整个关系。说“当你不守信用时，我会怨恨你”而不要说“我怨恨你”；“当你讲到你的钱时，我觉得很无聊”而不是“我和你在一起很无聊”。避免说“你让我生气”而是改说“我在生气”，避免说“你伤害我的感觉”而是改说“当你那样做时，我觉得很受伤”。

在表达自己负面感受时，切忌发牢骚，而是要表明自己产生负面感受的原因，并给对方一个解释的机会。要明确说明导致这份感受的缘由，以加强对方了解因果关联性，并且避免被认为是在无的放矢。在表达时，不要做评论式的人身攻击，只要客观地描述，这样既能清楚地表达自己，又能避免刺激对方，才会达到表达感受的最终目的。

4. 根据时间表达感受

通常，一阵强烈情绪涌上的瞬间，并不是说出口的最佳时机。假如你被隔壁吵人的邻居所干扰，一时的过度怒骂、抱怨可能会导致以后你对自己所说过的话感到后悔。说话前先深思熟虑，要如何用最可能被接受的方式表达你的感受，才是较为明智的。

学者提出“想象的沟通”使得沟通者能够预先演练。他要怎么说及对方可能会怎样回应，以便在实际沟通中能够增进关系。

另外，处理你的情绪往往会花很多的时间和心力，疲惫和分心会使得你想要表达情绪这件事更难处理。同时，你应该用相同的态度，确认对方在你要开始之前，已经准备好要听完你说的话。

在某些情况下，你也可能选择永远不要表达情绪。当老师问你“你觉得我的课如何”时，即使你非常想跟你的老师说他的课非常无聊、让你昏昏欲睡，最好的回答仍然可能是无关痛痒的“还好啦!”

5. 向自我表达

如果你感觉到强烈的情绪经验但是又不便口头表述出来，你可以向自我的意识表达。让自己清楚地认识到你的情绪状态以及它的来源，这个情绪就已经可以发泄至少一半了，然后进行积极的心理暗示转化。

6. 写出你的感受和想法

这也是很有利于心理、生理和感受调适的方法。你的表达方式反映了你对你自己的感觉负责，这个事实很重要。

7. 向环境表达

当不愉快时去旅旅游，站在高山之巅看苍穹，或者站在大海之边看海浪，还可以到森林里去高喊，或者把自己关在屋子里打沙袋。这些都能让你很好的舒解郁结。

创造爱与善意

爱与善意是灵魂的支柱，是文明的基础，是生命的奇迹，是一切的源泉，是不灭的永恒。

虽然，人们常说世风日下，人心不古。但是人们还是喜欢爱和善意、欢迎爱和善意、向往爱和善意。

爱与善意是内在创造力的表现，包括关怀、理解、尊重、责任和了解等诸因素。爱与善意是一种积极的情绪，是人生的智慧，是追求人的发展、幸福与成功的动力。

爱和善意也是一种智慧，是一种远见，是一种自信，是一种精神力量，是一种精神的平安，是一种以逸待劳的沉稳，是一种文化，是一种快乐，是一种乐观。

爱与善意可以提升、充实、丰富我们的人生质量，带领我们通向一切高度、深度、难度的事物，带领我们无限地贴近真理。爱与善意能化解坚冰，是抵挡仇恨之箭的盾牌；爱与善意是春雨，可以滋润万物；爱与善意是阳光，可以温暖整个世界。

罗曼·罗兰说："爱是生命的火焰；没有它，一切将变成黑夜。"

在现实生活中，我们总能发现有爱心的人，他们阳光、积极，给人以希望和力量。有爱心的人有着快乐的思想，同时也有着健康的体魄。

一个充满善意的人，他的思维模式常常处于正向思维状态，所以，神经系统经常分泌健康的神经化学元素，因此有爱心的人比较不容易生病，这是经科学验证过的真理。

神经科学已经发现，人在正向、积极思考与负向、消极思考时所使用的神经系统居然是相反的，而且是互相对抗的。它们就像白天和黑夜。当一个人心理充满爱和善意的时候，内心就阳光明媚；当一个人心理阴暗满怀仇恨恶意的时候，内心则是沉寂的黑夜。

在科学上早已发现神经细胞在活动时，利用的是电传导方式，并且喜欢走捷径，所以被活化次数多的神经细胞会比活化次数少的更容易被激活。

说得明白点儿，就是神经细胞越用越发达，不用则退化。也就是说，如果你经常感觉快乐，就越容易快乐；你经常感觉悲观，你就越容易伤感。

如果一个人能保持乐观、祥和、喜悦、感恩的心情，避免愤恨、不满、妒忌、不安、怀疑的情绪，那么，这个人的积极思考的神经就会被激活。久而久之，身体就越来越健康，免疫系统越来越强健，当然也就越来越不容易生病，而且积极思考的神经系统也会越来越发达，想法就越来越乐观积极，做事情也就越容易成功。这就形成了一个良性的循环。

一天早晨，一个善良的妇人出门，看到三位须发皆白的老人坐在她家门口。妇人与他们素不相识，她上前同他们打招呼："你们一定饿了，进屋吃点东西吧?"老人们问道："你们家的男主人在家吗?"妇人答："他出去了。"老人们回答："他不在家，我们就不进去了。"

晚上，丈夫回来了，妇人将遇到的事告诉了他。丈夫说："快去告诉他们，我回来了，请他们进来!"于是，妇人出去邀老人们进屋。

老人们说："我们不能一同进你家。"妇人感到疑惑："那是为什么呢?"一个老人指着一个同伴说："他名叫财富。指向另一个同伴说，他是成功，我是爱。"他接着又说："你现在进去和你丈夫以及家里人商量商量，看你们家需要我们中的哪一个。”

妇人把老人的话告诉了丈夫。丈夫十分惊喜，决定请财富进来；妇人则希望让成功进来；而他们的儿媳妇则说：“还是邀请爱吧！”最后决定听儿媳妇的，让爱老人进来做客。

爱老人起身朝房子走去，另外两位也跟在后面。妇人感到惊讶，问财富与成功：“我邀请的是爱，你们两位怎么也跟进来了？”

老人们一同回答：“哪里有爱，哪里就有财富和成功！”

爱在，成功就在；有了成功，财富自然就到来了。

爱意味着无私、施舍、宽恕、给予、包容、善良……这一切都是生命中的阳光，可以照亮人们前进的道路。爱还意味着温暖和力量，爱不仅在黑夜中给别人带来希望，也能不断增强人们战胜苦难的勇气。因而，爱和善意在哪里，财富就在哪里。

雨果说：“爱是情感的升华。它像阳光一样，照耀大地，赋予万物生长的力量，并使之欣欣向荣。”

1979年诺贝尔和平奖获得者德兰修女曾说：“我不是天使，不是圣人，不懂长生，不能预知未来；不能使人死而复活，不能让你们永远不累、不渴、不饿；不能阻挡罪恶。只是，我也不嫉妒、不自夸、不张狂，不做害羞的事，不求自己的益处，不轻易发怒，不计较人的恶，不喜欢不义，只喜欢真理，我只知道——爱。爱，让我们活着。”

爱与善意的真谛不在于我们获取的能力，而在于我们给予的能力。当我们拥有了这种能力，就可以驾驭成功和财富。

创造爱与善意，就应该做到：

（1）“谦”。保持谦虚的心态。“虚己者进德之基。”向伟大的、高尚的伟人学，向平凡的、善良的身边人学。

（2）“正”。没有正直就没有真正的爱与善良。

（3）“孝”。百善孝为先，如果一个人连生己养己的父母都不知孝敬，还有什么情感值得相信？

（4）“仁”。凡事不能光想着自己，多设身处地为别人着想，为别人考虑，做事为人为己，即为仁。

(5)“义”。义体现的是乐于助人，“不以善小而不为，不以恶小而为之”。

(6)有感恩心。人生在世，无论何时，不可失去感恩图报之心。

(7)有公平心。“己所不欲，勿施于人”，“老吾老以及人之老，幼吾幼以及人之幼；亲吾亲以及人之亲，痛吾痛以及人之痛”。

爱和善意是不图回报的，图回报的爱夹杂着私心。只有心怀爱和善意，我们才能感到灵魂的清澈、心灵的安宁、内在的温暖。这一切成为我们工作、学习、生活中必不可少的精神养料和心灵动力，使我们一生都乐观、豁达、快乐、自信。

只有心怀爱和善意，才能有真正的幸福，人们才能和平愉快地彼此相处，大家才能把精力集中在建设性的有意义的事情上，才能摆脱没完没了的恶斗与自我消耗，才能天下太平，才能实现推动文明进程建设。

不论何时何地，只要有真正的爱和善意，我们就能像磁铁一样，吸引到有用的资源、美好的事物以及幸福的生活。不论何时何地，请一定坚定地相信这句至理名言：一切因爱而生！

探寻人生的价值观

人生价值观是每个人判断是非善恶的信念体系。我们的任何行为，都是自身价值观的流露。每个人都无可避免地受到价值观的影响，人们的价值观也大相径庭，是价值观的影响形成了人们各自不同的人生经历、生命感悟以及生活际遇。

价值观决定我们的一切选择。人们在做出选择时，大体上依次考虑这样三点：一是该不该做？二是能不能做？三是怎么去做？该不该做，就是人的活动该不该指向这件事，这就需要进行价值选择。认为有积极意义即有价值的事，“值得做”，应该做，就把活动指向它。否则，就不会去做。价值观是驱使人们行为的内部动力，决定了选择，也就意味着决定了人的一生。

媒体曾报道，广东省某官员在一次中学开学典礼上对学生们说："你们为什么要读书呢？读书就是为当官发财。当官就要当大官，当个科长有什么意思，要当县长、市长、省长，发财就要发大财。"有这样的价值观，这位官员后来因受贿被捕入狱也就毫不令人奇怪了。

2006年，世界第二大富豪、75岁的美国投资家沃伦·巴菲特向5个慈善基金会捐出其所持有的财富约合375亿美元。2008年，世界首富、微软创始人比尔·盖茨宣布将自己的580亿美元财产，全数捐给名下的慈善基金，他说："我们决定不把财产分给我们的子女。我们希望以最能够产生正面影响的方法回馈社会。"2001年，当布什总统决定废除遗产税一年时，作为最大"受益者"的富豪们，反而予以了最强烈的反对。包括盖茨父亲老威廉、巴菲特、索罗斯在内的120名美国大富豪，联名在《纽约时报》上刊登广告："请对我们征税"。富豪们的理由是：取消遗产税将使美国百万富翁、亿万富翁的孩子不劳而获，使富人永远富有，穷人永远贫穷，这将伤害穷人家庭和社会的平衡。

央视《对话》节目曾邀请中美两国即将进入大学的高中生参与。其中，美国的12名高中生都是今年美国总统奖的获得者，国内的高中生也是被北京大学、清华大学、香港大学等著名大学录取的优秀学生。

在价值取向的考察中，主持人分别给出了智慧、权力、真理、金钱和美的选项，美国学生几乎惊人一致地选择了真理和智慧。他们有的这样解释，如果我拥有智慧，我掌握了真理，相应我就会拥有财富和其他东西。而中国高中生除了有一个选择了"美"外，没有一个选择真理和智慧，有的选择了财富，有的选择了权力。

整个节目因为中美学生表现的强烈对比，而引起大家的关注和强烈的心灵震撼。中美学生的区别，实质上就是价值观的区别。

正确的价值观，本身就是一种智慧。只有巨大的智慧才能和真理永恒同在，才能管理和发展好一切。智慧和真理是源，财富和权力以及其他一切都是流。没源哪来流？即使拥有再多的流，也终将干涸枯竭。但是只要有源，就能创造流，并且有能力一直掌握和管理好流。

人生价值观的正确与否，关键是在根本价值观指导下，处理好个人利益和社会利益的关系。我们普遍认为有两个基本的价值观取向：一种是以个人利益为中心，完全围绕个人利益进行价值选择。比如完全以是否对自己有利，来选择职业、从事工作、处理人际关系和对待集体的事业等。另一种是以社会利益为中心，即以社会和集体为标准，考虑和进行价值选择，在职业选择、业务工作、人际关系以及国家和集体事业中，把个人利益摆在服从的地位上。这种价值取向，因立身于大局利益，以事业为重，就能够正确对待个人利益与社会利益的关系，把个人利益同社会利益结合起来，在为社会利益，为人民服务中实现个人利益，又以个人的发展和完善去促进人民和社会的发展。

在你价值观里的那些有价值的事物可分为两类。一类是核心的，另一类则是附加的。比如说我问你："在你心中认为对你最重要的有哪些?"你或许会这么回答："爱、品德、智慧、金钱、地位……"这里面爱、品德、智慧的内在力量就是核心价值，至于金钱和地位就是附加的价值。附加价值由内在力量而得来，并朝向长久的拥有核心价值而去。

许多人之所以在生活中走偏了路，原因乃是没有弄清楚"核心价值"和"附加价值"这两者间的差异，常常耗费心力于那些附加价值上，因此才会遭受那么多的痛苦。唯有核心价值才能使你的心灵得到满足，让你的人生更丰盛、收获更多。

因而，就个人来说，最优的价值选择就是按照社会价值目标，正确处理个人与社会的关系的选择。当然，这样的选择，不仅取决于个人的知识和机遇，更重要的是取决于一个人的人格和品德。

大家都知道，人生有无价值和价值大小，取决于个人对社会的责任和贡献。社会的需要是多方面的，而且各方面人才都不可缺少。个人无论从事什么工作，只要对社会有益，对人民有益，就有肯定的价值，就能够实现自我价值，得到大家的认可和赞同。

所以，我们应该从自身做起，"穷则独善其身，达则兼济天下"。不断地充实自己、完善自己、超越自己，既成就人生，也为社会造福，而不是用满心抱怨来消磨自己的意志。这样的价值观，让我们的人生从此不再迷航；这样的价值观，让我们的人生从此与众不同。纵使平凡似水，也足以滋润美好的四季；即使心灯一盏，也足以燃起璀璨的星光。

和痛苦说再见

痛苦是一种我们人人都能体会到，许多人正陷于其中并因此感到生活中缺少欢乐的体验。它存在于每个人生命的每一个阶段和各个方面，构成生命的浓重的底色。

人生会有各种各样的痛苦是我们每个人都能体验到的事实，事业遭挫、情场失意、亲人丧生、破财失利、疾病缠身、生理缺陷、被侮辱、被损害和其他各种意外的不幸，包括工作压力、生活负担、思考过多等都有可能使我们的内心感受到痛苦，感到人生旅途之艰难。

极度痛苦的人，会通过眼泪宣泄，但面临沉重的痛苦压力时，还会有很多表现方式。比如：焦虑、胸闷、头痛、消化不良、手脚疼痛，还有像失眠、暴躁、不安、缺乏食欲或食欲大增也频繁出现，有的人还会有肌肉紧张、疲劳、记忆力减退、注意力分散等现象相伴而来。

陷入痛苦的人还会有一种倾向：逃避人群生活，躲开喧闹和繁华，回避欢声笑语，不愿与他人交往，远离社交圈子等。

痛苦，是人生征途一段泥泞的小路，面对痛苦，你要坚持，坚信小路的尽头连着幸福和温馨；痛苦，是成长道路必经的风雨，面对痛苦，你要坚强，坚信阳光总在风雨后；痛苦，是橡胶树里的橡胶，面对痛苦，你要给它出口，用爱的行为不停地释放自己内心的痛苦。

在荷兰首都阿姆斯特丹，有一座15世纪的教堂废墟，面留有一行字：事情是这样的，就不会那样。在痛苦的泥潭里不能自拔，就只能与快乐无缘，你得自己挥动告别痛苦的手，找到让痛苦流淌的出口。

怎样才能有效让痛苦流淌出去，和痛苦潇洒地说再见呢？

（1）工作是最有意义的。工作的重复性包含着相当大的治疗效果，工作的责任感，更能疏通你对生活压抑的内在对抗力量。在我们心理恢复过程中，应对自己完成的事表示赞美。如果遇到你正处于休假期，那么就让自己忙碌起来。

（2）学习会使你的心理能量永不枯竭。请记住一位名人关于学习的论述吧：“当你感到悲哀痛苦时，最好是去学些什么东西。学习会使你永远立于不败之地。”你可以学习自己感兴趣的，也可以读名人传记，比如彪炳千古的伟大政治家、军事家、哲学家、科学家、文学家、诗人、画家……每一个人都是世界，名人们的世界则更为丰富、深邃。每一个成功者的背后，都包含着数不清的汗水、泪水、心血、挫折和痛苦。读名人传记，能从名人身上汲取力量，汲取生活的勇气。

（3）倾诉、发泄、大哭、大笑。俗话说：“一吐为快。”这是消除痛苦的简捷有效之举。

（4）投入大自然的怀抱。我们每个人都需要与内心的天性保持不断联系，所以我们有必要重新返回自己的自然本性中去，以通过保护这一非常宝贵的与我们天性相联系的纽带。鲜花、流水、草木、天空、微风、大山……这一切，都能帮助我们深入到内心自然的深处，使我们得以更新与释放。

（5）让信仰和意志力战胜痛苦。痛苦是一种可以毁灭我们，也可以成就我们的力量。约翰·奥肯特说过：“我相信，苍天不会真正启用尚未经历过磨难的人。”磨难使我们成熟稳重，对生命有深刻的体认和理解。有坚定信仰和坚强意志力的人不回避痛苦，相反，他们会置痛苦于不顾，一如既往地坚持自己的目标。这种坚定不移的精神可以移山倒海，建立一个崭新的世界。

（6）宽容。宽容能减轻痛苦，当然，宽容并不是姑息，而是给人们一个思索生活的机会。

（7）寻找能安慰你的人，接受别人给你的关怀，建立一个互爱的关系网。

（8）用各种文艺活动，把自己生活安排得相当紧凑，会丰富人生趣味。趣味越丰富，生活也越美满。

（9）幽默是良策。

（10）食物也能帮助你恢复平静的心情。

（11）以欣赏的态度看世界，细心体会感受世界的美好。

（12）不要走极端。

（13）转变负面思想，多看积极的正面。

（14）根据自己的愿望去生活。

（15）怀有感恩之心。

（16）体会知足的意义。

（17）不要太在乎别人的评价。

（18）装扮成你希望成为的角色。

（19）不要和自己过不去。

（20）学会放松。

痛苦是快乐的根源，精神的财富，痛苦包孕着快乐，没有痛苦也没有快乐，能承受痛苦、转化痛苦、战胜痛苦，就能越发了解人生，能力也会随之提高。无论何时，都请将专注力放在你所想的事物上面，而不是不想要的事物。把承受痛苦的心放大，用理想之水洗涤痛苦，你就会和快乐说 hello，和痛苦说 Bye Bye！

发现内心指南针

一个辉煌的人生在很大程度上都取决于人生的方向，个人的成就和幸福都离不开方向的指引。确定人生的方向是人一生中最值得认真去做的事情。你不仅需要自我认知、自我反省，还需要发现内心的指南针，很清楚地知道自己究竟需要什么，包括想成就什么样的事业、结交什么样的朋友、培养和保留什么样的兴趣爱好、过一种什么样的生活等。这些选择是相对独立的，但却是统一在一个系统里，彼此相辅相成、相互照应、相互影响，从而共同形成人生的方向。

闻名于世的摩西奶奶是美国弗吉尼亚州的一位农妇，76 岁时因关节炎放弃农活，这时她又给了自己一个新的人生方向，开始了她梦寐以求的绘画。80 岁时，到纽约举办个人画展，引起了意外的轰动。她活了 101 岁，一生留下绘画作品 600 余幅，在生命的最后一年还画了 40 多幅。

不仅如此，摩西奶奶的行动也影响到了日本大作家渡边淳一。渡边淳一从小就喜欢文学，可是大学毕业后，他一直在一家医院里工作，这让他感到很别扭。马上就30岁了，他不知该不该放弃那份令人讨厌却收入稳定的职业，以便从事自己喜欢的写作。于是他给闻名已久的摩西奶奶写了一封信，希望得到她的指点。摩西奶奶很感兴趣，当即给他寄了一张明信片，她在上面写下这么一句话："做你喜欢做的事，上帝会高兴地帮你打开成功之门，哪怕你现在已经80岁了。"

摩西奶奶的建议，就是让渡边淳一找到自己内心的指南针。

找到内心的指南针，你才可以掌握自己人生的方向。确立了人生方向的人是最快乐的人，他们的每一步都离成功更近，而不偏离；他们清晰地知道自己追求的是一种能令他们愉悦和满意的生活。这种生活是与他们所向往的人生方向相一致的，对人生方向的追求使他们的生命更加有意义。

探寻内心的指南针，也是人生的一种哲学。我们首先要肯定人性的特色，因为不管选择了哪一条路，都会发现人类的确有他特别的尊严所在——他必须自己决定该往哪里走。有些人可能会质疑："关于选择难道没有标准吗？我的决定就可以算数吗？"当然不是这样。每一个哲学家都会告诉我们，一个人作选择时应该考虑的因素。这些因素有些是外在的（比如说违反一个社会的规范会遭受外界压力或者失败等），有些则是内在的（譬如做了不该做的事而觉得不安、不忍）。一般而言，这两种压力是同时存在的，一个社会不可能只有外在因素而没有内在因素，反之亦然。

然后，我们要进一步问："人类应该往哪里去？"也就是说，我们要思考："对于整个人类而言，真正有意义的选择究竟是什么？"

当然，这里有几个基本原则：首先是要"存在"，也就是要活下去；其次是要"理解"，也就是要了解人类为什么如此活着；最后是要"快乐"，也就是要活得快乐。掌握了原则之后，你可通过以下一些小方法，确定你的方向。

（1）和自己深层次的沟通，清楚地知道你想要的是什么。

（2）从小事开始做起。当你开始清楚你想要成为什么样的人时，危险地带也会随之出现。你会开始对你想要过的生活感到激动，然后想要马上改变一切。接着，你可能会变得精疲力竭，转而放弃了。不要陷入或重蹈迷茫生活的覆辙。刚开始时，做些力所能及的小事，重复、专注地去做。

（3）将思想和感情聚焦在自己想要的生活的样子上，一旦你聚焦在那一点上，而且开始采取那些微小的行动，你就完全用不着为如何而倍感担忧了。

（4）不要去想这样子已经持续多久了。改变永远为时不晚，成功只在于你的坚持不懈和一点点行动。

（5）找人督促你的进度。你需要了解并支持你的人督促你跟上进度，他们会帮助你从另一个角度看事情，让你从自己的借口中清醒，并且在你将要放弃的时候鼓励你去坚持。

（6）不要陷入消极的心理暗示。做你思想的主人，而不是奴隶。让你想要的生活指引你，当消极思想出现的时候，你要变得比它更坚强，你的头脑里只去容下有助于你成功的想法。

（7）相信一切皆有可能。永远不要自我设限。将先入为主的观念抛开，重建你所想看到的世界。

（8）爱好自己。在永不停息的竞争中，我们往往忽略的第一个人是我们自己。不爱好自己的前进只会让你精疲力竭，而且对那些指望着你的人也没有好处。对他人有帮助，你必须先要照顾好自己。

（9）沿途要自我反省和随时调整。

人生本不该有太多的迷惘与恐惧，只要你找到内心的指南针，以灵魂的真实行于人生之路。所有你爱和爱你的人，所有被你灵魂感动的人都会给予你生命的能源与力量。这就是你的生命宇宙，你应该相信，宇宙中总会有一扇神奇之门为你的真诚而敞开。

心灵的方向才是人生最好的方向。因为，当一个人的灵魂与宇宙坦诚相对，宇宙必然会给予你生命无穷的力量——恒久的幸福与快乐。

第六堂课

把心交给未来——给自己一个美好愿景

一个人未来的成功、财富和幸福等，都来自于人的心念。人与人之间的差异非常小，但是心念造成了未来巨大的差异，决定了一个人的命运。根据大自然的构造，人们完全有能力控制进入感官的各种信息和物质力量，所以我们应该运用自己的心念，给自己美好愿景，避免消极情绪带来的忧虑。只有这样，我们才能主宰自己的命运，获得幸福的生活。

打开心门，迎接幸福

幸福是什么？在许多人眼中，也许是位高权重，也许是家财万贯，也许是锦衣玉食……其实幸福是一种心境，是每个人自己的切身感受。

幸福是一种持续时间较长的对生活的满足和感到生活有巨大乐趣并自然而然地希望持续久远的愉快心情。来自于灵魂的安宁和感受的满足。幸福不仅有主观能动性，更包括对客观规律性的把握和改善自我心态的心理能力。而这必须把通向外界的心门打开。只有把心门打开，你才能感知到外界的美好；只有把心门打开，你才能认识到客观环境的深层规律；只有把心门打开，你才能学习到管理心态的智慧；只有把心门打开，你才能迎接你所想要的一切。

鲁斯4岁，他还有个比他长一岁的哥哥西蒙德。他们卧室的窗户整天都密闭着，每次他们都不愿意回卧室，因为他们总觉得屋内太阴暗。每天白天出去玩时，兄弟俩看见那灿烂的阳光，都觉得很快乐。

有一天，兄弟俩就商量说："我们可以一起把外面的阳光扫一点到卧室!"于是，兄弟俩人拿着扫帚和簸箕，到阳台上去扫阳光。等到他们把簸箕搬到房间里的时候，里面的阳光就没有了。这样一而再，再而三地扫，小心翼翼地搬，但依然是徒劳，屋内还是没有一点儿阳光。

"为什么我这样努力都无法将阳光运到屋子里呢?"这个问题让他们困惑不已。正在厨房忙碌的母亲看见他们奇怪的举动，问道："亲爱的，你们在做什么?"

他们回答说："房间里太暗了，我们要扫点阳光进来，这样我们的卧室就会明亮了。"

妈妈笑了笑说道："要想卧室明亮还不简单，只要把窗打开，阳光就会进来了，你们何必去扫呢?"说着妈妈便把他们的卧室窗户打开，阳光马上调皮地跑进屋子里面，在地板、在桌旁熠熠闪耀，整个卧室顿时都明亮和温暖了。

人心也是如此，温暖的幸福并不需要刻意地去扫，只要将心门打开就可以了。为了迎接幸福，我们要学会把封闭的心门打开。生活中劝慰别人时我们常说：你要开心。什么叫开心？打开你的心。不打开，心在门内，那就成了“闷”。苦闷、沉闷、晦闷、烦闷、纳闷、生闷气……看，全是让人委靡、毁人健康、蚀人心魄、腐人灵性的消极能量。然而，通过量子物理学，我们知道，能量都是可以转变的。幸福作为一种心理感受，需要的是正向的积极的心理能量。换言之，决定幸福的不在于腰缠万贯、高官厚禄，而在于心念一转，心门打开。

一个富翁，可能无聊空虚得直感叹“穷得只有钱了”；一个春风得意的人，也会因诸多“不可兼得”而直喊“活得好累”；那些对生活灰心失望者，即使整天披金戴银、美味佳肴地过清闲日子，也常感叹“活得真没意思”；整日里红粉相依、情场得意者，也会叫嚷“烦死了，别理我”……这些人无一例外的有幸福的环境，却不一定有幸福的感觉。也因此有一位学者说：“幸福和幸福感不是一回事。”浑身臭汗，小腿肚子青筋鼓暴的挑夫，歇肩于山间松林，饮一口白酒，嚼几粒花生米，草帽扇凉风，优哉游哉，幸福溢于眼角眉梢；乡村教师，身居陋室，然明月窗下，一卷在手，神游八极，同古今名士交谈，赏妙笔佳句如饮醇醪，其乐融融，幸福浓浓。

钱钟书曾说：“一切快乐的享受都是属于精神的”，“精神的炼金术能使肉体的痛苦都变成快乐的资料。”于是，有了“采菊东篱下，悠然见南山”的陶渊明；有了“一箪食，一瓢饮而不改其乐”的颜回……幸福不与财富、地位、声望同步，它只钟情于敞开心扉吸纳外界智慧、美好的人，只钟情于心理积极、乐观朝气的人；只钟情于懂得珍惜、进取不懈的人。

幸福是一种感觉，需要我们放开心灵去发现，细致的体验，敏锐的感受。每天的日子总是周而复始，上班下班回家吃饭上网聊天或看电视打发时间，一成不变，让人感觉平淡无味。若每天我们用良好的心态去捕捉快乐，也许就不会感觉那么枯燥。因为老师或上司的一句表扬，而感到快乐；突然接到友人的电话，被人牵挂也是一种幸福感觉；在公共汽车上，给老人让座，助人为乐的情怀也能让人幸福。只要你打开心房，什么都可以感觉幸福，幸福一直会在你身边。

若遇到挫折，就学会自我鼓励；遇到悲伤的事，就学会忘记；被人激怒，学会制怒和平静，并更努力地经营好自己的事业和人生。若遇到痛苦的事，我们就用贝多芬的话来安慰自己吧，“我们这些具有无限精神而有限的人，就是为了痛苦和快乐而生的，几乎可以说：最优秀的人通过痛苦才得到快乐。”

在一些突发事件来临时，我们常无法估计判断出事情的后果，我们可以做最坏的打算，做最好的准备。

幸福也是一种让自我感觉良好的能力。当我们对生活中发生的事，用积极、正面、对自己身心有利、有利于成功的思维去思考，就会时时有幸福感觉，这也是长寿的秘诀。

幸福与否，只在乎你的心怎么看待。心开一切都开阔，心美一切都美丽，心快乐一切都快乐，心幸福一切都幸福！让我们敞开封闭的心扉吧，只有这样，才能将幸福迎进来，让成功的阳光驱散失败的黑暗！

跟心中不快说 Bye Bye

在我们身边，不快乐的人俨然越来越多了。由于生活的压力、家庭的压力，很多人都过得不开心。殊不知，这些人在不知不觉中，已经加入了“不快乐”的症候群之中。

前几年，北京的一家报纸上刊登了一份面向北京、上海、广州三地市民快乐指数的调查报告。其中，列出了大家认为不快乐的原因，主要有以下几点：

（1）工作因素。比如：收入不理想、工作压力太大、休息时间太少、缺少成就感、工作枯燥和人际关系不和谐等。占了总人数的61.8%。

（2）家庭关系。比如：家人相处不融洽、陪家人的时间太少、住房不满意和家庭总收入低。占了总人数的4%。

（3）物质生活的满意度。比如：工资不理想、对社会福利不满意等。占了总人数的10%。

（4）不会寻找快乐。24.2%的调查对象表示：自己不会积极主动地去寻找快乐，缺少获得快乐的有效方法。

看了上面的这份报告，你是否也从中找到了自己的影子呢？快乐的方法能获得吗？我们每一个人快乐的能力，是不是都由基因，或由童年经验决定？我们是否能决定自己快不快乐呢？

神经精神医生告诉我们：“心理精神免疫学这个新领域告诉我们……人类以一个整体来行动……证据显示，我们在日常生活中的所思所感，以及我们的生理与心理之间有着微妙的关系。”也就是说，快乐不快乐可以由你自己决定，这一事实也符合我们的日常知识和生活中的观察结果。

集荣耀、权力、富贵于一身的拿破仑说：“在我的生命里，找不到六天快乐的日子。”然而当海伦·凯勒双目失明并且失语之后，她写道：“我发现生活如此美丽。”快乐与财富、权势无关，甚至与身体健全与否也无关，快乐来自于自己，来自于内心。

大部分人都有过这样的经验：我们自己或者认识的朋友，物质生活、境遇、自我成长和成就发生改变时，都能使快乐或不快乐的指数明显起伏。

林肯曾经说过：“人们的快乐不过就跟他们的决定一样罢了。”只要你愿意，你就可以不快乐。比如说，你可以告诉自己所有的事都不顺心，什么都令人不满意，这样，你肯定不快乐。但是，如果你要跟不快乐说 Bye Bye，你也完全可以让这个决定成为事实。

卡耐基认为，许多人的不快乐都是因为遇事想不开，为小事斤斤计较的毛病。人生在世，短短几十载，完全没有必要浪费很多时间为一些微不足道的小事发愁。为了让人们快乐些，卡耐基曾提出以下一些有哲理的法则：①生命太短暂了，不要再为小事烦恼，凡事要看开一些。②当我们害怕被闪电击倒，怕所坐的火车翻车时，想一想发生的概率，会把我们笑死。③要懂得闲暇时抓紧，繁忙时偷闲。④对必然的事轻快地承受，就像杨柳承受风雨，水接受一切容器一样。⑤如果我们以生活来支付忧虑的代价，支付的太多的话，我们就是傻瓜。⑥你开始为那些已经过去的事忧虑的时候，你应该想到这个谚语：不要为打翻了的牛奶而哭泣。

除此之外，你还可以试试心理学家所说的“思考中断术”。方法是：在腰间系一条橡皮带，每当你的思想阴郁，或感到没有力气做某件事时，就“啪哒”一声，拉响你的橡皮带。借这个声响与动作，可中断你的这种感觉，而集中你的注意力去做其他的事。拉响橡皮带之后，试着去想一想正向的思想——如美丽的景色，美丽的记忆，或是一个幻想，以替代不愉快的思想。坐下来让它平息。如果你的沮丧较轻微，特别是沮丧还伴随着焦虑与紧张的时候，那么这个策略将非常有效。暂时撇开一切到外面去，放轻松一点，不受打扰的独处一些时候。最初也许仍觉厌烦，但是不久你的激动程度就会降低至某一点。以前你未注意的事物，此时都能引起你的兴趣，让你觉得愉快。

有个人曾这么描述他应用这项策略的成功经验："当我走到后院去的时候，心情还是沮丧无比。我在那里呆坐了好长一段时间，等到我惊觉两三个钟头已溜掉了时，才逐渐发现我的周围环绕着许多美好的事物——徐徐吹来的凉风，果实累累的果树，青草的嫩芽，和那成千上万朵的蒲公英……我的沮丧，不知何时已消失得无影无踪。"

伏尔泰曾经说过："人生充满了荆棘，而我所知道的唯一补救之法，就是赶快走过去。在不幸的路上驻留越久，它们就越能伤害我们。"

快乐是来自内在的解脱，有智慧的人随时随地可以快乐，只要放下心情，天地万物都会使你快乐。若是放不下这个消极的情绪，你就会时刻与不快乐相伴，怎么样活都不会快乐，都不会感到幸福。凡事都有两面性，只要你能转念一想，多看积极的方面，多进行积极的思想创建，你就能够放下烦恼，和心中不快说 Bye Bye!

瞬间找回好状态

你有时会觉得疲倦怠乏吗？你有时会觉得身乏懒动吗？你有时会懊恼注意力不集中吗？你有时会苦闷记忆力下降吗？快来练习找回好状态的方法吧，它们能帮你瞬间找回好状态，让你重新拥抱精神抖擞的时光。

1. 呼吸找回法

（1）睁眼、闭眼皆可，地点时间不限。将意念集中于你的腹部，并将注意力集中于你的呼吸上。

（2）把一只手放在腹部上，缓慢地通过鼻腔深吸一口长气，同时心中慢慢地从 1 数到 5。

（3）当你慢慢地深吸一口长气时，尽力扩充腹部。想象着一只气球正在充满空气。然后，扩充胸部，想象身体里逐渐被白色的、晶莹剔透的气体充满。

（4）接着，缓慢地自然呼气，感受胸部放松，想象气球放气。最后，有意识地将腹部内收，想象自己已将所有的黑色的晦气、浊气、疲劳之气全部彻底地排出体外。

只要有时间，你就争取多练习几次呼吸找回法。只需要几分钟，你的精神状态和情绪状态就会焕然一新。

2. 扩展找回法

（1）睁眼、闭眼皆可，地点时间不限。双手在背后交握。打开双肩，扩张胸部，加深呼吸，微微向前翘起下颌，颈部居中并放松，平稳呼吸。

（2）呼气，放松双手；吸气，将双手从背后直接抬上耳侧，手臂绷紧；然后，呼气，保持上身的扩展，双手慢慢放松。

（3）现在，选择任一物体，对它凝视一会儿。回忆刚才你精神集中在肘部、双肩、下颌和颈部时那种放松感。

（4）继续凝视，不去想别的，沉浸在心情平静的感受中。

（5）想象着这种放松感越来越大，从头到脚包围住你的身体，扩大你感受到的平静。

（6）从这种感觉中退出来，努力把这个印象存储在你的脑海里和身体里，在心里再次清晰地描述这种感受：心情平静、精神集中、充满活力、全神贯注，而且轻松愉快。

（7）继续保持这种姿势 5 分钟。

记得提醒自己：你只是在短短几分钟的时间内就找回了好状态。你具备这种出色的能力。

3. 凝视找回法

（1）地点时间不限。找四种可以清晰观察到的物体。比如，你可以选择笔记本、橡皮、纸巾和水杯等。

（2）用 10 秒钟的时间凝视第一件物体（笔记本）。同时以平静、舒缓的声音默念：“放——松——”。目光转向第二件物体（橡皮），用 10 秒钟的时间凝视它。同时以平静、舒缓的声音默念：“放——松——”。接着，纸巾、水杯也依此程序进行。

（3）把上述4个步骤重复练习10次。

4. 拍掌找回法

（1）双臂高举，把手掌合起来在头顶拍击3次，发出“啪啪”的声音。

（2）双臂平举，在胸前方拍3次。

拍打时，手腕要用力伸展，尽量让手掌及手指互相贴合，中指和中指紧贴在一起，能刺激到手掌上尽可能多的穴位，效果更佳。

5. 强肾找回法

（1）双手对搓发热后，紧按腰眼处，稍停片刻，然后用力向下搓到长强穴（位于尾骨端与肛门之间）。然后再回来重搓，每次做50～100遍，每日早晚各一次。

（2）双手轻握拳，用拳眼或拳背旋转按摩，每次5分钟左右。

（3）双手握拳，轻叩腰眼处，或用手捏抓腰部，每次做3～5分钟。

（4）双手握拳，拳心虚空，贴在肾腧位置（位于腰部第2腰椎棘突下，旁开1.5寸）。利用膝关节的上下抖动进行反复摩擦，双拳不动，双脚随着身体抖动轻微踮起。三五分钟后，你就会找回了全身轻松的好状态。

强肾找回法里的几个方法，都可以单独练习。不仅能温暖腰眼、温煦肾阳、疏通带脉、畅达气血和强壮腰肌，而且还能起到聪耳明目、固精益肾和延年益寿之效。此法还有助于防治遗精、早泄、痛经和月经失调等病。

好心念活出好未来

一个人未来的成功、财富和幸福等，都来自于人的心念。这个心念是好的还是坏的，取决于一种自我暗示。简单地说，你习惯给自己怎样的心理暗示，决定了你的贫富和成败。我们不妨做个试验，请朋友们把精神和身体都放松下来，做一次心念力量的试验：

每个人的手腕处都有两道横纹，现在请把双手腕的横纹比齐后，两手相对合并在一起，看一看两只手的手指是否一样长，然后放下一只手。闭目设想没有放下的那只手，想象看见了它在一节一节地向上长，长得像一棵大树那样高大……

就这样放松地去想两三分钟，然后把两只手的横纹对齐再比一下，这时你会惊奇地发现，这只手果然长了一些，特别是中指明显变长，然后还是这只手，闭目再设想一下，想象这只手迅速地在缩短，短得只有一毫米左右，这样想半分钟就可以了，再比一下，你可能又惊奇地发现这只手又短了一些。你试想一下，这么想一会儿，手就能长能短，那么，能不能把腰“想”得细一点？能不能把身体的肿瘤从大化小，从小化无？能不能让自己的财富越来越多？

答案是肯定的。现代医学心理学研究发现：心念疗法可充分发挥意识、精神、心理对人体自身生理功能的能动作用，调动机体蕴藏的巨大潜力，起到防病治病的功能。心念疗法通过借助病人的主观心念进行积极的思维和想象，提高了人体的免疫力和抗病力，从而使病人的病症得以缓解或消除。同时，人的大脑右半球是指想象功能，倘若人们能通过想象改变不良刺激，就会分散脑右半球对免疫系统的抑制作用。

鉴于意念有“越想越像”的神奇功能，美国专家已经将免疫系统与癌细胞作战的过程先编制成程序，然后让病人闭目、放松，再按编好的作战程序：放松、人静、聚气、杀癌、排浊等步骤“攻击”细胞。结果，在 119 名接受这种疗法的病人中，有 1/4 的病人得以康复。其余 3/4 的病人也不同程度地延长了生命。

在第一次世界大战期间，英国前线战场上流行一种因炸弹爆炸的震惊而引发的心理恐惧症——“弹症病”，严重者四肢瘫痪。此病无药可治，蔓延较快，令英国当局头痛。麦都古参加了治疗，经了解后他发现这是种“心病”，于是凭借自己的社会声望成功地进行了心念暗示疗法。他用笔在下肢失去知觉的士兵膝盖以下若干寸的地方画了一圈，然后以不容置疑的口吻告诉患者，明天线圈以下部位一定恢复正常。第二天，这个士兵果然恢复了知觉。这样日复一日的提高画圈的位置，直到士兵痊愈。

在上面的案例中，麦都古先对瘫痪战士的意识进行影响，之后，瘫痪战士用心念对自己瘫痪的腿部进行暗示影响而治好了疾病。从上面的治疗过程，我们发现心念可以发生在两个人之间，也就是说一个人的心念可以影响另一个人的心念。另一种方式是用自己的心念来解决自身的问题，例如，一些女士借助心念暗示的原理，告诉自己“我的皮肤越来越白嫩”、“我的身体越来越好”、“我的气质越来越高雅”……因个人的暗示时间的长短，都受到不错的效果。

在销售领域，一些激励大师用激励性的语言激发推销员的斗志。例如“我是最棒的”、“我天生具有推销才能”、“我是永远的冠军”、“客户越来越喜欢我”、“我一定能”……很多销售人员，经过这些心念的暗示，确实为自己增添了不少力量。

2007年7月16日，黑龙江电视台“发现”节目报道，中国科学家们通过实验进一步发现，人的大脑可以发射出支配人体各种动作的脑电波，这种电波的能量只有5号电池的百万分之一。科学家们还根据不同的脑电波编出控制程序，实现了人的思维控制机器人的行动，小机器人在一个人意识的支配下，可以完成不同的动作。

据英国《自然》杂志报道，美国一名四肢完全瘫痪的患者借助植入脑部的芯片，可以通过思维自如地移动电脑光标、打开电子邮件、调节电视音量甚至活动机械手臂。

科学家已用诸多事实证明：仅运用心念就能完成简单行为已不只是科幻小说中的情节，科学家已经将这一梦想初步变为现实。

其实，人与人之间的差异非常小，但是心念却造成了未来巨大的差异，决定了一个人的命运。根据大自然的构造，人们完全有能力控制进入感官的各种信息和物质力量，所以我们应该运用自己的心念，给自己好的心理暗示，避免消极情绪带来的忧虑。只有这样，我们才能主宰自己的命运，获得幸福的生活。

激发和保持好心念在古书里提到的有三种：那就是“寝上”、“厕上”、“马上”。这“三上”是能够集中意念的最好场所。

“寝上”指的是在卧室的睡床上。睡前和醒后是深入潜意识最好的时间段，所以要充分利用好这段时间对自己进行积极心理暗示。还可以在天花板或床头贴上自己要实现的目标图案、照片或文字，边看边想象。如果写的是文字，那就需要选择优美的语言衷心地表述出来。

“厕上”即在卫生间里。在卫生间可以静下心来进行思考。虽然空间不大，但隐秘性很强，不受干扰，谁都可以在这里待上一段时间。可以在卫生间贴上与成功者相关的图片或文字进行想象，这样也有助于产生灵感。

“马上”指的是在汽车里，现代人尤其是生活在都市里的人们，每天在车内度过的时间达到2~5小时。如果是司机，驾驶时自然不能分神，但作为乘客可以在静静的空间里尽情展开想象的翅膀。当然，司机可以播放录音，内容是一些有暗示内容的音乐或语言。

现代的心念术除了包括“三上”法之外，还有以下几种：

（1）向心法。心里要有大目标，思想要按大目标想，想自己的愿望，大愿望是强体，为国家、为社会多作贡献。这是简要的向心法，只想大目标。

（2）理心法。要尽量地保持一种理智的思想，要保持理智的情绪，不要冲动，不要急躁，不要紧张，要有顺理成章的思想，并调节自己的情绪以使之平稳、镇定。

（3）松心法。要让紧张的情绪松弛下来，要放松，要舒松，要从头到脚地想；全身在放松，从精神状态到肉体关节都在放松。

（4）柔心法。就是要始终想美好的事情，不要想不高兴的事情。

成功学里有一句名言：“一切成就，一切财富，都始于一个心念。”反之，一切失败、一切贫弱，也始于一个心念。因而，只要我们有意识的培养、建立和激发出好心念，我们也就会迎来好的未来！

我们每个人习惯于心理上进行什么样的自我暗示，便决定了自己有什么样的自我意识和心理态度，从而也就导致自己有什么样的行为选择以及精神状态，这就是一个人是否弱与强、贫与富、失败与成功的基本原因。

给未来的自己写信

2009年4月25日，格雷格的电子邮箱里，多了一封特殊的电子邮件。

这是一位极其神秘的写信人。很显然，他清楚地知道格雷格身上所发生的一切——格雷格曾经与一位叫米歇尔的女子有过约会，曾经打算学计算机科学专业……邮件的最后，甚至调侃地写道："还有重要的一点，你还在穿女人的衣服吗?"其实，与别的邮件有着大大的不同。在三年多以前的今天，这封邮件就已经被写信人"寄"了出去。

传递邮件的是一家名叫 Fu-tureMe. org 的网站。据了解，这位神秘的寄信人为此还特别付出了 58 美元的代价。在寄信的时候，他特意选定了"2009 年 4 月 25 日"这个日子，他要提醒格雷格，自己是他最好的朋友，但同时也是他最大的敌人。

如果从现在开始，你将格雷格身边的人一个个调查下去，结果一定让你惊讶不已：因为你根本无法找出有关这位对格雷格了如指掌的神秘寄信人身份的蛛丝马迹。

他是谁？莫非……

正是格雷格本人。

给未来的自己写信正在流行开来。据 Forbes. com 统计，短短一个月间，就收到了超过 140000 封读者写给他们自己的邮件，这些邮件将在 20 年后被"投递"出去。

这个计划，被称作是"E-mail 时间胶囊"。作为一项特殊邮件服务，它是发信人联络未来自己的一次尝试。

2009 年年初，世界第一家"熊猫慢递邮局"在北京正式挂牌营业。他们提供和普通邮局相同的信件投递服务。唯一的区别是，投递的时间由寄信人自己决定，可以是一月后、一年后，也可以是十年后，甚至更久以后。

2009 年年初，中国第一家慢递公司——"熊猫慢递邮局"在北京 798 艺术区正式挂牌营业。"熊猫慢递"将顾客的信件保管在招商银行的保管箱里，在顾客指定的未来某个时间投递到指定地点。这家邮局甚至可以按照顾客要求，将信件投进三亚的大海里。到目前为止，差不多有 1 万封信件在这里被委托邮寄，最久的一封信是从 2009 年保存到 2069 年的一封钻石婚约定。

如今，这类慢递邮局已在青岛、广州等全国多地挂牌营业，受到不少人的青睐。

是什么让人们萌发了给未来的自己写信的念头呢？

中国科学院心理研究所咨询中心咨询师刘泽文认为：“给未来的自己写信的，一定是位有心人。写下对自己未来的期望。可能是十年、二十年之后，无论是事业，还是家庭、生活等各个方面希望自己能够达到什么程度。这是现代人给未来自己写信的一个重要目的。”

心理学上，有一类行为是给自己设置目标，换个词来描述叫做“做出承诺”。给未来的自己写信就属于这种类型。刘泽文分析，与公开承诺不同，这是一种自我承诺；尽管公开承诺往往更不容易改变，但是由于隐私等各种不便公开的原因，人们便会给未来的自己写信，以对自己做出承诺。除了承诺，人们给未来的自己写信的另一个动机，便是评价或者总结，让自己以一种更加成熟的心态来面对和思考问题。给未来自己写信还能使人们产生期待。

“日记、周记、包括时下流行的 BLOG，都是记录一些即时发生的事情，与写信的目的有着明显的不同。这种方式更多地侧重于一种倾诉。”而给自己写的信不是出于倾诉的考虑，哪怕内容上可能会与日记近似。更多的时候，写信人会因此产生一种心理期待，从而促使自己朝着这一目标方向努力，这正是自我承诺的实现。

的确，面对现代社会激烈的职场竞争，还承受着供房和生儿育女的巨大压力，成日为生计奔波的人们，有时会感到空虚和迷茫，给自己写信，就像一种心理按摩，使人们达到记录、宣泄、分享各种情绪的目的，并从中获得自我激励的力量。

现在，让我们回忆一下，5 年前、10 年前的你是什么样？是你的目标、选择、经历、工作、家庭和朋友等造就了现在的你。变化大得让你很吃惊吧？你可以看看有多少事情是像你过去期望的那样，你会开始思考为什么会这样。

那么，请再想象一下，5 年后的你、10 年后的你是什么样？你会有怎样的目标？像自己从前那样贯彻始终还是时时改变？你会在什么地方呢？你会发生怎样的变化呢？你未来想要什么呢？你会怎样去实现你的理想呢？

如果，你理清了思路，就马上拿起纸笔，把这些都写下来吧，记下现在的自己，写下你的目标、期待、憧憬、情感和理想，祝福未来的自己。

给未来的自己写封信，这是你现在的自我激励，也将会是你以后的一种非常有趣的体验，是帮助你实现目标的一种有效的辅助工具。

寻找你的幸运星

幸运星指的是幸福物。幸运物这个词源于拉丁语，它原是用来吟诵的。它也可称为护身符、避邪物或者吉祥物。自有人类开始，它们就被认为是能让你免遭不幸，保护你，带给你好运的东西，一直到现在，这种习俗依然广为流传。

在许多国家，由于栗树生命长久，加上栗子果的触感让人感觉与大自然非常贴近，所以栗树被认为是能带来好运、健康，能使人延年益寿的幸运星。

在中国，幸运星之类的吉祥物也俨然是这样一种“古老的话题，不间断的创造”式的人类文化。比如：龙、凤、寿石、玉佩，等等。

综观世界政坛，许多国家的政要都有自己宠爱的“幸运物”，他们相信这些物件能给自己带来好运，帮自己渡过难关。

每当面临巨大压力时，他总是系上同一条丝绸领带，上面有红、金、白等多色斜条花纹。这就是布莱尔的“幸运”领带，他期望它能帮自己渡过难关。

据格鲁吉亚总统萨卡什维利身边的工作人员介绍，《孙子兵法》对于萨卡什维利来说已经不只是一本书了，简直成了“幸运符”。萨卡什维利在家里和办公室的重要位置都放了一本《孙子兵法》，还在身上揣了一本，一有空就拿出来读。

在2010年南非世界杯上，不少球队的主帅和球员都随身带有一些类似幸运星、吉祥物之类的神秘小物件。别看这些是小玩意儿，作用可不小，能给他们带来额外的精神力量与心理慰藉，激励他们在比赛中取胜。

据英国媒体报道，德国和美国的科学家日前联合进行的一项研究证实，幸运星确实能给人带来好运，不过这并非它本身会释放出什么魔力，而是能给人一种积极的心理暗示，使人们在做事的时候能够取得更好的效果。

德国科学家进行了这样一项实验：在参加高尔夫球比赛的数十名选手中，

其中一半人事先被告知，使用的是在多场比赛中给选手带来好运的幸运球；而另一半人获悉，他们用的只是普通的球。最后的比赛成绩表明，与使用普通球的选手相比，使用幸运球的选手击球入洞率要高出近40%。美国康涅狄格学院心理学家斯图尔特·维斯指出："这些举动确实能让人们把球打得更出色，哪怕只是简单地告诉他们这是幸运球，就足以影响他们技术的发挥。"

通过心理学试验，德国科隆大学的拉桑·达米斯等人发现，人们的幸运物虽然种类繁多，如纪念石、文具、玩具……但作用是一样的。一旦将幸运星取走，人们就会显得焦虑不安，影响记忆力和动作的灵活性。更有趣的是，如果别人说自己手中拿到的东西是幸运星时，感觉会变得更自信，表现也更加出色。

研究证明，幸运星的神奇作用来源于积极的心理暗示。生理学家巴甫洛夫认为，有了心理暗示之后，人的大脑会下意识地接受这种信息，不自觉地鼓励自己往积极的方向发展，形成条件反射，从而达到目标。

因而，我们也可以为自己寻找幸运星，随身带着。在面对工作、学习、比赛、演出、面试等使自己感到紧张的场合，或者想要增强信心的时候，拿出来凝视或者祈祷。虽然不一定百分百奏效，但是这种积极的心理暗示，本身就是一种强大的推动力，能够帮助激发你的潜能和信心。或许，不经意间，这颗幸运星就成为了自己成功的武器。

每个人的观念、信念、爱好等不尽相同，因而幸运星的选择也是因人而异的。需要注意的是：并不是所有的事物都可以成为幸运星。它应该是人在事物所固有的属性和特点的基础上，经过着意的加工，用以表达自己向往和追求吉祥幸福、喜庆欢乐、和谐美满等情感和愿望的事物。

再有，按照传统的说法，大部分幸运星只有在它们被发现，或者是作为礼物被给予或者接受时才能发挥作用。因为幸运并不是买来的，它只能被心怀感激地接受；如果你真的觉得什么东西能给你带来好运，那么你就用一定的方式赠送给别人或接受别人真心的礼物。

另外，科学家也提醒人们注意：虽然幸运星可以起到给人以积极的心理暗示的作用，但是由于人生充满各种偶然事件和不确定性，如果自己不做出实质性的努力，只依赖幸运星带来好运，那只能以失败告终。

运用正面的心理暗示

暗示是指对大脑器官的暗示。“暗示”与“明示”是一对概念。明是明明白白，清清楚楚，从逻辑上可以理解与把握之意。暗则有“暗中”“暗暗地”“暗自”“不知不觉”之意。

暗示包括三种：一是指暗示主体在暗示客体不加拒绝的条件下，对其观念与行为加以引导，使其接受和服从的活动。催眠暗示在医学界已有运用。这种暗示是通过语言、表情、动作进行的。可以在“明中”暗示，也可以在“暗中”暗示。

二是指暗示者与受暗示者统一的暗示，即自我暗示。自己对自己发出“暗中”的指示。我们平时讲的“自我对话”、“暗下决心”、“我在心里对自己说”等都属于这种。

三是指我们在不知不觉之中所接受的外界环境的影响。比如说：经常看美好的事物对孕妇可以产生有利的影响；走进一间浅蓝色的房间里你的心情可以很快镇静下来；在天花板比较低的房间里，人们之间的关系容易亲切起来。这是不知不觉之中，接受了外在事物的影响。

暗示又可分为正面暗示和负面暗示。专家们认为，暗示通过显意识进入潜意识，到达意识的深层部分，在潜意识中有大量暗示的积累与沉淀。它从根本上对人的生命产生着极大的影响、折射和塑造。

有位女士进入冷藏室后，无意中被关在了里面。她顿时极度紧张起来，越想越怕，越怕越冷，最后被“冻”得缩成一团，竟在惊恐中死去。可是，当时冷冻机压根儿就没有打开，冷藏室的温度并没有冷到冻死人的程度。那么，她是怎么被“冻”死的呢？这就是心理暗示、精神作用的结果。因为她老想着“我快要冻死了”、“我快要冻死了”，一遍又一遍地进行负面的心理暗示，结果这种负面暗示直接导致了她被冻死的悲剧。

心理学家普拉诺夫认为，暗示的结果使人的心境、兴趣、情绪、爱好、心愿等方面发生变化，从而又使人的某些生理功能、健康状况、工作能力发生变化。暗示是影响潜意识的一种最有效的方式。它超出人们自身的控制能力，指导着人们的心理、行为。暗示往往会使别人不自觉地按照一定的方式行动，或者不假思索地接受一定的意见和信念。“暗示”的作用还影响人的情绪和意志，经历中出现的不良暗示信息，只有通过暗示才能替换掉。负面的暗示，能够直接导致失败；正面的暗示，也可以有力地帮助人成功。

20世纪80年代末，有一位五十多岁的中学教师姓倪，个子不高，骨瘦如柴，还常年患有哮喘病、关节炎，平素弱不禁风。有一天，学校财会室发生了严重的火灾，他正好去财会室领工资，为使学校财产免受损失，他奋不顾身冲了进去，一看，里面没有人，这位倪老师一把就抱起了保险箱，用力扔出窗外，然后奋力救火。

当大火熄灭以后，他脸色惨白连走路都要别人搀扶。大家都很吃惊，那个保险箱需要四个身强力壮的年轻人才能抬动，而他一个人居然能把保险箱扔出窗外，简直不可思议。后来大家和他开玩笑，让他再搬一次，结果他只能勉强抬起保险箱的一个角。

多年来，科学家们对那些成就非凡的人也做过很多研究，结果表明，他们在关键时刻都能进行积极的自我暗示，都能自己给自己增强信心，因此他们战胜了无数的困难，获得成功。

按照沙德的理论，人的行为方式最初的起点不是别的，正是信息。他阐述说：信息产生信念，信念形成态度，态度制造感觉，感觉决定行动，行动导致结果。

因而我们要养成正面自我暗示的习惯，经常练习，形成条件反射，使我们产生积极的态度，收获良好的结果。

自我暗示是用自己编辑好的语言、句子与潜意识沟通。最好是每天清晨自我暗示一次。因为这段时间是显意识活动比较弱，潜意识最活跃的时候，最容易与潜意识沟通。

另外，我们需要注意6个事项。

（1）句子应该简明有力，不要太长太啰唆。例如：“我很健康”，“我越来越聪明”。不要说：“我要好好锻炼身体，持之以恒，讲究卫生，不看医生，使身体越来越棒。”这样就太啰唆。

（2）句子要很积极，不要从反面说。因为潜意识不喜欢拐弯。例如，“我不要发胖!”就具有反面性，效果不佳。应该说：“我很苗条。”

（3）句子不要模棱两可，要确定。例如，不要说：“或许明年我能学会英语”，“我要争取考出好成绩!”这些句子都是不确定的。应该说：“我一定考出好成绩!”

（4）要有可行性。也就是说，暗示语的选择，必须考虑到是否符合你的实际情况，是否经过努力可以办到。经过努力也办不到的事情，就不要去暗示。例如：“我要当皇帝”，这就属于胡言乱语，不仅历史不允许，人民也不会答应。

（5）要配合具体的想象。自我暗示用语确定下来之后，就充分发挥想象力。闭眼用心去想象你实现了目标时的情景。想象得越具体越鲜明越好。要在脑海里“亲眼”看到你达到目标时的样子，你周围的变化，你已经变成你所憧憬的那个人、那种情景。

（6）要注入情感。调动感情力量，使之参与体验，会使你的想象更加逼真。去体会达到目标时的感受，是高兴、是兴奋、是欢欣还是幸福？是自豪、是成就感还是满足感？要视觉、听觉、味觉、嗅觉、触觉一起调动、参与进去，品尝这丰盛的人生感受。

暗示的力量是非常惊人的。负面的心理暗示，可以将人带向死亡。但是，只要我们经常练习正面的心理暗示，就可以激发出极大潜能、更加自信自强，克服困难走向成功。

自我激励练习

毛泽东16岁时挑着行李与书籍，步行50余里到湘乡县东的高等小学堂读书。临行时，他写了一首诗送给父母：“孩儿立志出乡关，学不成名誓不还。埋骨何须桑梓地，人生无处不青山。”表达了他立志求学，以救国救民为己任的博大心志。

东山学堂的藏书楼很快地成了毛泽东时常光顾的场所。他知道了华盛顿经过8年苦战，建立了独立的美利坚合众国。这件事对他鼓舞很大。一天，他从同学萧子璋那里借到一本《世界英雄豪杰传》，他读后联系到自己祖国内忧外患的政治局势，心情十分激动，积极地对自我激励，更坚定了挽救国家民族危亡的决心和意志。

之后，毛泽东给自己起了个“子任”的名字，即“以天下为己任”的意思。就是说，他决心要以挽救国家民族的危亡作为自己崇高责任。虽然，他在这里只读了半年书，但大大开阔了眼界，增长了知识，树立了强烈的报国之志。他不断地从书籍中汲取营养，每天都积极地进行自我激励。因而始终充满了自信，并具有坚强的意志力。

可以说，毛泽东的伟人之路很大程度上是自我激励铺就的。是自我激励让他能够如此坚韧不拔、如此卓然不凡。

自我激励，简单而言，就是通过自我约束和自我鞭策，使自己能够持续地努力，以实现目标和追求。自我激励能力相对于其他激励能力而言，主要强调“自我”在激励中的作用。一个人要想成功就必须成为有效自我激励的高手。不善利用自我激励的人很难实现自己事业的追求或目标。

据研究，一般人只使用了自己潜能不到10%。通常情况下，人体内蕴藏着的巨大力量都在沉睡着，等待着去激发。在平静的、安逸的日子里，常常感觉不到它，甚至以为自己的能力有限，一辈子都将这样平庸。而自我激励能将体内的潜能激发出来，让人走向成功与辉煌。

自我激励的黄金方法：

(1) 制定明确、有效、可行的目标，进行目标的合理分解，并规定完成日期。很多人之所以缺乏自我激励的动力，是因为他们的目标模糊不清，缺乏吸引力，并遥不可及，从而使自己失去了动力。自我激励要持续发挥作用，就需要将最终目标分解为阶段目标，并将阶段目标分解为每天的目标，使目标变得触手可及，然后，你还需要设定时间表，这样你成功目标的航船才不会搁浅。

(2) 每天检查两次，大声朗读你写下的计划的内容。一次在晚上就寝之前，另一次在早上起床之后——当你朗读的时候，你必看到、感觉到和深信你已经获得了成功！

（3）进行适当的奖励和惩罚。当按照自己的计划完成阶段性的工作任务和目标时，要对自己进行小小的奖励，比如美餐一顿、看一场电影等，以此不断鼓舞自己；而当没有达成预定目标时，则要对自己进行小小的惩罚，比如少买一件衣服等，从而鞭策自己不断朝着最终目标努力。

（4）为自己选择一个竞争对手。竞争的魅力在于能够达到优胜劣汰的效果。想要每天保持激昂的斗志，就从战胜自己的竞争对手开始吧。在不断超越别人的同时，也实现超越自己。

（5）激发对危机和挑战的乐趣。许多人乐于迎接挑战，是因为在危机和挑战中蕴含着机遇。如果把困难看做是对自己的诅咒，就很难在工作中找到动力；如果学会了把握困难带来的机遇，自然会动力陡生。

（6）从你的错误和失败中吸取教训。英国的索冉指出："失败不该成为颓丧、失志的原因，应该成为新鲜的刺激。"唯一避免犯错的方法，就是什么事都不做。"失败为成功之母"，没有失败、没有挫折，就无法成就伟大的事业。

（7）放弃逃避的念头。一位哲人说："在你停止尝试的当儿，那就是你完全失败的时候。"欠缺自信的人，将终日和恐怖结伴为邻。而越是被恐怖的乌云所笼罩，自我肯定的机会也就越是渺茫。有这样一句至理名言："现实中的恐怖，远比不上想象中的恐怖那么可怕。"大多数人在碰到困难时，大都只会考虑到事物的难度，于是也就产生了恐怖感。其实，如果我们一旦实际着手时，往往就会发现，事情比想象中要容易而且顺利多了。

（8）告诉自己：一定要实现目标！大部分人就算确立了目标，也并不坚信自己能够实现，因而缺乏了达成目标的自信心。英国哲学家罗素曾经说过："一般人，往往认定自己办不成，凡事均不抱太大希望。"正是因为他们不寄予希望，所以才不会去选择坚持。不管做什么，始终认真如一、朝向目标奋勇迈进的人，总是占少数。大多数人往往只求投入一半心力，并不积极地全力投入。事实上，这种聚精会神的信念是非常重要的，抱着半途而废的心理，绝不可能产生自信，也绝对不会取得杰出的成就。为了做到这一点，我们可以尝试花一天的时间全力沉浸在工作中。西方有句谚语："唯有贯注于自己的工作才会产生希望。"希望和信心、能力原属同一根源。只要将自己沉浸在工作中，你的心底便会油然而生“只要切实去做，同样也做得到”的自信。

当今社会，到处充满成功的机会，但是成功的人却是少数。不要抱怨你缺少机会，也不要抱怨你没有超人的能力。超人都是自我激励出来的。我们要先想想自己是否有坚定的信心。激励自我是成功的起点，让我们树立坚定的目标，唤醒心中的巨龙吧，让希望的烈火熊熊燃烧，用“我一定要”来激励自己，你就一定能达成这个梦想！

把负面想法转化为机会

诗人卢纶在《塞下曲》中写道：“林暗草惊风，将军夜引弓；平明寻白羽，没在石棱中。”诗中的主人公即是西汉名将，号称飞将军的李广。李广将军曾有一段传奇故事，被称为千古之谜。有一天傍晚，飞将军李广骑马走近一片山林，忽见一只老虎卧在那里，来不及看清，搭弓射箭，一箭射中虎身，老虎却纹丝不动。他走近一看原来是一块带条纹的大石头，可是箭却射入石头，只剩箭尾在外。李广疑惑：“此箭为何能射入石？这块石头难道这么软吗？”再搭弓射石，怎么用力也射不进去了。

想法能不能改变周围的磁场？如果能，人能不能心想事成？目前，世界上许多国家对正面、负面的思想等方面已有所研究，并运用于生活、学习、修炼、诊治疾病、生产、科技军事、农业等多个领域，这种思想方面的应用效果往往超出人们的意料之外。

两种不同的想法，会使我们产生不同的情绪、行为，做出不同的选择。这样，也就带给了我们不同的结果。正面想法可以让你身康体泰、信心倍增、把握机遇，勇敢地行动去获得成功、健康和幸福的生活；而负面想法则会让你排斥、失去很多的机遇。

如果你去研究那些成功人士的生活，你会发现，他们并不是攀居事业的顶峰而一直停留在顶峰之处。在他们的一生中，曾经多次攀上顶峰，又坠落谷底，虽经多次起伏，但他们始终能够将负面想法转化为机会。

机会从来不会降临在有负面想法的人身上。负面的心态是无法激励新的机会、无法创造新产品、无法解决困难、无法获得很积极的成就的。只有与正面想法相伴的人，才足以从事上述各项工作。如果面对所有的挑战你都将负面想法转化一下，那么你就能从中发现很多别人所忽略的机会。

“我应该怎样将负面想法转化为机会呢?”这是一个我从前也曾问过自己很多次的问题。如果你也曾经问过这个问题，那么答案将会让你感到无比的轻松，因为方法很简单。

我们到底应该怎样将负面想法转化为机会呢?

办法是播种积极的想法!

转化负面想法，并不是试图去断绝负面想法。因为这样做时，你就专注在你并不想要的事物上了，你将会吸引大量同样的负面想法。无论你是试图去断绝负面想法还是控制它们或者是推开它们，结果都是一样的。你专注在负面的想法上面，根据吸引力定律，你就是在“邀请”它们来到你的身上。

“大道至简”，真理永远是极其简单的。要将负面想法转为机会，就去播种积极的想法！有意识地去播种积极的想法！

每一天，当你睁开眼，你就开始随时准备在负面想法出来的时候练习——对生活中的所有事物。感恩你的健康、感恩你的家庭、感恩你的工作、感恩你的朋友、感恩帮助和提拔过你的人、感恩你的美餐、感恩你的宠物，感恩你周围的一切，感恩你一天中的所有美好！你的每一次“谢谢你”都是一种积极的想法。如果你播种越来越多的积极想法，那些负面想法就会被转化为机会，使你更能吸引、发现和把握住。因为你已经将想法专注在积极的方面，你所专注的就是你所吸引的。你感恩了美好，于是，美好也受你的邀请而来，它们会积聚得越来越多，机遇自然也就会越来越多。

因而，不要把任何一点注意力放在你的负面想法上，不必担心它们。假如万一有负面的想法，就放任其自流吧，把它们当做一个提示，你现在应该去有意地想更多的正面想法的信号。

你在一天中播种越多的积极想法，你就会将负面想法越迅速地驱逐，你的机会就会越来越多，生活也会越快地彻底转向美好。

调整思维为身心充电

生活中，很多人都戴着无形的枷锁，这枷锁是由经验、偏见、模仿、惯性、盲从和自我设限纵横交织，严密繁复形成的，使我们身心的能量渐渐衰落、干竭。

枷锁的存在来源于思维的阻滞、闭塞、悲观和消极。这些思维往往会导致以下一些情况的出现：

- 得过且过，当一天和尚撞一天钟。
- 容易满足，认为现况已经很完善。
- 怕失败，视失败为耻，怕受到别人的嘲笑。
- 不敢标新立异，怕被认为是出风头。
- 习惯按老规矩或老习惯办事。
- 只愿跟着别人干，不愿自己创新。

显然，这样的情况会造成我们错误的认知，如果我们一条胡同走到黑，我们的人生将被带入灰暗、消沉、禁锢和失败之中去。

要想适应时代的步伐、社会的需要，我们需要学会调整思维，才能给低电量的身心充电，让自己立于不败之地。

1. 调整书本思维

熟读知识是好事，但是如果盲目运用书本知识，一切从书本出发，以书本为纲、脱离实际，这种由书本知识形成的思维定式反而会使你遭到失败。

2. 调整经验思维

我们要有“初生牛犊不怕虎”的精神。初生的牛犊之所以不怕虎，是因为不知老虎为何物，在它脑海里面没有“老虎会吃人”的经验定式。因而见了老虎，它敢于本能地用牛角去顶老虎。而这时有着“牛见了我会逃跑”思维定式的老虎，反倒不知所措，于是落荒而逃。

3. 调整限制思维

你可以先从自身入手，列出“我不能”、“我做不到”等一些想法，再找出你当前所遇到的一些阻碍。找到这些想法后，你先要想一想它们的依据是什么？你会发现你所认为的依据和那些想法之间并没有必然联系，很多条件远不如你的人都做出了大成绩。你没做到并不是你没有能力，而是你认为自己不能的心理定式影响到了你。所以你只需要拿出一点点勇气马上行动，就能改变局面。

4. 调整视觉思维

变换看问题的角度，你会发现有些堵塞在心中的事物，其实也可以很轻易地疏导出去。

5. 调整维度思维

在一块土地上种四棵树，怎样使他们之间的距离都相等？

答案是将其中一棵树种在山顶上。找不到答案的原因是习惯于平面思维，没有建立立体的空间思维习惯，而现代化大都市的交通都是立体思维的产物。

我们对于事物的认识、研究，不要只限于一个方面、一个答案，而一定要从多角度、多方位、多层次、多学科、多手段去考虑，才能不使自己的创造力、活力、动力被扼杀。

6. 调整消极思维

（1）从言行举止开始：不要等到自己有积极的思维再去付诸行动，积极的行动会导致积极的思维，积极的思维会导致积极的人生态度，而态度又将促进行动的力度和持久度。如果一个人从一种消极思维开始，而不是付诸行动，总是等待着感觉或情绪把自己带向行动，那么他永远也成不了积极思维的人。

（2）用信心和激情去感染别人：当你的思维越来越积极，你会逐渐获得一种美满人生的感觉，信心倍增、激情澎湃、朝气蓬勃，人生中的目标感也越来越强烈。这样的人很容易就将别人吸引，因为人们总是喜欢跟积极乐观者在一起。运用别人的这种积极响应来发展积极的关系，同时也帮助别人获得这种积极思维，形成了一个良好的人际网。

（3）重视他人：每一个人心目中最深切的欲望就是感觉到自己的重要性。如果你能注重到别人的这一深层需求，他们就会对自己也对你抱有积极的想法，从而也让你感觉到自己的重要性。多数情况下，你如何待人，别人就会如何待你。

(4) 发现他人的优点：发现他人的优点和赞美他人都可以起到相似的作用。如果你总是去寻找别人身上最好的东西，就会让你对他人留有美好的印象，促进自我的学习。同时，也会使他们对自己有良好感觉，促使他们成长，努力做到最好。

(5) 寻找更佳的新观念：时刻寻找更佳的新观念。这些新观念能更大地开发人成功的潜能。在寻找的过程中，积极思维者从不会轻易放弃，因为他知道新观念对他来说意味着价值和财富。

调整思维，就是开阔思维的疆土、改良思维的土壤，播撒成功之种、种植幸福之树，我们的身心在这样肥沃的资源中，一定会电力十足、动能无限！

第七堂课

让压力在指尖溜走——放手压力，重新寻找快乐

长时间处于压力之下，人体内部的内分泌和神经系统所出现的变化就会对我们自身造成巨大的伤害。按摩、放松法、减压术等都是消除疲劳、恢复精力、放松身心的重要手段,因其操作简单、效果明显，而广泛应用到医疗、体育等领域。

想象放松法

世界花样滑冰冠军茹贝尔说：“想象是灵魂的眼睛。”“想象力比知识更重要”，这是大科学家爱因斯坦的一句名言。可见，想象的力量是极其巨大的。想象是科学的源泉，也是医学理疗的常用方法。

通过想象来改善挫折引起的精神压力和不良情绪，是很见效的。一些经验丰富的治疗师在对患者治疗时会自觉不自觉地使用这种简单易行又有良好效果的疗法。有学者认为，这种疗法之所以能产生良好的疗效，其真正原因是它能让人从使用左脑看问题转入用右脑看问题，也就是说，使人由“左脑状态”转入“右脑状态”。这种解释是有科学依据的。一般来说，当人处在紧张状态时也是处在关注自我状态，也是自我意识最强烈的状态，这种状态正好是“左脑状态”。“左脑状态”容易诱发沮丧、紧张、焦虑、抑郁等不良情绪。而“右脑状态”则完全不同，它是拆除自我疆界、突破自我限制的状态。在“右脑状态”中，人通常是放松的、快乐的、积极的。

通过以下几种方法，你可以将想象运用得得心应手。长此以往，不仅改善情绪，还能够开发潜能、增强形象思维力和感受力。

1. 张弛想象法

闭眼，专注关注身体或心理的紧张点，稍停。把你体验到的紧张、焦虑或痛苦想象成一块粗糙的冰团，稍停。将松弛想象成慢慢融化冰块的太阳，让这两样东西相互作用，使紧张消除。

2. 排除想象法

闭眼，关注身体或心理的紧张点，稍停。把你体验到的紧张、焦虑或痛苦想象成灰色或者黑色，稍停。将松弛想象成水晶白色或青草绿色，将第一种色调彻底清除，第一种色调远去而完全消逝。

3. 沉轻想象法

想象自己睡在床上，四肢很像是用混凝土做的，很沉很重，好像沉到床里面去了。然后想象自己的身体是由几个胶皮气球做的。从腿到手逐个打开阀门，空气全部跑出去了。四脚都瘪了。全身变得非常的轻，一阵微风刮来，自己飘上了云彩，被温暖的阳光柔柔地簇拥着。云絮在腰间、在脚踝缭绕，然后散去。风儿轻轻吹来，将所有的烦恼和忧虑全部吹走，无影无踪。

4. 弃石想象法

想象自己正在风景优美的山路上，想象你离开住处，离开日常的琐碎和快速的生活节奏，你穿过山谷，走上了蜿蜒的道路。在这条道路上你找到了一处歇脚的地方，在这歇脚的地方你花时间检查一下你生活中的所有紧张和压力。这些紧张和压力，就像你贴胸口袋里的一块块的小石头，你端详了它们一会儿，就把它们丢在小径上。继续上路直到到达山顶、环视一下山顶，你发现了一处吸引人的、舒适的地方。你坐下，慢慢地放松。你现在感到完全松弛了、用三到五分钟体验一下完全松弛的感觉。

5. 回忆想象法

闭眼，搜索记忆中最快乐的情景。无论是什么样的人，都会有曾经快乐的时候。找出那份情景，想象那时那地的细微情节，想象眼里耳里的温馨感受，重新赋予它温度。

6. 风景想象法

想象繁星满天的宁静夜晚，星光融入全身的皮肤、肌肉、骨骼、血液，激发了你巨大的潜能，你变得无比强大、自信、坚定、智慧，你能将一切困难打败，你被一切幸福萦绕。此外，还可以想象草原、草地、海滩、森林、高原、天空、云彩、河流、田野等。

7. 追忆想象法

闭眼，回到这一天的开头，回想起床时的情景，感觉怎样？稍停，对自己说："让那些思想感情消逝吧；让那个时刻流逝吧；这是过去，我现在不能改变。"然后逐一回忆早上、下午、晚上各段时间自己的感受，如果有紧张和压力，对自己说："让那些感受消逝吧！"

温馨建议：

（1）想象领域是极大开阔空间的，不应拘泥，以自己感到自由、舒适、放松为准。

（2）想象要有细节，要逼真具体，不宜抽象。要有感情参与，要积极，不要被动和消极，否则不会产生放松的效果。

（3）要充分调动感官功能，想象时犹如身临其境、亲眼所见、亲耳所闻、肌肤所感。

（4）当想象结束后，可将自己喜欢的一种宁静的景象在纸上写出来，以强化它的真实性。第二次想象时，可以以第一次想象的景象为背景，但其中的内容和细节可以做修改。

想象放松法不仅能改善恐惧障碍、焦虑障碍、某些失眠症、恐慌症、社交恐惧症，而且可导引病气、邪气外出，是一种能够帮助辅疗各种自身功能性疾病的治疗方法。

现在开始，让想象常伴我们左右吧。我们会在想象中得以放松，在放松的想象中得以增添信心和提高能力，一路走，一路遇见人生的美好。

减压延寿术

人是一个有机的整体，人体的各个部位如颜面、五官九窍、四肢躯干等皆是这个整体的一部分。局部和整体密不可分。只有人身体的各部分功能都正常，人身体才会健康。人身上任何一个局部出现问题，功能出现故障必然会影响到整体功能，必然会影响到人的健康，因此，我们对各个部位的保健也不可忽略。

《易·坤卦》曰："美在其中而畅于四支。"指的是四肢健康人才能健康，换句话说，就是只有各局部健康，才能人体健康。在这里，我们是通过对各个部位的一些运动，达到减压延寿的目的。

1. 干浴头

两手掌心按住前额，稍用力向下擦到下颚，再翻向头后两耳上方，轻轻擦过头顶，回到前额；此为一回合，擦 15 回合。然后，用十指肚或指甲均匀地轻揉整个头部的发根 20 次。然后，再用两拇指由太阳穴附近向头上部捋；捋至头顶后，即五指并拢向下捋，捋到顶部。此为一回合，捋 15 次，能调和百脉，使气血不衰，面色红润，减少皱纹。

2. 叩攒竹

用拇指弯曲的突出部左右交替叩击双侧攒竹穴（位于眉头陷中），也可用指压，每穴 15～20 次，用力以微感不适为度。有助于帮助消除额痛、眼胀、恢复视力疲劳等。

3. 旋眼睛

端坐，两眼向左看，再向右看，此为一回合，练 5 回合。向上看，再向下看，练5 回合。顺时针旋转5 次，然后向前注视片刻；再向右旋转5 次，前视片刻。对保护视力极有好处。

4. 点睛明

以两食指分别点按双侧睛明穴（眼内角内上方 0.1 寸）15～30 秒，以微感不适为度，有益缓解目赤肿痛、近视、夜盲、结膜炎、眼睛疲劳、眼部疾病等症。

5. 按太阳穴

用两手食指端分别压在双侧太阳穴上（眉梢与眼外角之间，向后约一横指的凹陷处）旋转，顺逆时针各揉按 10～15 次。有效止住头痛、齿痛、面痛，防治目疾，提神醒脑。

6. 叩牙齿

口轻闭，上下牙齿相互轻叩 40 次。按摩牙龈，防止牙齿松动脱落，促进消化功能，保护口腔。

7. 鼓漱口

闭口咬牙，口内如含物，用两腮和舌做漱口动作，漱口 40 次。漱口时，口内多生津液。等津液满口时，再分三次慢慢下咽。有清洁牙齿及口腔黏膜、增强口腔自洁的作用，提高牙齿的抗病能力，长期坚持还可防治口唇炎。

8. 磨鼻背

两拇指微屈，用拇指背沿鼻梁骨两侧上下往复擦 20 次（上擦到眼下部，下擦到鼻孔侧）。冬天或天气较冷时可增加 30 次。防咳嗽感冒、避免伤风、通鼻开窍、防治鼻炎。

9. 干洗面

两手十指并拢，由下巴向额头干洗脸 20～30 次。可去乏醒脑、活血降压。

10. 干梳头

两手指尖接触头皮，从额头到枕后，从头顶到颞侧进行梳头，以头部有热感为度。梳头时速度和力度要适中，最好要梳遍全头。经常干梳头，不但能够治疗神经衰弱、头晕、偏头痛等，还有助于改善发质、止痛降压、延缓衰老的作用。

11. 鸣天鼓

两手掌心紧按两耳孔，两手中三指轻击后枕部 10 次，然后掌心掩按耳孔，手指轻按后枕部不动，再突然抬离，接连开闭放响 10 次，最后两食指插入耳孔内转动 3 次，再突然放开。这样算做 1 次，共做 3 ~ 5 次。有醒脑、增强记忆、强化听力、预防耳病的作用。

12. 捶两肩

左右手握空拳，在对侧上肢从肩到手腕捶打共 20 ~ 30 次。有通经活络、灵活关节、防止关节炎、缓解手臂酸痛等作用。

13. 抓肩肌

以右手拇指、食指、中指配合捏起左肩肌，左手则捏起右肩肌，交叉进行，各 10 次，有松肩解压、去乏除疲等作用。

14. 甩双手

两臂自然下垂，向前向后甩臂 30 ~ 50 次，再甩双手 30 ~ 50 次。可放松肩、臂、腕、指关节、通畅气血、增强手臂功能。

15. 顶十指

两手掌心相对，左右手指用力相顶共 20 次。有活动指关节、健脑、防止老年痴呆症等作用。

16. 捏虎口

以右手拇、食指捏左手虎口，再以左手拇、食指捏右手虎口，各 20 次。有益于面部诸疾、五官科疾病、上肢疼痛、麻木、手指痉挛等症的辅疗。

17. 豁胸廓

两手微张五指，分别放于胸前两旁的胸壁上，手指端沿肋间隙从内向外滑动，重复 10 ~ 15 次。有开胸通络、理气化痰、止咳止喘等作用。

18. 搓腰眼

两手紧按腰眼（位于腰部第4腰椎棘突下，旁开约3.5寸凹陷中），用力向下搓到骶尾部，左右手一上一下同时进行，共30次。有壮腰强肾、防治腰痛的作用。

19. 揉腹部

左手按在腹部，手心对着肚脐，右手叠放在左手上。先按顺时针方向绕脐揉腹50次，再逆时针方向按揉50次。交换双手位置，顺时针揉50次，反方向再揉50次。

20. 揉腓肠

以两手掌挟紧一侧小腿肚旋转揉动，每侧30次，有放松肌肉、通经活络、疏通气血，加强肌力的作用。

21. 搓脚心

取坐位，两脚分开，将一条腿屈膝抬起，放在另一条腿上（或放在床边）。将两手搓热，用一只手握住脚趾，另一只手对准涌泉穴（位于足前部凹陷处第2、3趾趾缝纹头端与足跟连线的前1/3处）来回往复地推搓（左脚用右手搓，右脚用左手搓），每只脚可搓100次左右，直至脚心发红发热为止。有补益肾气、强壮身体、疏通经络、调和气血、滋阴降火、镇静安神之功效。

一分钟面部润颜

健康专家告诉我们：人体的某一局部，如果长期坚持科学的锻炼，日久天长可以加速血液循环，促进新陈代谢，从而延缓该部位各种器官的老化。

一分钟面部润颜是借由小动作来刺激脸部的组织、肌肉、神经和经络，促进血液和淋巴的循环，提高新陈代谢的速度。闲暇时、忙碌时、疲惫时、焦躁时，练习一小会儿的面部润颜法，不仅可以宁神醒脑，解压去疲，久之，面颜还能自然地由内到外散发出青春活力、靓丽神采。

1. 点拍活血法

用十手指尖腹的力量快速轻点拍脸部肌肤，由下往上，每次持续50下。

益处：有助于消除肌肉疲劳，加速血液循环，促进新陈代谢。

2. 舒展眉间法

用中指和无名指的指腹按住眉两边的相应穴位，再一起向内侧推揉，一边按，一边揉，做小圆圈运动，默数到 10，放松，再按摩，重复 5 次。

用拇指压紧两边的太阳穴，将其他手指并拢放在前额上面，平稳地压住，此时可试着先将前额向上面的发际牵拉，然后再向两眼部位牵拉。每一部位可保持 10 秒钟，反复进行 5 次。

益处：去乏解压，止痛消疲，激发活力。

温馨提示：这两个动作主要针对眼眶周围的肌肉，练习时要目不斜视，否则容易诱发鱼尾纹。

3. 眼轮活力法

眼睛直盯着前方，下眼皮慢慢地往上提起，让眼轮肌得到有意识的活动，保持眼睛没有完全闭上的状态（眯眼）5 秒钟，慢慢恢复到刚开始的状态。

益处：明目提神，集中注意力。

4. 消除鱼尾纹法

保持微笑，用一根手指按住此时你眼角出现的鱼尾纹，然后反向推动下眼睑肌肉，重复 20 次。

益处：可以通过反向运动下眼睑，从而达到消除鱼尾纹的效果。

5. 耸撇鼻翼法

把唇轻轻张开。在眉毛不动的情况下，在 5 秒钟内上耸鼻翼，保持 5 秒钟；慢慢恢复到自然状态，把唇合上；在 5 秒内嘴向下撇，把鼻下部分往下拉，保持 5 秒钟；慢慢恢复到自然状态。

益处：醒鼻通气，舒缓压力，增强思维能力。

6. 挺鼻摩穴法

两手掌摩擦 36 次，使之生热。吸气，两手食指放在鼻孔两翼的迎香穴位。呼气，两手食指沿着鼻子两侧向上移动。吸气，手指下降，到迎香穴时，手指强压 6 秒钟。同时呼气，呼气后马上松开手指。如此反复，共做 6 次。

益处：放松鼻部，使嗅觉敏感，对鼻炎有辅助疗效。

7. 除法令纹法

做漱口状鼓张两面颊、舌头在口内移动并推抵两颊。每个动作连续做 5

遍，每天做 4 次。

益处：可预防法令纹产生，已出现法令纹者，持续做 30 天可见益处。

8. 紧致双颊法

在双颊及腮额线，将脸部肌肤，以指腹由下往上提 30 下。

益处：延缓衰老，美颜润颊。

9. 唇角上提法

双唇轻轻合在一起，两端慢慢向上提起；左口角恢复到自然状态，右口角在 5 秒钟内斜着向上提起。保持 5 秒钟，同时闭上眼睛。最后恢复到自然表情。

益处：锻炼面部肌肉。

10. 吻退嘴纹法

卷起双唇，反复、持续做飞吻动作。

益处：去除嘴纹，防止唇部松弛。

11. 提升下巴法

将四指置于下颌下方，紧贴下巴和颈部肌肉。用双手的拇指将下巴的肌肉用力向两边尽可能远地推升，感受下巴的肌肉被拉紧。放松，手指轻轻回归到原位，然后再次做提升。

益处：消除难看的双下巴，增加面部肌肉的平滑及皮肤组织的弹力。

温馨提示：动作交替的瞬间，建议做一个深呼吸，在一收一放、一紧一松之间，促进下颌肌肉的紧实。

12. 除纹养肤法

两手掌摩擦 36 次，产生热感。除拇指外的其余四指在嘴角旁相向对齐，然后轻柔地沿脸颊上下做 36 次摩擦。手指移到上方时呼气，下降时吸气。用食指、中指、无名指三对手指来按压眼尾部位。呼气时强压 6 秒，放开时吸气，反复做 6 次。

益处：加速血液循环，美化脸部线条，润肤养颜，放松神经，激发活力。

13. 伸展脸肌法

将嘴巴最大限度地张合，带动脸上全部肌肉以至头皮，进行有节奏的运动，持续 50 次。

（1）说：巴——呜 10 次；

（2）说：趴——呜10次；

（3）说：妈——呜10次；

（4）说：搭——呜10次；

（5）说：啦——呜10次。

益处：醒脑提神、行气活血，延缓脸部各种组织器官的老化；加速面部血液循环，给皮肤补充养分，并帮助消除面颊和眼角的小皱纹。

14. 淋巴循环法

用双手的食指和拇指以画小圈的方式从下巴开始逐渐揉捏至面颊，再从面颊揉捏至耳垂处，反复揉捏3遍。将中指和无名指放在眼眶处，从眼角向眼尾的方向轻轻按揉皮肤，再顺势向上按揉至太阳穴，反复按摩3遍。将双手的手心放在额头，轻轻推向两侧的太阳穴，在该穴处按压5秒，再从耳前往下按揉，一直按揉至脖颈处。然后从脖颈开始，沿着肩膀一直按揉至锁骨处，反复按揉3遍。

益处：放松神经，促进脸部和肩颈处淋巴液循环。

按摩放松七部曲

按摩是消除疲劳、恢复精力、放松身心的重要手段，因其操作简单、效果明显，而广泛应用到医疗、体育等领域。以下的按摩放松七部曲，通过对穴位的有效刺激，不仅能够显著地让我们得到放松，还能够对症辅疗一些困扰我们的病症。

按法：用指腹、掌根腹由轻到重缓慢按压在穴位上，或顺时针方向向体内按揉，再由重到轻地缓慢松手。

- 按压着力部位不可移动，用力方向要与体表垂直，宜由轻渐重。
- 以到达酸、胀、热、麻感觉为度。

摩法：用指腹、手掌摩。肘关节要微屈，腕关节要放松，指掌关节自然伸直，腕部要连同前臂在皮肤上以环旋手法抚摸。

- 用力不可太重，宜轻柔、有节奏。
- 以感到舒服为原则。

1. 补肺益肾按摩曲——列缺穴

（1）找穴：两手虎口交叉相握，这时左手食指是在右腕的背部，食指尖下就是列缺穴。此穴位于三经交会处，因此不仅对肺经，对大肠经和任脉的经气也都具有调节作用。

（2）益处：按摩列缺穴对于肾阴不足引起的糖尿病、耳鸣、眼睛干涩等症有很好的调节作用。很多时候，我们会因为偶感风寒而引起难以名状的头痛，也可以通过按揉列缺穴缓解。

（3）按摩法：摩法。

2. 散热去痛按摩曲——尺泽穴

（1）找穴：尺泽穴位于手臂肘部，取穴时先将手臂上举，在手臂内侧中央处有粗腱，腱的外侧即是此穴（或在肘横纹中，肱二头肌桡侧凹陷处）。该穴上方3~4厘米处用手强压会感到疼痛处，就是“上尺泽穴”。

（2）益处：有益清宣肺气，泻火降逆。可用于胸胁胀满、咳嗽、哮喘、咯血、鼻衄、咽喉肿痛、腹痛、吐泻、小儿惊风、上肢瘫痪、肘臂挛痛等症的理疗。此外，因为尺泽穴接近肱二头肌的肌腱，而肱二头肌作用是屈肘，因此此穴也能够缓解和治疗肘关节的痉挛。

（3）按摩法：按法。

3. 保健心脏按摩曲——内关穴

（1）找穴：伸开手臂，掌心向上。就位于前臂掌侧，从近手腕之横皱纹的中央，往上约三指宽的中央。

（2）益处：有益孕吐、晕车、手臂疼痛、头痛、眼睛充血、恶心想吐、胸肋痛、上腹痛、心绞痛、月经痛、呃逆、腹泻、精神异常等症的理疗。该穴为人体手厥阴心包经上的重要穴道之一，是多种疾病按摩治疗时的首选穴。

（3）按摩法：摩法。

4. 香眠静心按摩曲——神门穴

（1）取穴：仰掌的取穴姿势，神门穴位于手腕部位，手腕关节手掌侧，尺侧腕屈肌腱的桡侧凹陷处。

（2）益处：有益于理疗胸痛、便秘、焦躁、心悸、失眠、食欲不振等疾病。

（3）按摩法：摩法。

温馨提示：力量不需要太大，并且不必追求酸胀感。

5. 健肠理胃按摩曲——天枢穴

（1）取穴：天枢穴位于人体中腹部，左右各有一穴，肚脐向左右三指宽处。

（2）益处：天枢为大肠经气血的主要来源之处，是大肠的“募穴”。所谓募穴就是集中了五脏六腑之气的胸腹部穴位。与脏腑是“近邻”，所以内外的病邪侵犯，天枢都会出现异常反应，起着脏腑疾病“信号灯”的作用。主治便秘、腹胀、腹泻、脐周围痛、腹水、肠麻痹、消化不良、恶心想吐等症。

（3）按摩法：按法。力度稍大，以产生酸胀感为佳。

6. 除痛解乏按摩曲——委中穴

（1）取穴：屈腿时，膝关节后侧也就是窝的位置出现横纹，而横纹的中点处即是委中穴。针灸的“四总穴歌”里常提到“腰背委中求”，可见，委中是治疗腰背病症的要穴。

（2）益处：主治坐骨神经痛、小腿疲劳、肚子疼痛、脖子酸痛、腰部疼痛或疲劳、臀部疼痛、膝盖疼痛等症。

（3）按摩法：采取点按的方法，一点一放，同时与腿部的屈伸相配合。这样做不仅可以治腰痛，还能有效解除腿部的酸麻和疼痛，对一些下肢疾病都有很好的保健护理作用。

7. 补血养肝按摩曲——血海穴

（1）取穴：血海穴位于大腿内侧，从膝盖骨内侧的上角，上面约三指宽筋肉的沟，一按就感觉到痛的地方，就是“血海”的穴位。

（2）益处：能祛淤血，促生新血，并且帮助理疗生理不顺、膝盖疼痛、更年期障碍（更年期综合征）、生理痛等症。

（3）按摩法：按法。

学习柔软的智慧

美国电视台的一个栏目组在白雪皑皑的阿尔卑斯山拍摄一部风景片，在一片苍茫的原始森林中到处都是白雪，因为高原气候只有两种树木才能生存下来，一种是高大的美洲杉，一种是雪松。

但是令电视台栏目组记者奇怪的一件事是，在这片原始森林中，所有高大伟岸的美洲杉棵棵都没有顶梢，它们的顶梢像被一只巨大的手生生折断一样，在每一棵美洲杉的顶端都残留着断口。

为什么美洲杉的顶梢会被折断，而这些更高的雪松却安然无恙呢？百思不得其解的电视台栏目组带着这个疑问回到了国内，电视台的记者向美国著名的植物学家请教了这个问题。

“是因为它们本身的柔韧性。”植物学家解释道，“美洲杉没有柔韧性，当风暴来临的时候，僵硬的美洲杉顶梢的每一根树枝都承受着巨大的重量，所以顶梢就很容易被风暴折断了，而雪松就不同了。雪松的树枝具有良好的柔韧性，风暴来临的时候，枝条随着风向飞舞，丝毫没有承受巨大的风力，风暴被它们的柔韧性化解了，所以再大的风暴对这些雪松来说都是不足为惧的。”

植物学家的话让大家恍然大悟，原来是这样，原来是柔软使雪松抖落了生命中的风暴，保持了生命中的安然。

“法无定法”，世间万般规则都需要因地制宜、因时而异，不应当绝对化。否则，拘泥于某一点、僵守于某一域往往会导致严重的后果。一味刚硬如美洲杉，则失之适应环境的能力；有时候我们要学习雪松的柔软智慧，柔软不是软弱，虽柔软却韧性十足，于是能更挺拔的生存，更长久的屹立。

自古以来，“柔情似水”、“柔情侠骨”、“以柔克刚”、“以柔制刚”、“柔而不犯”等词汇都盛赞着柔软的力量。柔软如水，是最有力量，也是最恒常的。

《老子·六十六章》云：“江海所以能为百谷之王者，以其善下之，故能为百谷之王。”老子又云：“是以欲上民，必以言下之；欲先民，必以身后之。”劝告那些欲想居人之上者，应该首先学会居人之下。道家两句彼此之间构成的精神性隐喻的共通点在于：柔而能容，柔而能成。

柔软，是凌厉的目的性的和缓包容，是柔而能强的力量的内敛，是外在的行止与内在的原则充满和谐的统一。《老子》：“人之生也柔弱，其死也坚强。草木之生也柔弱，其死也枯槁。故坚强者，死之徒；柔弱者，生之徒。是以兵强则灭，木强则折。”世间万物，当他处于柔弱，就充满了生机，就不可战胜与占有。柔弱似水则一面是温和，另一面则是摧枯拉朽。柔软以无形之态任你横来竖往，百般调弄，形改而神不变。

孔子曰：“夫水者，启子比德焉。遍予而无私，似德；所及者生，似仁；其流卑下，句倨皆循其理，似义；浅者流行，深者不测，似智；其赴百仞之谷不疑，似勇；绵弱而微达，似察；受恶不让，似包；蒙不清以入，鲜洁以出，似善化；至量必平，似正；盈不求概，似度；其万折必东，似意。是以君子见大水必观焉尔也。”儒家“水”的意义涵盖了“德、义、道、勇、法、正、察、教、志”，从一而生百，以少而喻多，“水”，意味着柔软修身的大德行和自我实现的大智慧。

因着柔软的心，我们会比草原更绿，比海洋更广；因着柔软的心，我们比天空更无边，比云更自在。

一颗柔软的心，能包容世间万物；一颗柔软的心，能无视贵贱贫富。它是大悲心的新芽，它是菩提心的善种。它会让我们在某一个不经意的时刻，被某一件细小的事情触动心中最柔软的情愫，然后不断地扩散、积聚，直至在凡尘俗世里开出生动摇曳的花来。

试着让自己柔软一点，再柔软一点吧。我们会看到天高云淡，而我们轻松畅快、淡定从容。我们会发现无论顺境逆境，都值得感恩；无论日升日落，都体会得到事物的美好。生命与灵魂的质量在随喜中丰厚，我们幸福地徜徉在那心所神往的爱和美的故乡。

是的，学会了柔软智慧的你——最温和也最有力量，最可塑也最恒常。

消除心理疲劳

人们通常把疲劳分为两种：生理疲劳和心理疲劳。生理疲劳主要针对体力劳动而言，它的表现为肌肉酸痛、疲倦、无力等。心理疲劳主要针对脑力劳动而言，它的主要表现为心情烦躁、精神涣散、思维不敏捷、反应迟钝等。

美国心理学家布列尔说：“一个普通坐着工作的人，如果健康状况良好的话，那他的疲劳百分之百来自心理因素或者说是情绪的影响。”这也就是指“心理疲劳”。

一般情况下，生理疲劳容易发现，并可以通过即时改变体力劳动的强度，改善劳动环境，注意劳逸结合和其他卫生要求等进行预防和改善。

但是，由于心理状态变化的隐秘性，人们常常忽视心理疲劳。因而心理疲劳已成为近半个世纪以来致病的主要因素之一。在心理疲劳时，如果没有及时进行放松、休息、调整和恢复，长此以往，心理疲劳会严重地影响到心理健康，使人心情压抑、百无聊赖、心烦意乱、精疲力竭，甚至出现神经衰弱症状，从而引发其他心理性疾病。

1. 心理疲劳的主要症状

（1）清晨起床后，感到全身无力，四肢沉重，心情不好，甚至连话也不愿意说。

（2）学习、工作不起劲，什么都懒得去做，工作失误多，效率也不高。

（3）容易感情冲动，神经过敏，因一点小事不顺心也会大动肝火。

（4）眼睛容易疲劳，视力迟钝，全身不适，出现怕光、眩晕、头重、头痛、背酸、恶心等症状。

（5）乏困，可是躺在床上又睡不着。

（6）食欲差，挑食，口味变化快。

（7）记忆力减退。

专家认为，引起心理疲劳的原因主要是精神因素的刺激，其中沮丧和焦虑又是罪魁祸首。比如因工作压力大、事业不顺、人际关系紧张、家庭矛盾、意外事故、自然灾害等造成的消极心理。如果这些情感矛盾得不到及时解决，压抑在内心深处，那么心理的疲劳就会像一把看不见的刀，悄无声息地屠杀着人们的工作效率、幸福感和生命力。因而，在发现自己心理疲劳时，一定要及时进行调适。

2. 有效消除心理疲劳的方法

下面的这些方法颇值得一试。

（1）科学安排作息时间，保证充足的睡眠，严格执行自己制订的作息制度，使生活、学习、工作都能有规律地进行。

（2）合理地摄入足够的营养，讲究科学的进食方法，注意营养的丰富性和食物搭配的合理性。

（3）适当地加强体育锻炼，形成习惯，并做到持之以恒。

（4）转移自己的情感。情感转移，会淡化悲伤或愤怒等情绪，让其合理地发泄出来，不会长期压抑在心头，找最敬重最信任的人谈一谈，把内心的冲突和忧伤清理出来，一吐为快，会使心理得到平衡。

（5）升华精神世界。把自己原始的需要、动机和欲望，投射到文学、艺术、体育、科技中去，抛开各种烦恼和杂念，执著地去追求高目标。

（6）积极利用业余闲暇时间。从事感兴趣的业余爱好，使精神得到放松，烦恼和忧愁得到消除，有利于增强信心，增进心理健康。

（7）独自安安静静地待上一个上午。建议你不妨到图书馆借些有美丽图片的旅游书籍、影片或幻灯片，然后选一个幽静的地方，一边欣赏，一边品尝香浓的饮料，享受一段清静的时光。

（8）正确评价自己，永远保持一颗平常心，不要与自己过不去，把目标定得过高，凡事量力而行，并随时调整目标。

（9）平时把生活安排得丰富多彩，避免千篇一律。

（10）学会放松法，善于从紧张状态中解脱出来。

（11）多交益友。交朋友同人们需要空气、阳光、食物一样重要。交到益友不仅能进行思想感情的交流、转移思维、放松神经，而且会因朋友的存在而使你增强信心。朋友之间还要多往来，多交流。

（12）与朋友相约出游，或是爬山或是赏景，或好好地逛逛街、吃顿美味。

（13）学会幽默。幽默能使紧张沉闷的环境变得轻松活泼，能使自己的生活变得丰富多彩，便于与人沟通交流。但是，幽默不是与生俱来的，需要在生活中学习、培养。

（14）宽宏大量、不拘小节。据报道，人群中有73.62%的不愉快是由人际关系处理不当造成的，其中的绝大多数又是日常生活中一些鸡毛蒜皮的小事。因此，不计较细小得失，小事面前难得糊涂，以宽广的胸怀拥抱社会，拥抱生活，以平常、真诚的心态对待周围的人和事是非常重要的。

（15）多舍少求、乐善好施。俗话说："知足者常乐。"老是抱怨自己吃亏的人是没有快乐可言的，而多奉献少索取、乐善好施的人总是心胸坦荡，笑口常开。

（16）让生活多一些变换。不妨开动脑筋，变换一下生活的方式，如买本菜谱，尝试着做一些新鲜的菜肴，或是找点理由，偶尔全家人来一顿团圆饭。

（17）心理学家研究发现，"胡思乱想"有助于消除工作、生活中的紧张疲劳，起到放松身心的作用。

（18）如自己一直被不良情绪所困扰，并无法消除，可去心理门诊咨询，请心理专家给予心理指导或治疗。

呼吸新体验

什么事物人体一刻不能离开，却又不被人自觉感知呢？答案就是呼吸。

生与死的区别，只在于一呼一吸之间。呼吸意味着生命力的存在，呼吸停止，生命的活动也停止了。呼吸系统的健康是保护生命活动的起点，任何疾病的存在，都与呼吸系统息息相关。人类的早衰也通常就从呼吸系统的损害开始。呼吸系统的功能就是从大气摄取氧气，使肺泡气与血液之间进行交换。通过弥散，氧进入血液，血液中的二氧化碳则弥散入肺泡并随呼吸运动排出体外，来维持人体新陈代谢和其他机能活动。

生命活动需要能量的供应来维持，能量的主要来源须由营养物质在体内氧化而产生。这个过程需要呼吸摄取氧气来参与进行。氧的代谢和运动能力的大小主要取决于通气、肺换气、组织换气等环节。可以说，提高机体获取氧气的效率，也相应地提高了健康水平，提高效率的前提是掌握好正确的呼吸方法。但是在生活中，人们惯用的呼吸大都是无意识的呼吸，这种未经意识调整的呼吸通常是处于不完全的半呼吸状态，并不属于健康的呼吸方式，有时还易引发各种生理、心理不适。那么呼吸究竟是什么样的过程呢？

1. 半呼吸过程

（1）将双手一上一下各放于胸腹，自然呼吸。吸气时胸、腹扩张，呼气时落下。双手感觉到腹部比胸部起伏明显，呼吸频率每分钟 12 ~ 18 次。

（2）如果吸气时胸和腹收缩，呼气时胸和腹鼓张，说明与正确呼吸方法相反。

（3）如果放在胸部的手比放在腹部的手起伏明显，或者放在腹部的手几乎静止不动，说明呼吸过于浅短。这种呼吸方法除极少数运动对换气有特殊要求而采用外，一般不用，被认为属于半呼吸状态，也是一种不健康的呼吸方式。

那么究竟怎样的呼吸方法才是正确又高效的呢？这是一种将胸式呼吸和腹式呼吸相结合的呼吸法，也称胸腹式呼吸（健康新呼吸）。为了让我们更好掌握这种呼吸，我们先来看看胸式呼吸和腹式呼吸。

胸式呼吸：单手放在胸部，吸气时腹部保持不动，胸部和两肋扩张，横隔膜上提，手随之升起；呼气时，胸部下落，两肋收缩，横隔膜下降，手随之低沉。

腹式呼吸：单手放在腹部，吸气时胸部保持不动，腹部扩张，横隔膜下降，手随之升起；呼气时，腹部向后背内收，横隔膜上提，手随之低沉。

生活中，常见的是胸式呼吸，我们需要先练习会腹式呼吸，静心体会深呼吸感，然后就可以练习完全式呼吸了。

2. 完全式呼吸

（1）先把双手一上一下分别放于胸部和腹部，深吸气，首先将空气充盈腹部，放在腹部的手随着腹部的扩张而升起，继续吸气，感觉空气充满胸部下方，吸到双肺的最大容量时，放在胸部的手随着胸上部的扩张而升起。

（2）均匀呼气，首先自然放松胸部，放在胸部的手随着胸内二氧化碳的排出而下落，继续呼气，自然放松腹部，最后有意识地将腹部向后背内收，放在腹部的手随着腹部排出所有的二氧化碳而下落。

整个呼吸过程如同行云流水，轻柔而顺畅。吸气如同向暖瓶里注水一样，由下至上，直到注满；呼气如同暖瓶里面倒水出来，先倒出上方的水，然后是下方的水，最后要将暖瓶有意识地提高将水完全控出。或者还可以将胸腹想象成一个气球，朝气球里充气，必然首先是底部（腹部）扩张，然后是胸下部、胸上部；放气时，也必然是上部先收缩，直到底部收缩完毕时，还有一些残留气体需要将气球挤压后，才能够完全排出。

温馨提示：在呼吸时切忌硬鼓、强收、长闭和过于刻意，深长细匀的呼吸通常都是长期锻炼得到的自然成果，而且最佳状态必须是在充分静心的前提下才能达成。《梅华问答编》指出："心静自然息调，息调自然神凝，所谓心息相依，息调心定者也。"这说明呼吸不是强硬做出来的，而是各人在明白呼吸要领后针对自身的情况，用心的感受和体会，进行细微的调整，逐步自然形成的。之后，这种呼吸会自然带入到生活中，发挥着对身心和生活更多有益的功效，我们可以对照以下正确呼吸方法进行自我检验，以便于确切调整。

渐进式肌肉放松法

压力最先侵蚀的是肌肉，随着压力的增加，肌肉会渐渐地紧绷起来。我们在从事日常活动时，肌肉已经习惯性地紧绷着，时间一久就容易僵硬。等你察觉到这种状况时，往往已经开始出现头痛、肩颈酸痛、双腿发麻等症状。因此，我们需要学习放松。这里推荐一种颇为有效的"渐进式肌肉放松法"。

渐进式肌肉放松是一种行为治疗技术，是行为治疗师必须要掌握的一项基本技术。渐进式肌肉放松的要领就是绷紧后彻底放松。这种方法能够让我们放松神经、释放压力、缓解焦虑、宁心怡神、恢复精力、激发灵感、积聚能量、平衡阴阳，帮助治疗头疼、背疼、颚部紧绷、眼周紧绷、肌肉痉挛、高血压和失眠等症。能让我们在深沉的呼吸里，让身心进入真正祥和、平静的状态，使身心得到放松和补养。

1. 渐进式肌肉放松法方案

放松时间：随时。时间长度通常为25分钟。若时间不充裕，也可适当缩短保持时间。

放松地点：安静的空间。有必要的话，也可随地即做。

放松准备：去掉眼镜、手表等一切让你有束缚感的贴身物品。

放松顺序：双脚—双小腿—双大腿—臀部—后腰—后背—双肩—双上臂—双前臂—腹部—胸部—颈部—头部—全身。练习时注意力从一块肌肉移向另一块肌肉，每块肌肉收缩5秒，然后放松10秒，重复做2~3次。但这只是一个大略的时间，切记不要由于过多注意计时而分散了自己的意念。要学会体会肌肉紧张时的感觉，即收缩肌肉群，再放松肌肉群，注意体会相反的、放松的感觉。

2. 具体步骤

（1）找个安静的地方，一个你可以自在而不受打扰的空间，舒适自然的坐着，闭上双眼，松静自如，不要想任何事情。

（2）始终保持完全式呼吸。为了做到放松，先让自己紧张，然后再放松全身肌肉。这样做是为了让你体验到明显的放松感，从而学会如何保持松弛。

（3）集中注意力到双脚。让双脚紧张起来，绷紧脚趾，细细体会绷紧的感觉。然后彻底放松双脚，用心感受双脚的放松感。重复。

（4）让小腿肌肉紧张起来，感受小腿肌肉的绷紧感。彻底放松小腿肌肉，体会小腿的放松感。重复。

（5）让大腿肌肉紧张起来，感受大腿肌肉的绷紧感。彻底放松大腿肌肉，体会大腿的放松感。重复。

（6）让臀部紧张起来，感受臀部的绷紧感。彻底放松臀部，体会臀部的放松感。重复。

（7）让后腰紧张，绷紧后腰，感受这种绷紧感觉。彻底放松后腰，体会后腰的放松感。重复。

（8）紧张后背，绷紧后背，感受这种绷紧感觉。彻底放松后背，体会后背的放松感。重复。

（9）扩展双肩，用力扩展，感受扩展感。彻底放松双肩，体会双肩的放松感。重复。上提双肩，尽可能使双肩接近耳垂，用力上提，彻底放松，重复。用力向内收紧双肩，彻底放松，重复。

（10）弯曲双肘，用力绷紧双上臂肌肉，体验双上臂肌肉紧张的感觉。然后彻底放松上臂肌肉。重复。

（11）伸出前臂，握紧拳头，用力握紧，体验你手上的感觉。尽力放松，体验放松后的感觉。可能你会感到沉重、轻松、温暖，这些都是放松的感觉，请用心体验这种感觉。重复。

（12）放松腹部，体会腹部的放松感。放松胸部，体会胸部的放松感，保持5秒。放松颈部，体会颈部的放松感。重复。

（13）集中注意力在头部。放松头皮，放松额头，放松眉毛。然后注意到眼球，放松眼球，顺时针转动，并逐渐加快速度，然后彻底放松。咬紧牙齿，然后彻底放松。用力将头后压，然后彻底放松。向内收紧下巴，彻底放松。

（14）用心感受全身的肌群，由下而上的全身肌肉都处于放松状态。请进一步注意放松后的感觉，有一种温暖、愉快、舒适感，并将这种感觉保持一到两分钟。让松弛加深的感觉传遍全身，享受松弛舒适的感觉。看是否还有紧张的部位；如果有，再通过意守呼吸的方式，将放松感引向紧张部位。恢复到正常呼吸状态，睁开眼睛，结束。

渐进式肌肉放松法每天可练习一到两次，每次15分钟，经过一段时间对紧张和放松的交互练习后，应该可以在需要时，随心所欲地充分放松自己的身体。需要注意的是，放松训练不是一朝一夕就能够奏效的，必须经过数周乃至几个月的练习，方能收到明显的效果。因此，要持之以恒地坚持训练。

我们还可以用一张表格来记录评定每日的训练情况，用1~5的级别来表示自己达到放松状态的深度。1代表最浅的放松状态，5代表最深的放松状态。由此可以了解和掌握自己练习的进度。

运动减压法

你是否时常感到压力、焦虑、烦躁和疲劳？是否无法作出决定、解决问题，并且难以入睡？是否缺乏动力，感觉整个身心被蒸干一样？的确，生活的无常总会导致生理、心理水平的跌宕。的确，有时候生活的无常，总让人体倦神伤。

虽然，在需要保持高度警惕时，在需要于高负荷期调动足够的力量、肾上腺素和清醒状态时，有一定的压力不失为一件好事，能够激活我们身体内部的能量，化压力为动力，做起事来更有效率。但是，当压力延绵不断，与上述情况相反的结果便会出现。长时间处于压力之下，人体内部的内分泌和神经系统所出现的变化就会对我们自身造成巨大的伤害。

不仅人体组织会受到伤害并导致体重增加，同时患有心脏病、糖尿病、中风、癌症的概率也有所上升。再有，在情绪上人们容易焦虑和沮丧，出现睡眠障碍，认知能力、创造力以及问题解决能力会有所下降，这些则会导致身心状态的继续恶化。

不过，好消息是——通过一些简单的活动，我们就能很好地放松紧绷的精神，滋润“蒸干”了的整个身心。当然这需要持之以恒。

1. 眼球减压法

端坐椅上，松静自如。微收下颌，颈部自然挺直。两手合拢，轻搓手掌，直至掌心发热。闭眼，将发热的掌心轻放于眼窝，眼球不再转动，放松数分钟。

益处：放松眼球，滋养眼部神经，提神去乏，激发活力。

2. 双肩减压法

端坐椅上，松静自如。保持双臂放松，深呼吸，双肩交替由前向后轻轻画圆数次。双肩交替由后向前轻轻画圆数次。双肩同时由前向后画圆。双肩同时由后向前画圆。重复3~6个回合。放松，调息。

益处：舒展手臂，有效预防和改善肩关节周围炎、肩袖损伤。提神醒脑，平稳情绪。

温馨提示：肩关节周围炎、肩袖损伤患者动作一定要轻柔，缓慢，以无刺痛感为宜，防止粗暴加重肩关节损伤或导致脱位。

3. 侧转减压法

端坐椅上，松静自如。以稳定的呼吸，很缓慢的频率，将头分别向左右两侧旋转至颈部绷紧。重复3~6个回合。将头分别向左右两侧摆动至颈部绷紧。重复练习3~6个回合。将头分别向前低头、向后抬头至颈部绷紧。重复练习3~6个回合。

益处：放松颈部，有益于上呼吸道、椎骨和颈神经功能。提神醒脑，稳定心神。

温馨提示：练习过程中，任何时候不要生拉硬扯，应尽量保持缓慢轻柔，不要猛力剧烈，以免扭伤颈部肌肉和韧带。另外一点尤需注意，不要进行转圈练习，更不要超过三圈。

4. 抓指减压法

端坐椅上，松静自如。吸气，十指尽量张开，但不可过度紧绷；呼气，从指尖开始弯曲，一节一节指关节有控制的握回拳头，保持一秒，再最大限度地释放开来。重复6次。

益处：改善手部神经功能，预防老年痴呆症，对于鼠标手（腕管综合征）也能有效防治。提神醒脑，健脑益智。

5. 展胸减压法

端坐椅上，松静自如。吸气，向上举起左手，左手掌心朝左，左臂贴于耳旁伸直。右手在脑后屈肘，拉住左手手肘。呼气，左手臂下压，直到手臂拉紧，深呼吸，保持一会儿。还原，换手练习。

益处：拉伸手臂，美化手臂线条，缓解肩部不适，提升胸部。提神醒脑，解除疲劳。

6. 坐式减压法

端坐椅上，松静自如。右手从前方放于左大腿左侧，吸气，左手上举，掌心朝右。呼气，向右侧弯腰，伸展到极限，深呼吸，保持一会儿。吸气，还原。换另一侧练习。

益处：伸展手臂、胸部和腰部，有助于消除腰部和髋部多余脂肪。集中注意力，增强耐心。

温馨提示：保持身体在一个平面起落。

7. 控腿减压法

端坐椅上，松静自如。呼气，背部贴住椅背，腰背保持挺直。吸气，将双腿伸直向上抬起，与身体形成“V”字形，深呼吸，保持一会儿。随着每一次吸气，试着继续向上抬到极限，然后还原，重复练习3~6次。

益处：消除腹部、腿部多余赘肉，改善新陈代谢和血液血循。激发活力，增强思维能力。

8. 转圆减压法

端坐椅上，松静自如。双手十指交叉，抱起左大腿，顺时针从小圆到大圆旋转左脚踝和脚尖5圈（转上时吸气，转下时呼气）。逆时针从小圆到大圆旋转左脚踝和脚尖5圈（转上时吸气，转下时呼气）。还原，重复另一条腿。

益处：灵活膝关节，预防髌骨软骨症和关节炎。集中注意力，增强耐心和思维能力。

9. 下蹲减压法

端坐椅上，松静自如。双手扶椅背，始终保持腰背挺直，上身不前倾。呼气，双腿微蹲一点点，膝盖不超过脚趾。保持一会儿，保持 3 个深呼吸。呼气，比第一次蹲稍蹲得下来一点，膝盖不超过脚趾。保持一会儿，保持 3 个深呼吸。呼气，蹲至大腿平行地面，膝盖不超过脚趾。保持一会儿，保持 3 个深呼吸。吸气，还原，放松，调息。

益处：增强两踝、两膝、两大腿内侧和女性子宫肌肉力量。集中注意力，增强耐力和意志力。

10. 放松减压法

端坐椅上，松静自如。闭上双眼，尝试始终进行完全式呼吸。意念双脚、双腿、臀部、腹部、上身、双手、颈部、头部全部彻底的放松。缓慢轻柔的按摩眼睛、头皮、太阳穴，伸一伸懒腰，睁眼，还原基本坐姿。

益处：舒缓压力，促进新陈代谢，全方位地补养身心脑，使人常葆健康美丽年轻态。

任何一个动作练习后，或者你感到疲惫或紧张的时候，都可以练习放松式，能使动作效果事半功倍，并恢复元气和精力，提高学习和工作效率。

舒展身体，活力飞扬

如果我们观看一场网球比赛，你会见到各种不同的击球方式、不同的技战术组合、大量各不相同的步法移动与节奏感觉。除了极少数特例以外，网球高手们基本上腿都很快。比约·博格对此说得非常好，当然他做得更好，那就是“没有什么能替代移动能力”。

与所谓天生神力和感觉、意识之类不同，移动能力其实是一种可以通过不断练习而得到改进的东西。出色的步法和移动，其关键是柔韧性。儿童的柔韧性都相当好，他们可以轻松的上下翻滚。不过随着年龄渐增，我们弯曲、伸展、快速移动的能力都会衰退。保持柔韧的要点就是找到办法和途径，保住我们在孩童时期曾经有过的柔韧。

拉伸和舒展运动能够最大限度地改善脚步移动能力。同时还能减少受伤的概率。如果一个人的柔韧和身体状态都良好的话，他的肌肉和韧带都会有更大的承受力与抗疲劳能力。每天坚持拉伸舒展的练习，能让你即使进入老年后，走路、行动还能像年轻人一样，并且神经和肌肉反射仍然很快，也不会有同龄人常有的那些身体酸痛等症。

所以，别再张望了，快点来跟我一起练习下面的舒展运动，让活力长久地飞扬吧！

温馨提示：①千万不要伸展冷肌肉。充分的热身是必要的，不仅可以避免运动伤害，还可防止过度疲劳。②舒展动作过程始终宜轻柔，不要用力过大，在身体极限范围内舒展，不要让身体感到疼痛。③每一次舒展动作一般持续 10 ~ 30 秒，然后放松。如果某个部位有问题，可重复多舒展几次。

1. 大腿舒展

（1）取基本站姿。

（2）右手稳稳地扶着椅子。用左手抓住左脚趾，左脚脚跟贴向臀部，最好用脚跟抵住臀部。保持双腿不分开。细细体会大腿前侧的拉伸感。保持这个动作 20 ~ 30 秒，换另一侧腿舒展。

2. 腿筋舒展

（1）取基本站姿。

（2）左腿左前迈出一步，脚跟着地，脚尖指向天花板。弯曲右膝，上身保持腰背挺直前倾，双手轻放在左膝。坚持 20 ~ 30 秒，换另一侧腿舒展。用心感受大腿后侧的拉伸感。

3. 小腿伸展

（1）取基本站姿。

（2）左腿径直向后撤一大步，距离以右膝弯曲不超过脚趾为准。试将右腿屈膝，同时左脚跟尽量着地。身体保持腰背挺直，把双手放在右大腿上。坚持 20 ~ 30 秒，换另一侧腿舒展。

4. 三角伸展式

（1）取基本站姿。保持身体平衡，两脚分开两肩宽。

（2）两臂侧平举，与地面平行。左脚掌向正左方打开，脚趾指向正左侧。呼气，保持身体在同一个平面，慢慢向左侧弯腰，根据自己的练习时间和身体状况，试将左手放于左小腿或者左脚踝、左脚背上。保持 20～30 秒。

（3）吸气，保持上身姿势，保持身体在同一个平面，慢慢回到正中，换另一侧练习舒展。

5. 腰腹舒展

（1）面向椅背，双脚分开跨坐椅上，脚趾与膝盖打开 45 度，同指一个方向，双手稳扶椅背。

（2）呼气，上身向后仰，从腰部用力向前、向上挺出，下颌上抬，伸展到极限后，放松颈椎。吸气，上身慢慢起来；呼气，脊柱向前弯曲，低头，收束下颌。保持一会儿。深呼吸，在每一次呼气的时候，用力地收束一下胃部，能大增此动作的效果。保持 20～30 秒。

6. 臂胸舒展

（1）端坐椅上，松静自如。

（2）双手自然放在身体两侧。抬左臂，曲肘，左手掌放在左肩上。右肘弯曲，右手背从背部沿着脊柱向颈部上伸。试将双手手指尽量靠拢，双手手指可触者，可将双手手指相扣；双手手指不可触者，在身体极限范围内舒展即可，保持 20～30 秒。换另一侧练习。

7. 胸腹舒展

（1）坐在地面，双腿屈膝，收双脚跟于骨盆前方，双脚脚踝可交叠、可交错。腰背挺直。

（2）双手放在身后离臀部一掌距离的位置，指尖朝臀，与肩同宽或稍宽（双手宽度以自我感觉胸部有扩张感又不难受为宜），肘部微曲。呼气，放松头颈；吸气，保持屈肘，手推地面，展肩挺胸，在极限内边缘平稳呼吸，闭目和息，保持 20～30 秒。

8. 髋部舒展

（1）坐于地面，腰背挺直，双脚脚底合拢。

（2）双手抱住双脚，将脚跟尽量拉近骨盆。然后将双手掌放在双膝内侧（大小腿之上），呼气，双手掌施力将双腿压向地面，吸气，双手慢慢放松。

反复练习 5 次。

（3）呼气，保持腰背挺直，身体前倾，将双手肘放在腿上，逐渐加大力度将腿部缓缓压向地面。随着每一次呼气，试让腿部越来越靠近地面。在极限内边缘平稳呼吸 20～30 秒。呼气，放松还原。换另一侧舒展。

9. 颈、肩、胸、腹、腿舒展

（1）双脚并拢平伸，坐于地面。

（2）双手指尖朝前，放在双髋后方，双腿屈膝。呼气，放松头颈；吸气，臀部收束向上提起，双腿向前伸直并拢，闭目和息，保持 5～10 秒。全身用力绷紧可大大减轻手部的压力，呼气，身体放松坐回地面，吸气，头颈缓缓抬起还原。（手腕受过伤者慎练）

10. 正腿舒展

（1）双脚并拢平伸，坐于地面。双手垂直放在身体两侧。

（2）勾起双脚趾。保持腰背挺直，上身前倾。双臂向前，根据自身情况，试将双手放在双小腿或者双脚踝、双脚背、双脚掌上。然后，保持上身体态，试用小腹去贴大腿，再用胸部去靠近膝盖，最后放松头颈。头颈勿用力靠腿。保持 20～30 秒。（脊背受过伤者慎练、练时放慢速度）

11. 旁腿舒展

（1）双脚并拢平伸，坐于地面。

（2）左腿向旁打开九十度并勾脚，右腿屈膝，脚跟尽量靠近骨盆。吸气，伸直右臂抬至耳旁；呼气，保持上身在一个平面向下，依据自己情况，试将左手放在左小腿或者左脚踝上。保持 15～20 秒。换另一侧舒展。

12. 颈、胸、腹舒展

（1）双腿并拢，俯卧。双手掌弯曲，放双肩下方。

（2）保持双腿不分开。吸气，头部轻轻向后上方仰起。感觉自己从颈椎到脊椎，一节一节地向上抬起。伸展到极限范围内边缘，放松头颈。保持 10～20 秒。缓缓呼气，用手臂的力量支撑身体，匀速地从脊椎到颈椎，一节节地放回地面。重复 2～3 次。

第 八 堂 课

享受每天的一个礼物——给快乐一个奖赏

在如今高效率、竞争极度激烈的社会里，“忙碌”很多时候似乎已成为不快乐、紧张、压力的代名词。健康管理咨询师通过调查发现，全世界的绝大多数上班族人士都有着不同程度的不快乐症状。我们需要给快乐多多奖赏，让自己有更充沛的精力、更清晰的思维、更快乐的心情，享受忙碌中的每一天！

准时开心

身心放松的十堂心态课

人生没有草稿

俄国作家契诃夫曾不无感慨地说道："活过来的人生要是一个草稿，能够把它再誊写一次该多好啊。"

可惜，人生并没有草稿，如果人生是由自己写成的一本大书，这本大书只允许你一次写成，不能重来、不许删改。生活中的每一笔一画都被写进了不可涂抹的历史。历史是公平的大法官，不允许任何人有这个特权，它不给任何人尝试一番的机会。但是，正因如此，生命的历程才如此珍贵；正因如此，才能督促我们紧握手中的笔，去书写最精彩的人生之书，让生命无悔。

小时候，父亲让哥哥同一老先生学书法，用废旧报纸练字多年，可自己一直没有大的进步。老先生对父亲说："如果你让娃儿用最好的纸来写，可能会写得更好。"

从此以后，父亲就按照他说的去做了。果然，哥哥的字大有长进，问其原因，老先生说："因为你用旧报纸写字的时候，总感觉是在打草稿，即使写得不好也无所谓，以后还有机会，所以就不能完全专心；而用最好的纸，你就会感觉机会的珍贵，有一种很正式的心态，从而也就比平常练习时更加专心致志，用心去写，所以字也就能够写好。"

成年后，蓦然回首，我才知道老先生的话蕴意深刻。

面对没有草稿的人生，有的人小心谨慎、三思而行，以求尽可能有一个完美的人生；有的人却毫不在意，直到自己无力地在生死边沿挣扎时，才懂得流泪。乱写乱画的人生，注定逃不过被丢进纸篓的命运，成为一张毫无用处的废纸。用心描绘的人生，虽然未能有绝对的完美，但是却可以得到命运的宠儿，获得垂青和爱护。

面对没有草稿的人生，有的人在风雨中的泥泞中跌倒后，坚强地站起，以更有力的姿态书写出彩虹和晴空；有的人却在风吹雨打中躺倒，在安逸闲适中惰性横生，使人生卷入沉沦的旋涡。还有的人则在岁月里蹉跎不前，沉醉在昨日的遗憾里扼腕叹息，让更多的遗憾不断的新生。

人生没有草稿，从我们挥笔开始，一切就已经是我们人生的答卷，无法更改，也无法重绘，我们不能总把希望寄托在明天，不珍惜现在；我们更不能不注重人生的字写得怎样，而只是看花费了多少纸。这些都会导致生命之书的粗制滥造或者不成章文。

人生没有草稿，我们要善于把握机遇。古希腊哲学家苏格拉底说："最有希望的成功者，并不是才华出众的人，而是最善于利用时机去发掘开拓的人。"有创造才能的大多数人，都善于在工作和生活中捕捉机遇，为自我的成长创造机会。当然，机遇往往不会从天而降，除了需要你有充分的知识准备以外，还需要你练就善于观察的眼光和善于捕捉的能力。

人生没有草稿，我们要告别过去、珍惜现在、开拓未来。哲人说得好："人的眼睛长在前方，就是为了让人向前看的。"所以不要把目光的取景范围只局限在过去，而迟误了大好的前程。只有放弃对过去的耿耿于怀，把痛苦和遗憾一起埋葬，才会真正拥有一个崭新的今天。

人生没有草稿，我们要精思、慎行，并让快乐和感恩的心态成为最佳伙伴。这样，我们的步伐才能稳健、卓效，我们不必为纵意为之的写画而后悔，不必为不能理顺的文章而伤怀。

人生没有草稿，我们要争分夺秒、惜寸光阴、提升生命的质量，认真对待每一天。苏联作家奥斯特洛夫斯基说："人的一生应当是这样度过的：当你回忆往事的时候，能够不因虚度年华而悔恨，不因自己碌碌无为而羞愧……"

是的，人生没有草稿，我们于是懂得珍惜，于是努力成长。是的，人生没有完美，总存在着一些遗憾，但这些才是我们进取的动力。只要你愿意努力，无论平凡还是伟大，你的生命都会被赋予不菲的价值，因为它已经经受过灵魂的洗礼，因为我们已经能够回答自己人生的命题。我们可以笑对风云——看啦，没有草稿的人生，每一步都弥足珍贵，步履芬芳。

享受忙碌中的快乐

在忙碌中，你是否已忘却了对世界的好奇心？在忙碌中，你是否已不在意清新的空气与温情的星光？在忙碌中，你是否已不关注缤纷的风景和明媚的记忆？在忙碌中，你是否已不能静静地谛听风儿轻柔的声音？在忙碌中，你的心儿是否已经被紧张和不快占据……

在如今高效率、竞争极度激烈的社会里，“忙碌”很多时候似乎已成为了不快乐、紧张、压力的代名词。

一位健康管理咨询师为了研究健康、精神状态和效率三者的关系，曾经在半年的时间里采访了上千位上班族人士，结果发现，他们无一不是“忙”得天昏地暗！其中有不少人更是时间颠倒、过度透支身体；而那些经常情绪失控的人士，他们的通病几乎都是不快乐、疲劳、睡眠不足、饮食不正常、时间总也不够用以及慢性病。咨询师发现，全世界的绝大多数上班族人士都有着不同程度的不快乐症状。

陈红大学毕业时进入到一家外企工作。由于是新人，为了尽快熟悉本职工作，她对工作非常认真，除了做好分内工作以外，还努力学习其他东西。几年下来，因为工作能力突出，她从一个普通职员升职为经理助理。但是，陈红并没有因此而享受到生活乐趣。在公司，陈红几乎是最忙的一个，处理邮件，接听电话，处理上司不方便接的电话，各种项目意见给上司报批等，午饭都得卡着时间吃。

下班后，公司里通常只剩下她一个人还在加班。陈红因为工作紧张，经常忘记给家里打电话，跟朋友聚会的时间也是少之又少。周末也就在家洗洗衣服或者是去超市买点生活用品而已。很长时间以来，她都没有出去散步，或者出去旅游。再加上长期不吃早饭让陈红晚饭暴食，造成肠胃功能紊乱，每次发胖她就反复减肥，并且内分泌严重失调。

在别人眼里，陈红是个非常优秀的人，可是，作为陈红自己，她却觉得压力太大，不快乐的情绪让她很担心自己不知道什么时候就会崩溃。

忙碌，是提升我们能力和智慧的必要方式，是体现我们存在价值的一种方式。可是，如今忙碌更多时候是不知不觉中形成的一种习惯，是无奈，是麻木，也是感叹。忙碌真的只能让我们不快乐吗？

恰恰相反，忙碌不但不会让我们不快乐，还是治疗忧虑的好方法。

凯特宁退休前一直担任世界闻名的美国通用汽车公司副总裁，主持研究部门。但在他那个年代，他穷得只能用仓库做实验室。为了买零件，他必须动用他太太教授钢琴课赚来的1500美元，后来又不得不用寿险保单借了500美元。我问凯特宁太太她当时担不担心，她回答说："担心啊！我担心得睡不好，凯特宁先生却不这样！他完全投入工作，不去烦恼别的。"

伟大的科学家巴斯德曾提到"图书馆及实验室中的平安"。为什么呢？因为在图书馆及实验室的人都是全神投入，不会想到自己的烦恼。研究人员很少精神崩溃，这样奢侈的事，他们可没有时间享用。为什么保持忙碌这么简单的一件事就能驱除焦虑呢？因为心理学中最基本的定律之一就是：无论才智多么聪颖的人，他的心里一次也容不下两件事情。由此可见，忙碌并不是快乐的杀手，重要的是学会调节。只要善于调节，我们就可以在忙碌中得到内心深层的平静和快乐。

卡耐基在他的成功学里讲述到获得热情和积极的态度的根本是精力充沛，而获得充沛精力的办法是懂得如何休息、饮食、运动和分配时间。对于忙碌一族来说，提高工作效率和提高快乐度是可以达到平衡的。

这意味着你要：

（1）减少或改善环境糟糕的交际。例如，吸烟喝酒或烦人的吃饭应酬，改为比较健康的喝茶和运动之类更健康的社交。

（2）做些简便的运动，使大脑的兴奋中心及时转移，增强新陈代谢，消除疲劳。还可以转换学习、工作的内容，轮流休息大脑的功能区。

（3）养成良好的饮食习惯：早饭吃好，中饭营养均衡，晚饭吃少而淡。菜谱里多加些蔬菜水果，减少些红肉。

（4）尽量穿便装。能穿便装不穿正装，能舒服就不要为了体面而难受，除非工作硬性要求。衣着和鞋要宽松和舒适。如果老穿硬皮鞋，因为一双不舒适的鞋而使自己变得没有耐心，情绪坏透了，这是非常愚蠢的。

（5）打一会儿盹，也可以使疲劳、紧张的神经得到放松和休息，恢复快乐的情绪。

（6）让心灵短暂出逃去吃喝。去到安静的茶楼里，泡一壶绿茶，在沁人心脾的茶香里翻翻当前最流行的时尚杂志。这种环境没有暧昧，身在其中，让人感受到的是踏实，让心灵得到的是休憩。

不要担心这些快乐小方法会耽误自己的事情，它们只会提升你做事的效率。让你有更充沛的精力、更清晰的思维、更快乐的心情，享受忙碌中的每一天！

创建快乐银行账户

财富分为物质财富和精神财富。快乐属于精神财富。人们追求物质财富，归根结底，也是为了去除痛苦，追求快乐。可以说，快乐既是追求财富的出发点之一，也是目的地之一。但是快乐并不与锦衣玉食、权倾一方成正比。快乐是精神的感受，需要精神积极能量的储蓄，才不会浮浅和枯竭。多少人衣食无忧，却愁容满面；多少人生活舒适，却苦躁连连。小心！这是快乐财富透支的现象。如不及时补充亏空，不及时储蓄创造，会逐渐消耗掉精神财富和物质财富。

现在，我们就来做个小测试，看看自己的快乐财富是否也已透支。

1. 以下哪些症状出现在你身上

（1）持续的疲劳感。常见的并发症是难入睡、无深层睡眠或易醒难入睡。

（2）肌肉紧张。通常为前额、颈部和上肩肌肉紧张部位易于变得僵硬、酸痛。

（3）持续的恐怖症。总是担忧必须在很短的时间内完成过量的工作。

（4）消费症。总是感到压力，想购买更多、更好、更新的物品。

（5）内心的冲突。一方面需要多陪伴父母、配偶和孩子。另一方面又要完成工作任务。二者的平衡问题扰人难安。

（6）感到陷入困境。一方面日常事务缠身。另一方面渴求体验理想的人生。

（7）支配欲望着认为自己必须事事领先，否则别人会捷足先登，或总是认为其他人企图利用你或支配你。

（8）面临挑战。认为你必须不断证明自身能力或价值，否则别人会抢走你的饭碗。变得粗心大意。在做最简单和最常做的事时也会出错。

受这些症状困扰越多，你的快乐财富就越透支。当务之急，赶快创建快乐银行账户，时常储蓄，积少成多，将会使你的人生旅途璀璨而宝贵。

2. 创建快乐银行账户的钻石法则

（1）休假日，别忘了给自己的快乐银行存款。列出五件你喜欢但很少做的事，例如：买件漂亮的衣服、洗一个香氛浴、看场好电影、听优美的音乐、选本喜欢的书坐在星巴克里喝着咖啡听着音乐，累时偶尔抬头欣赏来来往往的人群。你也可以为自己一起争取做这五件事。

（2）不要说："等到我减掉10千克，等到我有男朋友，等到我换了新工作，我就会快乐。"为何将快乐推到以后呢？实现一个目标、完成一件工作、读完一篇文章、整理房间，即使是每天进步一点点，也能带给你快乐。

（3）为他人做些好事。这不仅可以使你的情绪脱离痛苦，而且也因此使别人得到快乐。行善是永远不败的投资。

（4）微笑，真诚的微笑。研究显示，我们可以"骗"我们的身体进入快乐的状态。即使我们没有真正感到快乐。微笑和真正的快乐一样，可以对我们的心脏、血压、脑，产生实际的推动力。如果这个力度还不够，就哈哈大笑。用笑容的情绪带动细胞的欢跃。

（5）将自己来一次改造。对自己的外貌感到快乐，是精神快乐的一半。例如换一个新发型、做敷面的护理、穿着清爽的服饰等。

（6）将你所闻所见的快乐之事写下来，这也是储蓄快乐的一种好方法，让你更感恩、珍惜生活，并且能够细细体会到生活中点点滴滴的快乐。

（7）坚持运动。运动的好处太多啦，身、心、灵的全方位呵护，给你年轻、健康、朝气的精神面貌。

（8）使用纯天然的香熏植物精油提神。它们是香草精油，滴几滴即可使你的精神振奋，将你心中的不快驱散。可作为情绪缓解剂的玫瑰、减轻压力的薰衣草、使心情放松的天竺葵等都是不错的选择。

（9）拥抱伴侣或孩子或某物。虽然你的宠物狗、猫不如你的伴侣、孩子那么可爱、美丽，但是，抚摸或拥抱它，可使你的血压和紧张降低。

（10）从日常的小地方寻找快乐。身旁的风景、花鸟、友人突来的电话都是你身边的小事，然而他们带给你的轻快感，可使你快乐。

（11）用一束鲜花善待自己。将它摆在床头或办公桌上，当你闻到鲜花的香味，想到你对自己的贴心关怀或想到美好的事物，心中会因此快乐。

（12）关注自己想要的，而不是自己不要的。总是杞人忧天地想着将来的事，会使你生活在忧虑之中。将那些想法完全抛在脑后，你只要想着如何使自己快乐的事就够了。

（13）吃健康的食物。食物和精神有关。如果你想吃巧克力，要改吃复合糖类，如面条、米饭、香蕉等，因它们可以刺激身体制作较多的血清素，它们是可使我们心情快乐的荷尔蒙。

（14）不要总是梦想，要采取行动。如果你想参加有氧舞蹈班，立即找出广告，打电话去报名。不要让生活支配你，而是你要支配生活，行动是支配生活的主要方法。

（15）打破惯例。做些与日常生活不同的事情，例如：改变午餐的地方、早起一小时、到公园散步等，这些都可以带给你快乐。

（16）学会幽默。幽默帮助自己发掘事情有趣、轻松的一面，使自己和他人都快乐、欣悦和愉快，是成功社交的法宝。

（17）和幽默乐观的人交往。你需要和使你陷入沮丧的“朋友”保持联系吗？谁能使你大笑，你就可和他（她）交往。

当你在生活的琐碎里感到烦躁时，当你在工作的重担下感到郁闷时，当你在感情的失意中感到痛苦时，当你在困难的阻碍中感到忧虑时，不要让自己一味沉浸在提取快乐财富的状态中，好好创建和使用快乐银行账户吧，随时不忘储蓄，久之，它会带给你意想不到的帮助和回馈。

偶尔放慢你的脚步

当代人的生活被束缚在“毫微秒文化”中，人们的时间被切分到最小，每周 7 天每天 24 小时不停工作，日常生活被忙碌和焦虑充斥。这种毫微秒文化发展到极致，人的身心超负荷运转，长期处于亚健康状态……富兰克林的名言“时间就是生命，时间就是金钱”，作为大工业时代的座右铭，这句话曾影响了整个世界，激励了无数人化身为整个社会的一个齿轮，为了梦想，日夜运转不息。

20 世纪末，在法国巴黎展开的“国际慢餐运动”，以及欧洲人发起的一种“慢生活运动”，如今已经在全球悄然兴起，他们主张：“慢生活的本质不是懒惰，而是对生活的珍视。”让“快文化”导致全世界每百人中就有 40 人患上“时间疾病”的这种状况一去不复返，让生活的脚步慢下来，生活更加人性化。

德国著名时间研究专家塞维特在评价“慢生活”时说：“与其说这是一场运动，不如说是人们对现代生活的反思。”“慢生活家”卡尔·霍诺说：“慢生活不是支持懒惰，放慢速度不是拖延时间，而是让人们在生活中找到平衡。”“慢”是“快”的基础，放慢步伐，才能够快速准确地找准生活或工作定位，不会迷失自己，无论是“忙人”还是“闲人”，这种理念都值得借鉴。

阿尔伯特是美国一名著名的演说家及作家，经常要乘飞机或者火车到世界各地去采访、演讲。有一次，他应邀到日本去演讲。他搭乘大阪至东京的新干线，在快到新横滨时，由于铁路的设备发生了故障，被迫停驶。车长在车内广播：“各位旅客，对不起，由于铁路临时发生故障，需暂停 20 分钟左右，请各位旅客稍候，谢谢！”阿尔伯特是个急性子的人，刚开始有一些烦躁不安，电车停驶 20 分钟，对于一个注重效率、时间又十分宝贵的人来说无疑是一个十分痛苦的损失。但是 20 分钟过去了，电车一点也没有要发动的迹象。正当阿尔伯特越来越焦躁不安时，车内又再度广播：“很抱歉，请再稍等一会儿。”就在这一瞬间，他改变了惯常的想法，心想焦躁也无济于事，不如找些别的事做。阿尔伯特在看完手边的报纸后，就拿出包里的《时事周刊》开始阅读。

车内的乘客，大概有很多是忙人，他们焦躁地来回走动，不断向车长询问什么时候能开车。阿尔伯特回忆这次特别的经历时说：“电车由原先预定的延迟 20 分钟，变成了 1 个小时、2 个小时，最后变成了 3 个小时，因此抵达东京时，我几乎看完了那本报道卡特总统的《时事周刊》。假如火车依照时间准时到达东京，或许我就无法获得有关卡特总统的详细知识。而且，假设我又是位没有‘游戏’和‘从容’心态的人，这3个小时，除了焦躁不安、不断抽烟外，就没有什么事好做了。”阿尔伯特是现代效率社会的佼佼者，这一点从他蒸蒸日上的事业和忙碌的身影上就可以看得出来。然而，自从他有了这次电车上的经历之后，他得到了一项重要的启示：一个人要偶尔地从社会以及身边的人所营造的快节奏中走出来，放慢脚步。

偶尔放慢你的脚步，可以调节情绪、保持身心平衡和良好的心态，预防疾病的发生。

偶尔放慢你的脚步，可以消除浮躁的心气，听到自我灵魂的独白，读懂别人的心声。

偶尔放慢你的脚步，可以循序渐进地改善生活，享受到人生的风景、生活的乐趣。

放慢生活节奏，需要从以下几方面注意：

（1）慢饮食。在轻松的环境下吃精心烹制的食品，讲究饮食的营养搭配和制作工艺，从头到尾地享受食物带来的乐趣。不要狼吞虎咽，吃饭像打仗一样。

（2）慢工作。可以尝试把办公室搬到家里，形成“慢工作”的生活方式。这样不仅不会耽误工作，而且还简化人事管理。

（3）慢做事。花更多的时间做一件事，做好做精，而不是在不同的事之间周旋。

（4）慢读书。放慢阅读速度，可以完全沉浸在书香的氛围中，更多的关注细节。这样不仅可以提升阅读效果，也能够带来更多心灵上的愉悦。

（5）慢休闲。尽量少选择去迪厅蹦迪，到练歌房狂喊等大肆宣泄的现代休闲方式，假日可不接受任何大规模聚会邀请，看一盘喜剧影碟、和家人外出野炊郊游，这样更有利于放松身心，缓解压力。

（6）慢旅行。不要盲目参加各种旅行团，急匆匆在各景点跑来跑去，不但不能充分领略各地的文化，体会不到旅游的乐趣，还会使自己筋疲力尽。在旅游时，尝试不搭电车、巴士，踩脚踏车或步行穿梭在大街小巷，尽情领略各地的风土人情，放松身心。

（7）慢心态。告诉自己，着急于事无补，慢一些、宁心静神，能更好地看清事物的本质规律，提升效率。这样想心情就会平静下来。

（8）慢生活。不要将工作带回家，尽量不要加班，杜绝周末查看电子信箱、打工作电话。学会工作之余慢生活，可以从工作之余做不太剧烈的运动开始，医学研究表明，每天步行 1 小时以上的人，心脏局部缺血的发病率是很少参加运动者的1/4。

朋友们，处在这个争先恐后的浮嚣尘世里，我们不要只顾手忙脚乱地往前飞奔。“水流心不竞，云在意俱迟”，偶尔将脚步放慢一点，温习另一个久违的世界，我们会品尝到更多的风景，收获到更多的果实。

创立你的放松日

“好累，真想好好放松一下！”越来越多的国人经常发出这样的感叹。可是，你真的会有效地放松吗？有人下班后忙于约会、逛街、吃饭，一晚上下来，比上班还疲惫；有人周末酣睡到正午，却发现身体更加倦累，连起床的力气都没有。

怎样才能彻底放松呢？这已成为现代人越来越关注的话题。调查结果显示，在选择放松方式上，国人存在很大的问题。在工作以外的闲暇日，人们选择最多的休息方式是“睡个懒觉，或全天都用来睡觉”。休年假时，同样有四成的人将“宅在家里”睡觉、上网、看电视作为首选的休息方式。日前，有网友发起的调查显示，上班族周末起床时间多集中在上午 10～12 点，有些人甚至一觉睡到下午四五点。专家表示，中国人的放松方式太不科学了，由此所造成的身心疲惫会严重影响健康。

对于大部分上班族来说，大脑皮层极度兴奋，身体处于低兴奋状态，因此除非你熬夜加班，否则睡眠并不能有效地放松身心。那么，我们究竟怎样才能将周末或闲暇日建立成真正的放松日呢？只有有益身体健康的放松，才能真正补养身体各系统，给机体充电，让精神轻灵。

我们需要制订放松日计划，并有规律地坚持下去，让身体在特定的时候自觉表现出最有益的状态。

5 ~7 点：我们最好 6 点起床。6 点半以后，睡眠状态就会开始变差，即使睡到 12 点，也起不到缓解疲劳的作用。起来后不要立即下床，最好先赖床 5 分钟，否则如果立即坐起，会导致血压骤升，不利于心血管系统健康。赖床时可以想想今天要做些什么、要注意些什么，再回忆一下以前发生的那些高兴事，能让你一醒来就拥有好心情。早上起床洗漱后，喝一大杯水。

7 ~9 点：小肠大量吸收营养的时间，应该吃早餐。经常不吃早餐的人容易得结石。早餐营养均衡。

9 ~11 点：脾脏排毒的时间，修整脾脏的免疫力。这段时间不宜吃冷食，否则容易伤及脾脏，影响发育及生育。可以看看书，或者其他需要积极动脑的事情。

11 ~13 点：心脏工作巅峰时期，也是人体能量最强的时刻。此时心跳加快，尽量不要做剧烈运动。午餐最佳时间是 12 点，与早餐间隔 4 ~5 个小时最佳。

13 ~15 点：小肠吸收养分时间，过了这个时刻，肠胃功能减弱。可午休 15 ~30 分钟但不可超过 1 小时。少数者午休后会影响晚上睡眠质量，这类人群最好不午休。

15 ~17 点：膀胱排毒时间，此段时间是下午到健身房运动的好时段，也可和朋友一块出去散步、打球。这个时段多喝水有助于排尿和排毒。

17 ~19 点：肾脏排毒时间，此段时间也是到健身房运动的好时段，有助于肾脏排泄毒物的功效。晚饭最佳时间为下午 6 点 ~7 点。因人体的排尿高峰期在进食后 4 ~5 个小时，如晚餐过晚，没能及时排尿就进入睡眠状态，易形成结石。晚饭尽量少吃肉、蛋、奶，饮食应清淡、易消化，不宜过饱。

19 ~21 点：心包排毒时间，也是血液循环旺盛的时间。此时血压升高，应该在家中休息，不宜做剧烈运动和刺激性活动。

21 ~23 点：人体免疫系统（淋巴系统）休息与滤毒的时间，也是女性内分泌系统最重要的时候，这时一定要休息。不要再为家务操心。此时适合安静，可以听音乐、洗澡、为明天作计划或回想今天发生的美好事情，将错误原谅，把悲伤放下。不休息易导致内分泌失调。

23 ~1 点：肝的排毒时间，也要熟睡才能进行。这段时间睡不好的人，可能肝功能有问题。夜间工作者每周至少要有一天、每月最少要有一周、每年最少要有四个月早睡。

1 ~3 点：胆的排毒时间，要进入熟睡才能进行，不能只是入睡。如休息不好，则脸色不好，嘴巴发苦。

3 ~5 点：肺的排毒，此即为何咳嗽的人在这段时间咳得最剧烈，因排毒动作已走到肺。不应用止咳药，以免抑制废积物的排除。

此外，每小时可闭目养神同时深呼吸两三分钟，多享受音乐和励志书籍，看看电影或和朋友聊聊天。公园、爬山、野外都是很不错的亲近自然和放松身心的方式。

放松日，其实也是促进身心健康的排毒日，“无毒一身轻”，健康万事易。每周为自己安排一个放松日，这样的张弛有度，才是生活的内核，能让我们细数流光静美，轻触心梦澄辉。

善用时间管理术

时间，是一种独特的、不可缺少、极易损失又不可替代的宝贵资源，是人们最为宝贵的财富。曾经有人询问伟大的发明家爱迪生：“你认为世界上最重要的东西是什么呢?”爱迪生回答：“时间。”

一个人的成就取决于他的行动，同时一个人的成就跟他的时间管理的能力成正比。

正如彼得·杜拉克所说：“不会管理时间，你就不能管理一切。”

所谓时间管理，也就是运用现代科学技术及管理方法对时间进行有效的利用，减少随意性，以达到合理支配时间、提高工作效率的目的。

时间管理的实质是自我管理与生活管理、生命管理，其管理的对象就是我们的生活，就是我们的生命。

时间管理就是自我管理——认识自我、了解自我、清晰目标，把精力与心智专注在自己的目标上并坚持下去。战略与策略强调的是专注人的精力与心智，执行与勇敢强调的是坚持专注人的精力与心智。

管理时间，就是管理思想与行为。思想决定行为，行为决定结果。善用时间管理，也就是善待自己的生命，让自己的成就多多益善。

下面就是管理时间的二十二条优秀的经验：

（1）你一定要确立个人的价值观，假如价值观不明确，就很难知道什么对你最重要。当你价值观不明确，时间分配一定不好。善用时间管理的重点不在于管理时间，而在于如何分配时间。你永远没有时间做每件事，但你永远有时间做对你来说最重要的事。

（2）目标是前进的推动力，能够淋漓尽致地激发人的潜能，明确的目标对于构建成功人生至关重要。时间管理的目的是让你在最短时间内实现更多你想要实现的目标，如你必须把今年度四到十个目标写出来，找出一个核心目标，并依次排列重要性，然后依照你的目标设定一些详细的计划，依照计划进行。

（3）学习、研究和应用提高效率的方法。例如，找一些提高效率的书籍学习，并多用、多总结，使自己的一切行为尽可能高效化。

（4）找出个人低效或无效的行为、言论或思考习惯，并一一改正过来。例如，改掉自己那些低效或无效的不良行为习惯，并想办法解决。

（5）提高能力。能力强，就能想出好的办法，从而提高办事效率。一个能力强的人，很重要的一点就是善于利用时间和精力。

（6）均衡营养、适当锻炼身体及注意休息。保持良好的体质及精神状态。以投入较多的时间和精力办事。否则，办事效率也就不高。

（7）培养优良的性格。不良的性格往往会浪费大量的时间和精力。例如，拖拉、消极、贪图享受常常浪费时间和精力。

（8）经常做计划，并做好准备。美国人办事经常做计划，而且经常向咨询公司寻求服务。由于计划正确，美国人办事效率相当高。准备不足时，要争取适度的拖延，以增加准备的时间。

（9）如果没什么事做，可将时间用于学习和运动，不要做无效或低效的事情。学习可以提高能力，运动可以健身及让人快乐。很多人在无所事事时不是想着学习、运动，而是想着无聊的交谈、抱怨或傻坐等，浪费了大量的时间和精力。

（10）拒绝一切不良情绪。所有不良情绪都会浪费时间和精力。人非草木，难免有些不良情绪，但要尽量避免和减少不良情绪。参照本书其他篇章，有不少转化情绪的方法。

（11）把时间列为办事的一种代价——时间就是财富。在瑞士，婴儿一降生，医院就会立即打开计算机，通过户籍网络，在户籍卡中为孩子登记姓名、性别、出生时间及财产等内容。很多瑞士人在为孩子填写拥有的财产时，写的都是"时间"两字。一个不珍惜时间的人，不可能成就大业。很多时候，虽然事情办得不错，但因花费的时间多而缺乏效益。

（12）经常盘算时间。做事要常常带着时间观念，也就是说，常常想着要如何节约时间、安排时间和充分利用某些时间。无论在何地，都要把那里当做人生的一个时间站，好好利用时间。经常想着时间，开始或许不习惯，但时间长了，就会成为良好的习惯，对个人的发展有益。伟人不同于普通人的是，他们盘算时间比盘算金钱更多。

（13）主动掌握时间，尽量遵循时间安排。约定中要商量时间的安排，约定后也要安排好自己的时间。要精密地安排每小时、每日、每周、每月、每年的任务，尽量减少时间的浪费。

（14）学会独处。凡成大事者都能快乐地独处，因为独处可以集中较多的时间学习、思考和发展事业。一时或许得利不大，但长期积累必然非常有利。过分地爱热闹，往往会为外界干扰而浪费大量的时间，一时或许不多，但长期积累则很多，非常不利。当然，一个人既要学会独处，又必须有能力合群。

（15）专注于自己的事情。只有集中大量的时间和精力发展事业，才能有所作为。要得到别人的尊重，靠的不是出卖自己去讨好他人，而是依靠实力、能力及合作利益而赢得别人的尊重。别人对你的干扰可以理解为"侵犯你的时间和精力"，因而你要注意维护自己的权利。在做事的时间里，尽量避免和减少分神。如果精神不集中，即使投入的时间很多，投入的精力也不多。即使投入的时间不很多，如果能集中精神，投入精力也是不少的。

（16）抓住有利时机。在激烈的竞争中，成功的人能提早发现机遇，而普通人往往会等到机遇很明显时才认识到。俗话说：快一步，就领先一路。早发现机遇，并早计划、早付诸行动，有利于投入较多的时间和精力把握机遇。

（17）不为一些小事浪费时间和精力。有些小事做好了效益也很小，因而大可不必费神和费力。

（18）忙里偷闲。持续长时间工作的效率往往不高，倒不如抽点时间休息，以提高效率。这样有利于取得更好的工作效果，而且有利于健康及快乐生活。

（19）尽量为自己创造优良的生活环境。优良的生活环境不仅使人精神饱满，而且使人迅速消除疲劳。不良的环境也令人容易疲劳、容易出错、无精打采。生活环境对于一生的精力有着重要的影响，因此，要尽量为自己创造优良的生活环境。

（20）“时间大于金钱”。用你的金钱去换取别人的成功经验，这是比较快的方式。

（21）花最多时间做最重要可是不紧急的事情。我们常谈到时间管理，有所谓紧急的事情、重要的事情，然而到底应该先做哪些事情？当然第一个要做的一定是紧急又重要的事情，通常这些都是一些迫不及待要解决的问题。成功者花最多的时间在做最重要可是不紧急的事情，这些都是所谓的高生产力的事情，然而一般人是做紧急、但不重要的事情。你必须学会如何把重要的事情变得很紧急，这时你就会立刻开始做高生产力的事情了。

（22）一定要跟顶尖的人士学习。每一个成功人士都是跟之前成功的人士学习，这几乎没有什么例外。你跟什么人接触你的想法就会跟他接近，所以千万要仔细地选择你所接触的对象，因为这会节省你很多时间。

时间管理的重要性不仅在于可以帮你达到工作上的目标，还能使你最大限度地发挥自己的潜力，并在工作和个人生活之间保持平衡。如果你想要实现自己的人生目标，如果你想不断实现自我超越，就请善用有效时间管理吧！

时间要当下保鲜

有一位企业家说：“我们都拥有足够的时间，只是要善加利用。一个人如果不能合理、有效地利用时间，就会被时间俘虏，成为时间的奴隶，最终一事无成。”

时间对任何一个人来说都是公平的，关键是看你能不能让时间当下保鲜。

生活中有许多人，整日“两眼一睁，忙到熄灯”，可还是感到时间紧迫，不够用。他们精疲力竭，来去匆匆，却总是不能从容自如，甚至不能按期交付工作。之所以出现这样的结果，可能不是他们工作不努力，而是没有掌握让时间保鲜、提高工作效率的正确方法。

很多时候我们可能会忙而无功，原因就在于自己常被一些琐事绊住，而无法做更重要的事。也就是说，把大量时间浪费在了毫无意义的小事上，而失去了做更重要事情的机会。

一位著名的作家在谈到“浪费生命”时说：“任何伟大的人都能分秒必争、惜时如金。珍惜时间是每一个奉行节俭的人的生活准则。如果不能抓住每一分时间，一个人就不可能取得成功。”

他接着说：“浪费时间是一个人犯的不可原谅的错误，它具有毁灭性的力量。明天的幸福就在于今日你能不能抓住点滴时间奋勇拼搏。很多人抱怨没有成功的机会，其实，大量的机遇就蕴含在这点滴时间当中。浪费时间不仅会毁灭一个人的希望和信心，而且还能扼杀一个人的幸福生活。”

根据专家统计，造成时间变质和无效最主要的因素有五个：外在的干扰、拖延、优先顺序改变、规划不周、等待答复。

要想充分而有效地让有限的时间当下保鲜，提高效率，我们必须克服这些浪费时间的因素。因为每个人的时间都掌握在自己手上，除了你自己之外，没有人能够为你解决浪费时间的问题。

下面这些就是有效保鲜当下时间的小方法。

（1）今日事今日毕。

（2）在同一个时间段做多件事，以节约时间。

（3）就事论事，讲话先讲重点。直谈主题，不要说无关紧要的废话。

（4）干脆利落。有些事情即使做不好也不怕，但犹豫不决、拖延就会浪费时间和精力，绝对是失误。

（5）常思考办事方法及使用先进的工具。每一条捷径都可能节约大量的时间。使用先进的工具，通常都可以节约时间。

（6）可省略的尽量省略。

（7）与他人合作。比如，对于难打的电话，可先让秘书代拨电话，打通了自己再听。有些事情自己虽然可以办，但请内行的朋友帮助一下，将可节约大量的时间。

（8）灵活采用“集中时间做”或“分成几段时间做”的办事方式，以节约时间。比如，紧急的事情要集中时间做；可逐步做的事情要分成几段时间做：小事可利用空余时间零零碎碎做；对那些可以一次性完成的事情，通常考虑一次做完，因为分成几段花的时间往往比较多。

（9）专心在当下所做的事，不要顾虑其他的事情。

（10）给自己限制时间。给自己限制时间，就可鞭策自己想办法和努力，可以帮助激发潜能，取得较好的效果。

（11）花钱节约时间。比如，多出几元钱坐的士，相比坐公共汽车节约了一些时间；打个电话要商店送货上门，虽然多花一点钱，但节约了不少时间。

（12）主动休息。在很疲劳之前，要主动休息，以节约休息所需的时间及利于身心健康。一旦过于疲劳，消除疲劳与恢复精力就要花较长的时间，不大可取。

（13）不要为小事花费过多的时间。许多小事不值得认真去做，不必花太多的心思。有些事情可让下属去做。有些事情即使不做，损失也是很小的，可以考虑不做。抓大放小很重要。

（14）顺便交友。成功的人用于专门的交际时间比较少，交朋友多是在学习、运动、娱乐及发展事业过程中同步进行的。

（15）利用电话、网络沟通。打电话前要有所准备，通话时要直奔主题，不要在电话里说无关紧要的废话或传达无关主题的信息与感受。

（16）避免在高峰期办手续、乘车、购物、进餐。这样一时节约的时间或许不多，但一生如此可节约大量的时间。

（17）公文包放多点用品，以备不时之需。例如，稿纸、笔记本、手机电池、笔、快译通、电话本、一本好书、小巧的雨伞或雨衣等。

（18）灵活拖延。有些事情适当拖延，等到最佳的时间去办理，可节约不少时间。例如购买一些不着急用的东西，不妨拖延几天，等需要购买别的东西时再一起买。

（19）善于运用聚会或会议时间。这种时候是你与同事们沟通信息、讨论问题、安排工作、协调意见、做出决定的最好时间。会议时间运用得好，可以提高工作效率，节约你和大家的时间；运用得不好，反而会降低工作效率，浪费大家的时间。

（20）压缩生活琐事。

（21）不要让时间在等待中白白消逝。生活中有许多时间都消磨在等待中了。比如：当你在医院候诊室等着看病时，就可以利用这一小时的时间做计划，或带一本书看。你也可以带着一个笔记本。这样，当别人无聊地一遍遍翻看旧杂志的时候，你的一部著作说不定就在这里诞生了呢。

（22）东西摆放杂乱无章。杂乱无章的环境不仅给人一种消极暗示，也将时间浪费在了寻找东西上。把东西安放得井井有条，把生活安排得井然有序，也是时间当下保鲜的方法。

（23）做事没有计划。攻读一个学位要多长时间？完成一项工作要多少时间？你有多少个晚上能用来参加社会活动？你还想做更多的事吗？精心地制订你的计划是减轻负担、节省时间的关键。

（24）无节制地看电视。虽然看电视是人们一种开心解闷的消遣，但是太耗费我们的时间了。为了避免那些毫无意义的节目，最好的办法是事先看看节目报，挑选那些使你感兴趣的节目，而把省下来的时间更有效地加以利用。

（25）不敢打断别人的话题。过分地谦恭有礼也会消耗你的时间。你一定经历过这样的时刻：谈话的对方明知道你马上就要去赴约，而且就要迟到了，还是没完没了，一刻不停地讲着。你应该会客气地打断对方的话题：“对不起，我实在不得不告辞了。”这虽然使对方扫兴，但比起你心烦意乱、如坐针毡地继续听下去迟到误事要好得多。

让时间当下保鲜，就是在每个瞬间都保持让下意识与自己的感官保持联结——你的所见、所听、所闻、所触、所尝，以及你内在的直觉，时时刻刻都在指引你。你的觉察越敏锐，就越能在最精微的层面上感受、思考和反应……你的时间和生命会因此具有一种强烈的张力。你将成为让事情很有效率、让时间极富价值的赢家。

简单自然绿活族

绿活，也就是“绿色的生活”，作为一种具有很强的当代性和前瞻性的生活方式，它的内含也处在不断发展之中。绿色生活崇尚的是人与环境和谐相处，人与人互敬互助，以及人内心世界的不断升华。加强人与自然的交流、亲善、融合；尊重、保护大自然所创造的生命形式的多样性；节约能源、减少污染；生活上追求单纯、简朴，注重内心充实和人格独立。反对豪华、奢侈、炫耀财富的生活方式。

“绿活族”也就是崇尚绿色生活的一批人。

1997 年 6 月，世界卫生组织在一份报告中指出，在每年世界发生的 13. 8 亿病人当中（包括死亡），有 3. 5 亿人以上是受到恶劣环境的影响而发病（或死亡）的，其中，15 岁以下儿童所受到的影响大约是 15 岁以上人口的 2 倍，特别是发展中国家，这种影响更为严重。

1998—1999 年的世界资源报告中也指出，全球 23% 的疾病与环境因素的影响直接有关，环境问题已经不是一个局部、一个国家的问题，而是一个全球性的问题。全球气候正在变暖，南极上空的臭氧空洞正在扩大，诸如酸雨、毒雾、空气污染、水污染、温室效应、臭氧层被破坏、资源枯竭和物种减少等一系列严重的环境问题给人类带来了空前的灾难。人们清楚地认识到，人与自然的协调才是生存的必然。

过好的生活是人们最普通的欲望，也是一种不可剥夺的权利。但是，好的生活并不一定是奢侈的生活，更不是以牺牲自然权利为代价的生活。如果仅为满足一己私欲而损害自然，损害他人，甚至破坏后人的生存环境，那是严重的不负责任。因此，为了自己和他人都能持久地过好的生活，每个人都应该有所节制，积极学习“绿活族”简单自然的生活方式。

当然，有节制的生活并不是指禁欲，并非要人们难受，恰恰相反，它要求的既是与自然相和谐，又是科学、健康、适意的生活。

（1）使用竹篮、布袋，减少塑料袋对环境的白色污染。

（2）尽量乘坐公共汽车，能走楼梯就不坐电梯。

（3）不要过分追求穿着的时尚。

（4）不进入自然保护核心区。

（5）倡步行，骑单车。

（6）不使用无法降解的塑料餐盒。

（7）不燃放烟花爆竹。

（8）双面使用纸张。

（9）节约粮食。

（10）拒绝使用一次性用品。

（11）随手关闭水龙头。

（12）一水多用。

（13）为了减少交通运输的压力和能源的消耗，多购买一些居住地附近的产品。

（14）随手关灯，节约用电。

（15）拒绝使用珍贵木材制品。

（16）尽量利用太阳能。

（17）尽量使用可再生物品。

（18）使用节能型灯具。

（19）不干扰野生动物的自由生活。

（20）不恫吓、投喂公共饲养区的动物。

（21）不吃田鸡，保蛙护农。

（22）提倡观鸟，反对关鸟。

（23）拒食野生动物。

（24）不捡拾野禽蛋。

（25）少使用发胶。

（26）减少送卡（贺卡等）救树。

（27）不穿野兽毛皮制作的服装。

（28）不在江河湖泊钓鱼。

（29）少用罐装食品、饮品。

（30）不用圣诞树。

（31）不在野外烧荒。

（32）不购买野生动物制品。

（33）不乱扔烟头。

（34）认识和爱护国家重点保护动植物。

（35）不把野生动物当宠物饲养。

（36）观察身边的小动物、鸟类并为之提供方便的生存条件。

（37）不参与残害动物的活动。

（38）不鼓励买动物放生。

（39）不围观街头耍猴者。

（40）动物有难时热心救一把，动物自由时切莫帮倒忙。

（41）不虐待动物。

（42）见到诱捕动物的索套、夹子、笼网果断拆除。

（43）在室内、院内养花种草。在房前屋后栽树。

（44）节省纸张，回收废纸。

（45）回收废电池、废金属、废塑料、废玻璃，做好垃圾分类处理回收。

（46）旧物捐给贫困者。

（47）尽量避免产生有毒垃圾。

（48）使用无氟冰箱。

（49）少用纸尿布。

（50）少用农药、化肥，尽量使用农家肥。

（51）少用室内杀虫剂。

（52）不滥烧可能产生有毒气体的物品。

（53）自己不吸烟，奉劝别人少吸烟。

（54）少吃口香糖。

（55）节约使用物品。

（56）优先购买绿色产品。

（57）在没有特别需求的情况下，不追求电脑的更新换代。

（58）私车定时查尾气。

（59）使用无铅汽油。

（60）不向江河湖海倾倒垃圾。

（61）了解家乡水体分布和污染状况。

（62）支持环保募捐。

（63）反对奢侈，支持简朴生活。

（64）支持实行环保的产品和股票。组织义务劳动，清理街道、海滩。

（65）避免旅游污染。

（66）参与环保宣传。

（67）做环保志愿者。

（68）认识草原危机、荒漠化。认识、保护森林和海洋。

（69）保护文物古迹。

（70）及时举报破坏环境和生态的行为。

（71）关注新闻媒体有关环保的报道。

（72）控制人口，规劝超生者。

（73）利用每一个绿色纪念日宣传环境意识。

（74）阅读和传阅环保书籍、报刊。

（75）了解绿色食品的标志和含义

身心环保计划

在当今社会，利润最大化原则几乎左右了人们的生活观念。但是从更深层的意义上看，它所造成的不仅是那些有形的污染，所破坏的也不仅是人类赖以生存的自然环境，它更在不知不觉中逐步侵蚀着我们的身心。今天，人类的物质条件比以往任何一个时代都要富足，但是我们梦寐以求的幸福并没有如期而至。事实上，现代人所面临的烦恼和痛苦丝毫没有减少。

问题的根源在哪里？随着物质文明的进步，我们的精神境界并没有得到相应的提高。相反，在物欲的怂恿下，人们的欲望也在随之增长，我们以为自己在追求、在收获，却从来没有想到，这种“危身弃生以殉物”的人生，究竟能给我们带来什么？

如果说生态保护是今天整个社会的当务之急，那么，身心的环保的提倡也有着同样迫切的需要。因为健康的人生观和世界观，直接影响到我们的人生幸福，影响到整个社会的健康发展。那么，如何才能做好身心环保计划呢?

首先，我们需要从身体的环保开始。

人体内存在着许多“毒素”，需要经常打扫，才能使人由内到外的健康。毒素，就是人体内的有害物质，科学研究发现成年人的体内有 3～25 千克“垃圾”，主要来自于“内源毒素”和“外源毒素”。

所谓内源毒素，是指食物在人体代谢后产生的废物不断堆积而产生的毒素，比如乳酸、酮酸、尿酸、脂肪、胆固醇、死细胞、宿便等。正常情况下，人体有能力将内源毒素化解和排除，但当毒素残留过多，不能及时排出，就可能产生自身中毒，皮肤、大脑、肝等组织和器官都会受到毒素的危害。

外源毒素，则是指由外界污染带给人体的有害物质，比如空气污染、水污染、食品污染、药物、细菌、病毒、辐射、自由基等。这些毒素一旦摄入体内，人体很难排泄出体外，它们会在人体内存留几年，甚至几十年，会加速人体各项器官老化，诱发癌症等致命疾病。

1. 帮助身体排毒的方法

（1）饮水排毒法。每天要定时排便，缩短粪便在肠道内的停留时间，及时排出粪便中的毒素。定时排便的习惯其实很好养成，只要每天清晨坚持空腹喝上一大杯温开水，此外，每天必须喝不少于 3 升的白开水，这样有利于肾脏将血液中的毒素排出。

（2）运动排毒法。运动是既利于健康，又能调节情绪的排毒法，运动过后，人会变得精神舒朗，心胸开阔，沉浸在愉快的情绪中。

（3）饮食排毒法。主要是膳食纤维，包括纤维素、半纤维素、果胶等。它们能将肠道内的代谢废物以及食物残渣、随食物进入体内的有毒物质，及时排出体外。此外，还有富含维生素 E、维生素 C、胡萝卜素、类黄酮等的食物，以及抗氧化酶和住在肠道内的益生菌。这些营养元素基本都来自蔬菜和水果。

（4）注意少饮咖啡、可乐、酒及其他含咖啡因的饮品，不抽烟，不过度劳累，不熬夜，学会给自己减压，让呼吸、血液循环、消化等功能及内分泌腺维持正常。

2. 身心的环保计划的项目

（1）清除心灵的垃圾。心灵的垃圾很多，如极度自私、贪婪、嫉妒、偏见、妄念等。古人日："吾日三省吾身。"有心灵环保修为的人时时刻刻向内去找，寻找和清除心灵的尘埃。只有不断放弃自私以至一切不好的心念，才能不断升华到更高的层次和境界。

（2）培植心灵中善的种子。培植心灵中善的种子，广种福田，这是加强心灵环保的重要措施。心存善良的人会始终保持坦然自若的心理状态，这种心理状态能把血液的流量和神经细胞的兴奋度调至最佳状态，从而提高机体的抗病能力。因此，善良是心理环保不可缺少的高级营养素。

（3）宽容。人在社会交往中，吃亏、被误解、受委屈的事总是不可避免地要发生。面对这些，最明智的选择是学会宽容。宽容是一种良好的品质，它不仅包含着理解和原谅，更显示着气度和胸襟，坚强和力量。一个不会宽容、只知苛求别人的人，其心理往往处于紧张状态，从而导致神经兴奋、血管收缩、血压升高，使心理、生理进入恶性循环。

（4）乐观。乐观是一种积极向上的性格和心境，它可以激发人的活力和潜力，解决矛盾，逾越困难；而悲观则是一种消极颓废的性格和心境，它使人悲伤、烦恼、痛苦，在困难面前一筹莫展，影响身心健康。

（5）格局大。古之圣贤并不是不让我们追求名利，而是让我们树立志存高远，不图求一己私利。要求就求百世功、千秋名、万代利。大格局的人眼界大、心胸大、志向大、作为大。当一个人眼光如此之远，定不会为一事一物扰乱心神，为一欲一念破坏身心和社会环境。

（6）积极暗示。这是非常有益身心健康的环保法。需要注意的是要克服浮躁心理以及急功近利的心理。积极暗示是一种平心静气、潜移默化的心理运动，想一蹴而就或以三天打鱼两天晒网的做法而获得成效，是不可能的。在充满变幻和快节奏的现实生活中，要想保持身心健康，使积极暗示取得实效，必须默默地、静静地、缓缓地、天长日久地进行，才能达到理想的效果。

带着心灵去旅行

现代生活节奏加快，生存竞争加剧，人们的神经越绷越紧，心理负荷越来越大，在工作、学习、生活之余，越来越需要带着心灵去旅行，来减轻心理压力和精神负担，调节身体和心灵，让我们更能体验到生活的乐趣和美景。

西方一哲人说："生活是一部大书，不旅行的人只翻开了一页。"可以在最愉快的过程中刺激脑部的方法就是旅行，此点已经过研究证实。到从未去过的地方，不仅能获得空间的刺激，右脑也会受到刺激。此外，大自然的气味及美味饮食等，也会成为嗅觉、味觉、触觉等五感的绝佳刺激。旅行结束回家后，有时会变得更有精神，这正是旅行促使脑神经传导物质多巴胺分泌大增的证据。

在旅途中我们需要保持没有头衔的心态去感受、享受大自然，否则就无法让大脑重新活化，同时也很难得到正向的刺激。外出旅行不只是环境改变，也具有改变自己的想法、磨炼自己的感性这些意义。只要接收方式有所改变，即使旅行结束后返家，应该也能在日常生活中有新发现。正因为旅行可以让自己产生转变，才会觉得有趣。

罗素曾经说过："我们的生命是大地生命的一部分，就像所有动植物一样，我们也从大地上吸取营养。"置身大山中，走在绿树成荫的山间小路上，听着叮咚的泉水声，让人感到如同步入世外桃源，心中的种种不快，也随着那缭绕的云雾慢慢散去。漫步海滨，那一望无垠的大海、波涛汹涌的海面，让人顿生几分豪气。通过旅游，既可以领略祖国的秀美山川，又可以遍访历史足迹，缅怀古人，从而既放松了心情，又让自己的心灵受到洗礼。

在旅行中，心情很重要，有什么样的心情就有什么样的旅程。上路前一定要调适好心境，带着宽松的、博大的、坦然的、淡定的心绪；带着亲近自然、渴望回归、追求大美的心意；还要有携风邀月、河星长歌的心情。带着心灵去旅行，在乎的是心情，追求的是体悟，收获的是经历，收藏的是记忆，满足的是心愿。所以有心才有行，心情好了，旅行的路自然会风光无限。

偶尔心灵疗愈的旅行虽有必要，但是当你想要拂去心灵的浮躁烦恼、荡涤精神的寂寞沉郁、疗治感情的痛楚创伤，却因事务缠身或囊中羞涩而不能如愿时，就在工作和日常生活里，巧妙去旅行吧，也能给你带来意想不到的快乐和轻松，重要的是，你要带着心灵去旅行。

旅行之有效在于新鲜的体验。如果我们在生活中用心去对事物进行更加深邃的洞察和感受，你就能挖掘到事物深层的美，发掘到事物内含的语言，我们一样能收获到旅行的功效。

事实上，生活本身就是一场旅行，远足出游是这场旅行中的一个小插曲，促进我们更用心地谱好生活旅行的交响乐。

“秀才不出门，全知天下景”，你可以收集中外风光照片、风景介绍、游记以及咏叹风景、歌颂大自然的诗歌。没爬庐山，但你可以知道仙人洞的传说；没登过比萨斜塔，却可以对比萨斜塔斜多少、高多少层、谁设计的了如指掌。

你还要以收集《动物世界》、《世界各地》等反映动物、大自然景观、城市风景等纪录片，心情不好时观看，便能忘情于山水，超然于红尘。

如果将过去旅游拍摄的照片汇集成影册，孤独寂寞时拿出来翻一翻，你会翻旧为新，找回一些旧的美好，重叠一些新的感悟。从每张照片上的音容笑貌，认真回忆一下当时的情景心境与小情趣、小插曲，为什么笑得那么开怀？为什么羞答答地低下头？为什么娇嗔地翘着嘴巴？托着腮沉思遐想着什么？这样的心灵旅行极易唤醒沉睡的情感，重温幸福的感觉和快乐的滋味。

带着心灵，去默诵屈原的《离骚》、聆听阿炳的《二泉映月》、临摹王羲之的《兰亭集序》、仿唱梅兰芳的《霸王别姬》、凝视凡·高的《向日葵》、细读屠格涅夫的《猎人笔记》，这样的旅行让我们插上五彩的翅膀、游遍广阔无垠的草原、高耸入云的雪山、游遍一泻千里的瀑布、风景秀丽的田园。

我们还可以带着心灵倚窗赏月、凭栏听雨、临池观鱼、默打棋谱、独品香茗、雕刻石印、捏搓泥人……我们会发现曾经熟视无睹的生活中，处处都是旅行的风景。我们不再浮光掠影、走马观花；不再身游心不游、情景无感受。曾经一成不变的日子，会有令人感动的清风扑面而来；曾经琐碎的生活，重新又燃起心底的激情。

带着心灵去旅行，我们会发现大自然和生活奉献给你的将是一片灿烂的美好和希望！

第九堂课

简单创意放松术——快乐一定有方法

美食、爱好、色彩、音乐、芳香、心灵电影、心灵花园、心灵地图……只要愿意，我们可以在每天的日常生活中，在做任何事情的时候，运用简单创意放松术以及快乐的方法获得身心的愉悦与和谐。

用美食炮制好心情

1. 香蕉樱桃羹

（1）樱桃去蒂，清洗干净。

（2）香蕉剥去外皮，放入碗中碾压成泥。藕粉用少量凉开水调匀化开。

（3）将牛奶倒入小锅中，中火加热至80℃，调入化开的藕粉和香蕉泥，略煮片刻，关火。

（4）将煮好的羹在室温下放置温热，将樱桃放入即可。

营养：香蕉是药食兼备的水果，它富含钙、磷、铁等矿物质和多种维生素，如维生素C、B1、B2等多种营养成分。樱桃可补中益气、祛风胜湿，帮助改善气短心悸、倦怠食少。这两种食物都可驱散烦躁情绪，增加平静和愉悦感。

2. 鸡肉丸子

（1）用刀背将鸡肉剁成鸡肉泥。

（2）将菠菜汆烫后切碎。胡萝卜切碎。

（3）将三种材料混合后加适当的调味品调味，放少许橄榄油打馅。

（4）大火后蒸7~10分钟即可。

营养：菠菜除含有大量铁质外，更有人体所需的叶酸。人体如果缺乏叶酸会无法入睡，并产生健忘和焦虑等症状；还会导致精神疾病，包括抑郁症和早老性痴呆等。研究人员推论，缺乏叶酸会导致脑中的血清素减少，造成抑郁症出现。土鸡肉富含硒，这是一种吃后精神很好，思绪更为协调的营养元素。

3. 营养谷物粥

（1）紫米、眉豆、红小豆、薏米、小麦、玉米、大麦、燕麦、高粱、白扁豆等加入适量清水，浸泡8小时，之后沥去水分备用。

（2）山药、芡实、干百合、干莲子、葡萄干洗净，沥干水分待用。

（3）锅中加入2500ml清水，大火烧开，放入所有用料，再次滚煮20分钟后转中小火熬制1小时。

营养：做谷物粥的材料可以根据自己的口味来调配。不拘泥于这些材料，既可以多也可以少，就看自己的喜好了。一般以选择富含糖类的食物，因其含有血清素，而血清素正是稳定情绪的神经传导物质。

4. 南瓜蒸百合

（1）备齐所需原料：南瓜、百合、冰糖。

（2）南瓜去皮后切成薄片后摆在碗内。

（3）在南瓜片隙间放置冰糖。

（4）百合掰成瓣清洗干净后泡在水里备用。

（5）蒸锅内烧开水后把南瓜先蒸 10 分钟，然后再在中间把百合摆入。

（6）盖上锅盖再蒸 10 分钟后即可。

营养：百合的营养价值很高，富含淀粉、蛋白质、脂肪、糖类及钙、磷、铁等矿物质，并有一股特殊的清香味，并可润肺止咳，清心安神。南瓜有补中益气功效，能防止胆固醇过高，预防动脉硬化。

小贴士

（1）百合掰成瓣洗净后要泡在水内，以免氧化变黑。

（2）先蒸南瓜，等南瓜看差不多熟透再放百合。

（3）百合比较容易熟，不用蒸太久，如果喜欢百合比较软烂的话就多蒸一会儿。

5. 大蒜多种吃法

（1）紫皮蒜一斤，去皮，与 200 克冰糖同入沙锅，加少量水，煮沸后微火炖成粥，凉后早晚各一汤匙，可治疗哮喘。

（2）大蒜切片，加一小把茶叶，烧开后多焖 3 分钟，温服。两三次就可以治疗腹泻。此法还可治疗溏便。

（3）大蒜 150 克，煮熟，蜂蜜以开水冲服，同食大蒜，喝蜂蜜水，专治恶心、呕吐。

（4）大蒜 250 克，剥皮，用刀拍碎，1000 毫升煎汤，每日服三次，每次一小杯，是预防感冒的良方。大蒜捣烂成泥，放入锅中煮成开水，加入蜂蜜同饮，可止咳。

（5）大蒜150克，绿豆100克同煮，待绿豆熬至开花糜烂，加入冰糖即可食用，每日数次，降压良方。

（6）大蒜10克，金银花6克，甘草2克，大蒜捣成泥同金银花甘草开水浸泡，加入适量的糖代茶饮用，治疗痢疾。

（7）红糖30克，大蒜50克，鲜茶叶30克，大蒜捣烂。将沸水略煮的红糖加入茶叶，最后放入捣烂的蒜，待温时当茶饮，一日三次，治下泄。

（8）大蒜60克，茶叶10克，盐少许，大蒜砸成蒜泥，同茶叶加少许盐一起微火炒制5分钟后，沏开水饮用，可以降低血糖，同时对肠胃病也有益处。

（9）鲜大蒜200克剥皮，用水煮熟，饮蒜汤吃熟蒜，可治胃痛、胃胀等症状。

营养：大蒜生辛热，除寒湿，辟阴邪，下气暖中，消谷化肉，破恶血，下冷积。还能够治暴泻、腹痛、便秘、解毒以及杀虫。德国从针对大蒜对胆固醇的功效中研究发现，被测试者吃了大蒜之后，感觉不太疲倦、不焦虑、不容易发怒。

大蒜解诸毒：食蟹中毒、吃了发霉的米面的毒素，还可以解水里的毒；大雨暴涨，枯枝败叶，蛇虫等浸入水中的、看得见的看不见的诸毒。另外，还有饮食的腥膻虫鱼类里边的毒，鱼和肉总有腐败的，有寄生虫。于是，腥膻虫鱼类食物都要放蒜就成了规则。

小贴士

北方人吃饺子不离生蒜，这是很有道理的。因为当温度超过60度时，大蒜中的酶就会被破坏，所以，大蒜一定要适当的生吃。

大蒜起作用的成分是它含有蒜氨酸和蒜酶。但是，这两种东西混合后形成的大蒜素遇热就会很快失去作用。另外，它还怕咸，遇咸也会失去作用。所以，入菜时大蒜最好捣碎成泥，而不是用刀切成蒜末。

吃大蒜并不是吃得越多越好。大量食用对眼睛会造成刺激。大蒜不宜空腹食用。已经患有胃溃疡和头痛、咳嗽、牙疼，以及眼疾等疾病的人，也不宜食用大蒜。此外，大蒜不可与生鱼一起食用，也不可与蜜同食。

这些食物都具有让人稳定情绪，增加愉悦感的营养元素，能够让我们在享受美食的同时，获得健康以及快乐飞扬的好心情——在活色生香中，日子也一天天的变得缤纷多彩，让人回味无穷。

兴趣爱好为你快乐埋单

心理学家告诉我们："你应该有一种爱好!"医师告诉病人："你应该有一种爱好!"一位诗人曾经这样说过："为了你的身心健康，请培养至少一种爱好，而健康的身心正是快乐的唯一依托与内在体现。"兴趣爱好可以给人美的感受和快乐的心情，为你的好心情埋单。而且，爱好越是强烈，这种感受和心情也越强烈。致力于你所醉心的某项爱好，你的身心就会舒畅，你的生活就不会再乏味。

在心理学的范畴上，爱好是指人生某项事物或活动的情感倾向，它与所谓的兴趣在意义上是有区别的，兴趣主要是指人对某项事物或活动的认知倾向。

一般说来，人们感兴趣的事物，大部分也是自己的爱好，所以，有许多时候，兴趣与爱好是紧密相连的。

在人一生中，兴趣和爱好都是不可或缺的。一方面，兴趣、爱好的依赖度和需要程度有所差别；另一方面，对于人的需求来说，兴趣、爱好又是一种满足、调剂与丰富人生的方式。

古今中外，不论是终生奋斗的政治家，还是久战疆场的军事家；不管是治学严谨的科学家，还是造诣高深的艺术家，他们都有自己的兴趣爱好，因而，他们的生活都不是单调乏味的，他们有着充实的精神生活。我们对自己感兴趣的工作，常常是废寝忘食地去做，而且并不感到劳累，这就是喜爱的因素所在。

富兰克林·罗斯福在战争最艰苦的年代里，时常强迫自己挤出一小时来集邮，借以摆脱周围的一切。已故的吉妮太太曾回忆，总统那时经常去她管的那幢房子，把自己关在里面，摆弄着各色邮票。总统来的时候脸色阴沉、心情忧郁、疲惫不堪。等到他走出屋子离去时，精神状态完全变了，变好了，似乎整个世界也变得明亮了。对这位总统来说，这点时间的独自清静换来了他新的精神面貌。

休格·布莱克进入美国议会前，并未受过高等教育。他从百忙中每天挤出一小时到国会图书馆去博览群书，包括政治、历史、哲学、诗歌等方面的书。数年如一日，就是在议会工作最忙的日子里也从未间断过。后来他终于成了美国最高法院的法官，这时他也已是最高法院中知识最渊博的人士之一。他的博学多才使美国人民受益匪浅。

兴趣爱好不仅是使人获得好心情的法则，也是人生成就的助力。那么该选择怎样的兴趣爱好呢?

(1) 读书，是人类文化遗产的结晶，是人类智慧的仓库。著名女作家毕淑敏说过："书就像微波，从内到外震荡着我们的心。"培根说过："读书足以怡情，足以博采，足以长才。怡情也，最见独处幽居之时，其博采也，最见高谈阔论之时，其长才也，最见于处事判事之时。"读书陶冶情操。知识真正成为心灵的一部分，可以显现出内在的含养，增加知识。喜爱读书，广览博识的人，可以使自己变得明智、灵秀、周密、深刻、庄重、善辩，从而使自己的一生不犯错误或少犯错误，永远立于不败之地。

(2)"琴书诗画，达士以之养性灵"，寄情于水墨丹青之中，沉浸于那洒满墨香的氛围之中，笔走神龙，气韵畅通，你的心胸会顿觉舒畅，感受艺术的同时也更好地感受生命。不仅可以愉悦人心，陶冶性情，甚至还可以治病疗伤。

(3)"天朗气清，风和日丽，所观宇宙之大，俯察品类之盛，所以游目骋心，足以极视听之娱。"爱好大自然的人，不就为了享受这快乐的天地?罗素曾经说过："我们的生命是大地生命的一部分，就像所有动植物一样，我们也从大地上吸取营养。"深入到大自然中，游山玩水，看幽谷清泉、石怪草，或醉卧草地，或赋诗山间，其中有不尽的乐趣，能让人忘记生活中的种种争斗与疲惫，让人真切体会到天地万物的珍贵，可以让人体会到人生的美好。

(4) 音乐。在医学研究中发现，经常的接触音乐节奏、律动会对人体的脑波、心跳、肠胃蠕动、神经感应等，产生某些作用，进而使人身心健康。此外，音乐还让人消除工作紧张、活化脑细胞、减轻生活压力、提升创造力、企划力以及刺激右脑、避免各类慢性疾病等。

（5）养花。花，历来为人们视为吉祥、幸福、繁荣、团结和友谊的象征。我国人民自古以来就有赏花、养花的高雅风尚，在长期养花实践中，不仅积累了极其丰富的经验，而且有许多驰名中外的园艺巨著。养花能调剂人们的精神生活，使人轻松愉快，消除疲劳，增进身心健康，还能锻炼意志和提高修养。

（6）钓鱼活动高尚清雅，有动有静，动静相宜，是人们修身养性，防治疾病和增强体质的理想运动方式。马克思曾说过："一个美好的心境，要比十服良药更能解除心理上的疲惫和痛楚。"坚持垂钓，不但可以陶冶性格，培养耐力，调剂生活，消除疲劳，而且还会使我们精力旺盛，体力充沛地去学习和工作。

（7）旅游。远离钢筋混凝土的城市，抽时间去旅游，我们会扩展思维、开阔眼界、放松身心、丰富阅历、增长见识，获得平常难以拥有的好心境和乐趣。

此外，运动、舞蹈、瑜伽、太极、雕塑、书法、滑冰、打球、养金鱼、养宠物、品茗聊天、摄影、围棋、国际象棋、鉴赏古物、学习一门外语等健康爱好也都可以让你有不俗的收获。

作为一种情感倾向，兴趣爱好是可以培养的。在发掘厌烦事物的有趣内含之前，尚不能对它产生趣味；然而，我们可以预先设想它的有用成果来激发对它的兴趣。这就叫兴趣、爱好的"效果预先反馈"。

兴趣爱好的种类林林总总，你可以依着三种目标去选择你的爱好：感觉到有趣的；合于补救身体上或教育上的缺点的；要有永久性，等到年老了的时候，还会感到趣味的。热心帮助别人，是兴趣爱好中最可爱的一种。文学、音乐、艺术、戏剧等也是最好的爱好，因为这些都有无止境的发展空间，能很好地开发潜能。

爱好能丰富美丽的人生，在为你的好心情埋单的同时，还具有助事业起跳的神奇力量。所以，无论你对生活多么不满，一定要有个健康的兴趣爱好，有些精神食粮，因为它能使你看清人生的使命，能让你找到心灵家园，使人生更有意义。

色彩是最给力的调节

我们身处在一个色彩无所不在、无处不能的世界，然而，我们却常忽略了色彩给人感觉带来的巨大影响。

请两个人做一个实验，让其中一人进入粉红色壁纸、深红色地毯的红色系房间，让另外一人进入蓝色壁纸、蓝色地毯的蓝色系房间。不给他们任何计时器，让他们凭感觉在一小时后从房间中出来。结果，在红色系房间中的人在40～50分钟后便出来了，而蓝色系房间中的人在70～80分钟后还没有出来。有人说，这是因为红色的房间让人觉得不舒服，所以感觉时间特别漫长。确实有这个原因，但也不尽然。最主要的原因是人的时间感会被周围的颜色扰乱。

举个例子，在时下非常流行的休闲运动潜水中，人需要携带氧气瓶。一个氧气瓶大约可以持续40～50分钟供氧，但是大多数潜水者将一个氧气瓶的氧气用光后，却感觉在水中只潜了20分钟左右。海洋里的各色鱼类和漂亮珊瑚可以吸引潜水者的注意力，因此会感觉时间过得很快，这是原因之一。更重要的是，海底是被海水包围的一个蓝色世界。正是蓝色麻痹了潜水者对时间的感觉，使他感觉到的时间比实际的时间短。

你也不妨试一下，用心观察你所在的这个房间，观察墙壁、家具、地毯和你所穿的衣服的颜色。每种颜色都会对你产生不同的作用，不管你是否意识到。通过变换周围环境的颜色，你能够转换心情并让生活变得更加美好。

人类的眼睛不仅起到了感官的作用，也会直接刺激神经系统位于大脑深处的部分。下丘脑、垂体和松果体都对色彩极其敏感。抵达大脑这些部位的色彩，直接影响神经系统，改变人体的生理、心理和情感状态。色彩并不是只传到大脑里的视觉皮质，有些神经从视网膜直接就传到下丘脑，下丘脑能够调节身体大部分维持生命的功能，并直接影响到内分泌。内分泌腺体和身体微妙能量系统之间的对应，表明颜色会影响人们生存的各个层面。

眼睛并不只是我们周围世界信息的来源，眼睛还将光能传送到大脑中心。在那里，光能可以在细胞功能、生理活动、情感和心理状态等层次上带来深刻的变化。广告商、室内装饰师和治疗师，能够找到利用色彩来操纵人们反应的办法——好坏皆有。不同的色彩，还有全光谱日光量的多少，可以发起神经系统的深刻变化。不管我们是否清晰这一过程，但色彩始终会影响人类生活的各个层面。

据研究，一些疾病在很大程度上是由于人体内色谱失衡或缺少某种颜色造成的。在装饰、化妆、服装和广告方面合理使用色彩可以取得宜人的效果。除了医疗作用外，颜色还有一定的象征意义和社会属性，对人类生活有着举足轻重的影响。

红色：代表活泼、活力、健康、热情、希望、热闹、温暖、幸福、吉祥、太阳、火、血。

橙色：代表光明、华丽、兴奋、甜蜜、快乐、喜悦、华美、温和、欢喜、灯火、秋色。

黄色：代表明朗、愉快、光明、高贵、希望、温和、金光。

绿色：代表新鲜、平静、和平、柔和、安逸、青春、朝气。

蓝色：代表深远、永恒、沉静、理智、诚实、寒冷、清新、海洋、天空、水。

紫色：代表优雅、高贵、魅力、华丽、优雅、神秘、丁香。

白色：代表纯洁、纯真、朴素、神圣、明快、清爽、洁净、卫生、光明、雪、云。

灰色：代表忧郁、消极、谦虚、稳重、朴素、沉默、中庸、寂寞。

黑色：代表崇高、坚实、粗莽、神秘、静寂、悲哀、严肃、刚健、恐怖、稳重、夜。

金色：代表光荣、华贵、辉煌。

彩色：代表杂驳、缭乱、绚丽、幻想。

“色彩是感情的语言”，根据不同色彩可以诱发不同情感。由于人们的生活经验、传统习惯及年龄性格等不同，对色彩可产生的心理反应也不尽不同。

（1）红色：是血的颜色，最富有刺激性，很容易使人想到热情、热烈、美丽、吉祥、活泼和忠诚，也可以使人想到危险、卑俗和浮躁。有提高食欲，升高血压作用。易引起性急、发怒，在红色房子里，对心脏病症者不利。在所有的颜色中，红色最能加速脉搏的跳动，接触红色过多，会感到身心受压，出现焦躁感，长期间接触红色还会使人疲劳，甚至出现筋疲力尽的感觉。因此没有特殊情况，起居室、卧室、办公室等不应过多地使用红色。

（2）粉红色：能抑制愤怒降低心脏收缩力，减慢心律。

（3）橙色：能产生活力、诱人食欲，有助于钙的吸收，因此，可用于餐厅等场所但彩度不宜过高，否则，可能使人过于兴奋，出现情绪不良的后果。

（4）橙红色：为暖色，使人感到温暖、热烈、活泼、快乐，能激发人的朝气，但过暖则导致紧张、兴奋、烦躁。

（5）橙蓝色：有助于肌肉松弛，减少出血，还可减轻身体对痛感的敏感性。

（6）黄色：使人更爱好交际，增强好奇心，敢于创新。古代帝王的服饰和宫殿常用此色，能给人以高贵、娇媚的印象，可刺激精神系统和消化系统，还可使人们感到光明和喜悦，有助于提高逻辑思维的能力。但是大量使用金黄色，容易出现不稳定感，引起行为上的任意性。因此，黄色最好与其他颜色搭配用于家居装饰。

（7）绿色：健康、活泼、生气、发展。能消除紧张情绪，是森林的主调，富有生机，可以使人想到新生、青春、健康和永恒，也是公平、安静、智慧、谦逊的象征。它有助于消化和镇静，促进身体平衡，对好动者和身心受压者极有益，自然的绿色对于克服晕厥疲劳和消极情绪有一定的作用。

（8）蓝色：最能使人联想到碧蓝的大海，抽象之后则使人想到深沉、远大、悠久、理智和理想。蓝色是一种极其冷静的颜色，但从消极方面看，也容易激起阴郁、贫寒、冷淡等感情。它还能缓解紧张情绪，缓解头痛、发烧、失眠等症状，有助于调整体内平衡，可减慢心律，降低婴儿体内胆红素缓解疾病。

（9）浅蓝色：消除大脑疲劳，使人清醒，精力旺盛。

（10）紫色：既可使人想到高贵、古朴和庄重，也可使人想到阴暗、污秽和险恶。对运动神经系统、淋巴系统和心脏系统有抑制作用，可以维持体内的钾平衡，并具有安全感。

（11）白色：能使人想到清洁、纯真、清白、光明、神圣、平和、单调、朴素、坦率、纯洁等，也可使人想到哀怜和冷酷。使人产生纯洁、天真、公正、神圣、抽象、超脱感觉。使人有安全感，给心脏病人以慰藉，对烦躁情绪有镇静作用。

（12）玫瑰色：具有幽静、幽婉、华贵之情。

（13）咖啡色：能让人心理趋于平静，消除孤独感。

（14）灰色：朴实，但更多的是使人想到平凡、空虚、沉默、阴冷、忧郁和绝望。

（15）黑色：可以使人想到坚实、含蓄、庄严、肃穆，也可以使人联想到黑暗。

（16）青色：使人产生亲切、朴实、乐观、柔和的感觉。

我们明白了色彩的象征和作用后，就可以以此来给自己的思维、情感、性格、脾气等做出调节。除了衣着外，墙壁、沙发、橱柜、地板，甚至你的杯子、笔筒等都可以选择你需要的颜色来改善。

这种改善毫不费力、不知不觉，却又无时无刻不在产生影响。当你身边的人在讶异你的状态越来越好时，别忘了分享给他们秘诀——颜色是最给力的调节！

音乐是免费的情绪治疗师

音乐是我们人类心灵的伴侣。美妙的音乐能带给我们美好的享受、情操的陶冶。听音乐时，我们可以忘记尘世间的一切烦恼，忘记寂寞、忘记痛苦、忘记挫折、忘记悲伤。忧郁的时候，音乐可以让我们找到快乐；失意的时候，音乐可以让我们找到坚强；彷徨的时候，音乐可以让我们找到清澈；迷惘的时候，音乐可以让我们找到明朗。

音乐，可以打开我们封闭的心灵，让我们感悟生命的真谛。音乐，可以抚慰我们受伤的情感，让我们重获生命的力量。音乐，就是免费的情绪治疗师。

明代著名医学家张景岳说：“十二律为神物，可以通天地而和神明。”清代吴师机的著作《理瀹骈文》中说：“七情之病也，看花解闷，听曲消愁，有胜于服药者矣。”

中医经典医学典籍《黄帝内经》上记载：“肝，在音为角；心，在音为徵；脾，在音为宫；肺，在音为商；肾，在音为羽。”“天有五音，人有五脏；天有六律，人有六腑。此人之与天地相应也。”五脏可以影响五音，五音亦可调五脏。正因为声音与人体不同的腑脏有不同的关系，所以闻音乐可以“动荡血脉，通流精神”而正心志。通过音乐对五脏、五气的影响，从而“雪其躁心，释其竞心”，而“淡泊宁静，心无尘翳”，达到修身养性的目的。

音乐与造化相通，可以医人于无形。中医认为，音乐治疗贵在“和”字。《中庸》说：“喜怒哀乐之未发，谓之中；发而皆中节，谓之和”，就是中国音乐所推崇的至高境界。

音乐是一种和合之气，它能和合人体之阴阳，起到“阴平阳秘，精神乃治”的作用。宇宙阴阳之和与人体阴阳之和是同构相应的，人体是个小宇宙，人体的和谐与否直接受到大宇宙和谐的影响。因而姚崇在《弹琴诫并序》说：“琴者乐之和也，君子抚之以和人心。”欧阳修在《国学试策三道》中亦说：“盖七情不能自节，待乐而节之；至性不能自和，待乐而和之。”

宋代文学家欧阳修曾用音乐治好了自己的抑郁症。欧阳修在《送杨寘序》说：“予尝有幽忧之疾，退而闲居，不能治也。既而学琴于友人孙道滋，受宫声数引，久而乐之，不知其疾之在体也。”元代刘郁的《西使记》中记述了一位叫哈利发的阿拉伯国度元首，用观赏中国的琵琶音乐治好痼疾头痛等事件。元代名医朱震亨主张用音乐治疗疾病，他曾说“乐者，亦人药也”。

现代社会，人们对音乐与疗疾研究也逐渐兴起，并开发了一系列音乐养生疗法。在世界范围内，致力于音乐疗法的人也有很多。

1975 年，美国音乐界知名人士金太尔夫人因乳腺癌缠身，身体状况越来越不好，几乎到了死亡的边缘。这时，金太尔夫人的爸爸不顾年迈体弱，每天坚持用钢琴为爱女弹奏乐曲。也许是充满爱心的旋律感动了老天，两年后竟然出现了奇迹——金太尔夫人战胜了乳腺癌。康复之后，她热情似火地投身于音乐疗法，并亲自出任美国某癌症治疗中心音乐治疗队主任一职。金太尔夫人弹奏吉他，自谱、自奏、自唱，引吭高歌，帮助癌症病人们振奋精神，和绝症进行顽强的斗争。

德国科学家马泰松就有几十年音乐疗法经验，他在对爱好音乐的家庭进行调查之后注意到，经常听舒缓音乐的家庭成员大多举止文雅、性情温柔；爱听低沉古典音乐的家庭成员，相互之间则能做到和睦谦让、彬彬有礼；喜欢听浪漫音乐的家庭成员，通常表现得思想活跃、热情开朗。他由此得出结论说："旋律具有主要的意义，并且是音乐完美的最高峰。音乐之所以能给人以艺术的享受并有益于健康，正是因为音乐具有动人的旋律。"

正如贝多芬向世人介绍音乐的魅力时所说："音乐是比一切智慧、一切哲学更高的启示，谁能参透我音乐的意义，便能超脱寻常人无法自拔的苦难。"美妙的音乐能够使人们感受到这个世界最美好的一面，当我们被这韵律触动，心神不定时，也会悄然纾解，病亦不药而医矣。

享受幸福的芳香日

国人大多不常用香气，更不知道如何用香气来养生，这与欧美发达国家连男性都普遍使用香气是一大差异。嗅觉是动物和人类最原始的生存工具。我国自古以来就有使用芳香的传统，如：《神农本草经》、《黄帝内经》、《本草纲目》中就有用芳香治疗人体疾病的记载。

英国著名的医学杂志《柳叶刀》曾经报道过利用芳香气味缓解人的心理压力的案例。报道中详细介绍了香味的选择、使用及适应范围。后来，一些治疗者在治疗过程中尝试着用这种方法治疗某些焦虑症、恐惧症和抑郁症，发现确有疗效，并将其作为一种新的心理治疗方法加以推广使用。

事实上，芳香疗法并不是一种新的心理疗法，在我国，利用特殊气味提神醒脑、振奋解困早已有之。

很多治疗专家发现，特定的芳香气味不仅可以缓解抑郁、焦虑、恼怒情绪，而且还会引发清新的回忆，这可能是因为某些特定的气味会刺激大脑深层的边缘系统的神经循环，激活记忆功能，并能稳定和增强边缘系统。此外，芳香气味还能使心灵愉悦、快乐、平衡、舒缓、放松、安宁、平静，帮助入定和提升自信心。

在繁忙紧张的工作之余，我们可以运用各种芳香疗法来让自己享受到一个被香氛团团围绕的幸福日。

1. 按摩法

精油通过基底油稀释后，可以通过按摩让精油很快被皮肤吸收而影响我们的器官功能，使我们的紧张情绪得到改善，舒缓压力、愉悦心灵。需要注意的是：精油的使用量是用“滴”来计算的，并且不同品牌的使用量也有所不同。按摩时使用红松油、迷迭香、天竺黄、薰衣草等芳香剂有助于肌肉放松和缓解疼痛。

2. 沐浴法

这是比较常见的芳香减压的方法。但是在泡浴前别忘了一个步骤，就是稀释精油。没有经过稀释的精油，不但会因对皮肤的过度刺激，而对机体产生伤害，还有可能让浴盆受到损害。因此，在泡浴前一定要把精油均匀地调和稀释，然后水温也要保持在适宜的温度，不然会加速精油的挥发。泡浴的时间大约可持续 20 分钟。沐浴精油小配方：①镇静安定：薰衣草 5 滴、春黄菊 2 滴、橘花香料 2 滴。②放松身心：薰衣草 5 滴、柏子油 5 滴、牛至 4 滴、春黄菊 2 滴、橘花汁 2 滴、玫瑰汁 2 滴。③改善疲劳：天竺黄 4 滴、海索草香料 2 滴、罗勒属植物香料 2 滴。

3. 香熏法

我们先把 5 ~ 10 滴精油放在熏香灯里，然后加水后熏蒸，就可以起到很不错的减压效果。并且，你还可以滴精油在面纸上吸嗅，也能起到很好的减压效果。

4. 调配日常护肤品

将适量精油添加到日常的一些植物成分的护肤品中，可以有针对性的提高护肤品的效果，实验证明可以提高本身效果 7 ~ 8 倍功效。

5. 冷敷/热敷法

常见的一种方法，方式是通过在热水或者冷水当中滴入适量的精油，然后将一块棉纱布浸湿之后敷在身体的局部皮肤之上已达到所需要的效果。

6. 吸入法

备一个大的玻璃或陶瓷的碗，在碗里加满沸水，滴入两三滴纯植物精油。将脸靠近碗口，慢慢地吸入精油的香气。

7. 香囊法

源自中医里的“衣冠疗法”，早在两千多年前，我国民间就有佩带香囊以避除秽恶之气、确保自身健康的习俗。其实这一习俗具有其科学性，因为香囊中装的常是芳香开窍辟邪的中草药，它们大多有芳香、驱虫、避瘟、防病的功能，因此民间也有“戴个香草袋，不怕五虫害”之说。把香囊戴在胸前，囊中药物散发出的芳香气味可在口鼻周围形成高浓度的小环境，中药成分被吸入人体后，芳香气味能够刺激鼻黏膜，使鼻黏膜上的抗体具有较强的杀死病毒的能力。你可每天白天佩带，睡觉时放在枕头边。这种方法简便易行，是防病保健的好方法。

8. 芳香保健枕

这些枕头的填充料是由各种中草药来充当，因此具有某些特殊的保健作用。其实这类保健枕在中国已有很长的使用历史了，在东晋葛洪的《肘后备急方》中，就记载有以“犀角、麝香、青木香”为枕芯原料来制作枕头的秘方，据记载该枕头主要用来治疗睡眠时多梦、易醒的病症。可以说用药枕促眠和养生的方法，是中医最根本的芳香疗法之一。

温馨提示：要选择天然香料，它们几乎都是药用植物，不仅有香气，还含有十分丰富的营养成分。以天然香料或中药材制作的香品，在气味芳香之外，还有安神、养生、祛病等丰富的功效，并且常能使人产生“愉悦”、“感动”等很微妙的心理体验，而合成香料却几乎完全没有这种效果。

好香就像良药，既要有好的材料，还要有好的配方。单一香料药性常有偏颇，所以如果原料品级相同，其功效常不及多种香料配成的合香。而在两种合香之间，品质的高下则取决于香方的水准。

在这里，还要提醒一下，因为虽然进行芳香疗法可以让嗅觉更加灵敏，但是一种精油使用 2 周后，肌肤就对它不够敏感了，所以需要换一换。除此之外，可以选择多种精油进行搭配，因为三种左右的精油搭配方比单一精油的效果要明显很多。

进入动听的无压世界

每当听到优美的、引起共鸣的音乐时，人们会感到无比的舒畅。事实上，这种现象是与细胞本身的节奏密切相关的。仔细测试一下，人体皮肤表面的细胞可以发现细胞在做小小的振动，我们把这种振动叫做“微振”。人体以细胞的微振为基础，全身无不在振动着。脑波、肠胃的蠕动、心脏的搏动、自律神经的活动、紧张和弛缓、收缩和伸展，这些振动都有一定的节奏。

使人感到畅快的音乐，实际上也是一种正好与人们生理上的节奏状态完全合拍的音乐。当人体内部的微振与外部的节奏一致时，就会产生舒畅、放松的感觉，进入无压世界——音乐就是进入无压世界的媒介。白居易的《好听琴》写道：“本性好丝桐，心机闻即空，一声来耳里，万事离心中；清畅堪销疾，恬和好养蒙，尤宜听‘三乐’，安慰白头翁。”正是进入动听的无压世界后，心灵宁静、愉悦的描写。

这种无压是音乐与心灵的约会，这种平静是音乐对心灵的抚慰，这种愉悦是音乐给心灵的爱与美。因而，欣赏音乐可以“雪其躁心，释其竞心”，而“淡泊宁静，心无尘翳”，达到修身养性和心的目的。

怎样的频率、怎样的韵律、怎样的波动，才能让我们进入动听的无压世界呢？

（1）去倦解乏的音乐：舒曼《莱茵》、萨拉萨蒂《吉卜赛之歌》、舒伯特《琶音奏鸣曲》《小夜曲》、李斯特《爱之梦》第三曲、贝多芬《小提琴协奏曲》、亨德尔组曲《水上音乐》《菩提树》、帕格尼尼《康巴奈舞曲》、维瓦尔迪《四季》等。

（2）消除焦虑的音乐：古典音乐、巴赫《四大键琴协奏曲》、维瓦尔迪《海的岚》、普罗科菲耶夫《彼得与狼》、莫扎特《第一长笛四重曲》《单簧管协奏曲》《百鸟朝凤》《平沙落雁》《雨中旋律》《为晚会喝彩》《海滨的火焰》等。

（3）纾缓压力的音乐：艾尔加《威风凛凛》、布拉姆斯的《匈牙利舞曲》等。

（4）镇静安神的音乐：《班得瑞》系列、《春江花月夜》《平沙落雁》《苏武牧羊》、贝多芬《奏鸣曲》、柴可夫斯基《花之圆舞曲》、门德尔松《第四交响曲》等。

（5）振奋精神的音乐：贝多芬的交响曲《命运交响曲》、比才《斗牛士之歌》、博克里尼的大提琴《A 大调第六奏鸣曲》《娱乐升平》《步步高》《狂欢》《金蛇狂舞曲》等。

（6）抚慰悲伤的音乐处方：莫扎特《安魂曲》、李斯特《叹息》、奥芬巴赫《霍夫曼的船歌》、约翰·施特劳斯《蓝色多瑙河》、德彪西《大海》、巴赫《主啊，我们的心仰望你》等。

（7）消除怒气的音乐：柴可夫斯基《1812 年序曲》、舒曼《第四交响曲》第一乐章、穆索尔斯基组曲《图画展览会》等。

（8）增强信心的音乐：舒伯特《魔王》、巴赫《柔板》、柴可夫斯基《悲怆》、莫扎特《第十四交响曲》、吉他独奏《奇异的关联》、风笛独奏《斯卡堡小镇》、小号独奏《爱的力量》、钢琴曲《海边的祈祷》等。

（9）辅疗失眠的音乐：德彪西《梦》《月光》、肖邦《摇篮曲》、巴赫《萨拉班德》《阿里沃索》、莫扎特《长笛竖琴奏鸣曲》、皮尔金顿《晚安，可爱的小精灵》等。

（10）辅疗抑郁的音乐：舒伯特《圣母颂》、格里格《婚礼之日》、德沃夏克《安魂曲》、威瓦尔蒂《四季》、西贝柳斯《第二交响曲》、贝多芬《第二浪漫曲》《悲伤圆舞曲》、克莱斯勒《维也纳随想曲》、柴可夫斯基《忧郁小夜曲》、李斯特《第二匈牙利狂想曲》《第四交响曲》、门德尔松《乘着歌声的翅膀》等。

（11）解消不安的音乐：斯特拉文斯基芭蕾组曲《火鸟》、芭蕾组曲《春之祭》、肖邦《第六波》、罗奈兹《英雄》、勃拉姆斯《第五匈牙利舞曲》、亨德尔《焰火音乐》、西贝柳斯《芬兰颂》、罗西尼《威廉·退尔》、约翰·施特劳斯《电闪雷鸣波尔卡》、巴赫《弥撒曲》、格鲁格《精灵的舞蹈》《幻想曲与赋格曲》、亨德尔《竖琴协奏曲》、斯美塔那《我的祖国》、贝多芬《庄严弥撒曲》等。

（12）消除疑惑、仇视心态的音乐：西贝柳斯《芬兰颂》、斯特拉文斯基《春之祭》《圣诞清唱剧》、萨拉萨蒂《吉卜赛之歌》、巴赫《马太受难曲》、柴可夫斯基《1812 序曲》、斯美塔那《我的祖国》等。

（13）驱逐寂寞的滑稽音乐：安德森《蓝色探戈》《跳蚤之歌》《乘雪橇》《孤独的牧羊人》《钟表店》、杜卡《小巫师》、圣桑《动物狂欢节》、肖邦《小狗圆舞曲》、莫扎特《音乐的玩笑》、柴可夫斯基《四小天鹅舞曲》、休斯《滑稽音乐》、罗西尼《两只猫滑稽的二重唱》等。

（14）补充“心灵维生素”的音乐：艾伦贝格《森林水车》、克莱斯勒《爱的欢乐》、莫扎特《德国舞曲》《贝多芬主题回旋曲》《魔笛》序曲、舒伯特《军队进行曲》、勃拉姆斯《大调圆舞曲》、柴可夫斯基《如歌的行板》《第五匈牙利舞曲》、钢琴曲《四季》等。

欧阳修在《书梅圣俞稿后》中说：“凡乐，达天地之和，而与人气相接，故其疾徐奋动以感于心，欢欣恻伧可以察于声。”

孔子说听音乐要“虚以待物。”品尝着天籁之音，你可以进入动听的无压世界，触摸到一束束轻柔的暖阳、一帘帘流泻的月雨，还有那呢喃的虫鸣、微风的吟唱。身心的细胞会被洗涤、身心的能量会被激发，爱与美，在你的整个天地轻舞飞扬。

心灵电影

世界著名的钢琴演奏家施纳贝尔学了 7 年钢琴，因为他讨厌练钢琴，他很少真正在钢琴键盘上长时间练习。当有人责问他练钢琴时间与其他音乐会钢琴演奏家相比太少了，他回答说：“我在头脑中练。”可以说，如今“我在头脑中练”已经成为现在钢琴指导的重要基础。这种头脑预演法就是心灵电影。

心灵电影就是把梦想图像化，想象着成功过程的全部情景，就像播放一部电影一样，每天对自己预演播放，不断表达对自己心想事成的信心。心灵电影是一幅诱人的未来蓝图，也是挑战自我的方法。由于你对成功者或成功形象的模仿使你在现实中有所改变，大凡知道一些成功学知识的人都知道，良好的形象对事业成功极有帮助。由于有了未来的形象模型，积极的心理方向能使自己在不知不觉中潜移默化，改善了形象。

心灵电影让自己的心中充满希望，我们模拟了所期望的情境和成功，似乎有些真切的感觉，并且，心灵电影中言行和所得的结果往往又是自己最希望的。在片中，我们借着当时的场景有具体的言行和处事方法，无疑又给自己带来了经验，这些经历和经验将有助于你改变你的现状。

心灵电影还能使我们在遭遇困难、挫折时获得无穷的力量，使自己勇于面对困难与挫折并进而战胜它们。

心灵电影不仅能够舒解焦虑、排除压力，并因积极的心理形象而激发出潜能。无论在学业、工作、家庭及生活的各个方面，都能有不小的助益。

我们在每天的日常生活中，在做任何事情的时候，都可以去绘制生动的、清晰动人、感觉良好的心灵电影。这样不仅在有准备中得以执行，而且在反复的准备和心灵电影的演练中，也提高了我们实际操作的能力。我们不仅可以想象着未来成功的情景，还要在想象中时常回忆曾经有过的辉煌，哪怕只是一次小小的成功，或是受到过一次小小的赞扬，成功经历的回忆，都会成为我们今天遇见困难时的一种鼓励、一份重获自信力量的乐观。

1. 放映心灵电影的具体方法

（1）进行三次深呼吸。每次都要憋气几秒钟。呼气的时候心中默念“放—松”。这样可以帮助你安静下来以便更容易地将积极的思想、形象和情感重新输入大脑。

（2）想象将自己置身在一个放映室里，里边有一架放映机、一个屏幕和电影胶片。这些都是为你准备的。“电影”可以是别人为你放映，也可以是你本人亲自为自己放映。

（3）开始放映表现目前状况的电影。马上你就会从新的角度看到自己的状况。在这个过程中观察自己的思想和情感，并在内心对重要的东西进行记录。

（4）换成第二部电影。一般这一转换只需几分钟就够了。现在就让我们开始放映我们所希望取得的理想结果的多维电影吧。电影中出现的是你所希望的事情，电影中的你就像真的变成了你所希望的角色，让你所有的感觉：视觉、听觉、嗅觉、触觉、味觉甚至第六感觉全都投入进来。充分体验由这一满意结果带来的积极情感，体验其中的自信、满足、充实和享受，以及所有这一满意结果带来的一切好的东西。

（5）让自己慢慢从这一满意结果中走出来，放松—完成—输入。这样你就将希望的种子在自己头脑中播种完了。

假如在输入的时候发生精力分散的情况是很自然的，这时只要将这些杂念轻轻地放到一边，然后重新将精神集中到“电影”中你所在的位置就可以了。你这样做一次，自我控制的能力就会加强一次。

2. 播放心灵电影的最佳时间

（1）临睡觉之前。我们做梦的内容和睡眠的质量在很大程度上是受我们临睡前的思想状况所影响的。播放心灵电影可以导致积极和富有创造性的梦境、更加良好深沉的睡眠，以及帮助激发醒来后的创造性想法。

（2）清晨醒来时。它将强化你头一天晚上进行的输入，并可以给你一个有意义而且有成果一天的开始。这会带给你愉悦的心情和充沛的精力。

你可以定期播放心灵电影，以便使自己得到放松和休息，身体重新产生力量。你将会发现，这大大有助于个人的发展，使你更加轻松、顺利地获得成功幸福的人生。

5 分钟冥想练习

冥想一词来源于梵文“DHYANA”，自达摩祖师传播到中国后，译为“禅”。西方译为“EDITATION”（心灵的药物）。冥想即是将思想、思虑等一切指向外界的意识活动虚无，转而让身体和精神相契合，进入感知。

在生活中，人的意识常是随意而无章的，被外界的纷扰和感官物欲影响和控制，因此忘记了对身体的感知，对心灵的驾驭，而导致精神与肉体的痛苦。想要获得实在的进步与发展、获得真正的幸福和快乐，人就必须要成为自己思想的主人，从因欲望带来的身心的痛苦和忧虑中解脱出来。冥想就像天然净化器，将因外界事务产生的一切纷扰的意识活动过滤，让心灵变得更澄明，更警醒，更具有秩序和洞察力，进入到深度的宁静中，而蕴藏着人类历史中所有最好的生存情报的潜意识，也会被激发而活跃，与自然大道意识产生共鸣。

随着瑜伽风靡全球，冥想也成了人们增强体质、提高生活品质的时尚新标杆。社会各界人士都积极参与并体验到精神建设和身心健康；很多企事业单位为保障健康、提高业绩，都发动员工练习冥想；众多医院也因冥想显著对生理、心理的效果而将它广泛应用到临床治疗中。因此，现代冥想姿势也由早期的纯打坐姿势，演变得更加多元化，坐、卧、站甚至步行时都可以进行冥想。

这里分享一个快速、便捷的“五分钟冥想练习”，可单独练习，也可随所需搭配组合练习，长期坚持下去，你会发现身体所有组织器官机能活动都能够得到强化，巨大的潜能得到开发，并使心神安详、灵性增长，促进了工作、生活的幸福和成功。

1. 呼吸冥想法

（1）练习完全式呼吸法，静心关注自己的一吸一呼。

（2）微合双眼，集中注意力静心感受呼吸的节奏、呼吸器官的律动。

益处：排毒养颜、益智健体、舒缓压力、稳定情绪有显著效果。

温馨提示：切忌过于刻意、大呼大吸、强调屏息。

2. 视觉冥想法

（1）练习完全式呼吸法，静心关注自己的一吸一呼。

（2）凝视一种让自己赏心悦目或期望达成目标的图像，可以是烛光、花、画等任意物质。

（3）专注冥想图像本体的大小、明暗、颜色、动静，然后闭眼想象，在头脑中重新勾画图像。

（4）重复细致的观察和闭眼想象，直到头脑中的图像形象而清晰。

益处：使人放松神经、集中精力、富有想象力、开发潜能。

提醒：不用久视不眨，但若是过于频繁地眨眼，也应尽快纠正。正常情况下人体 2～6 秒眨眼一次。

3. 听觉冥想法

（1）根据自我需求选择一个舒适的冥想姿势和手印，掌握要领，自如保持。

（2）练习完全式呼吸法，静心关注自己的一吸一呼。

（3）如果置身于大自然中，可倾听树林中的鸟啼蛙鸣、海边的惊涛拍岸、小溪的流水潺潺；如果是室内，那么舒缓优雅的大自然纯音乐、古典音乐、轻音乐、a 波音乐等都是非常棒的冥想音乐选择。

（4）微合双眼，让音波带你入静，专注分析音乐的节奏、音调和所用的乐器。

（5）想象自己是跳动着的音符，在谱写着空灵的天籁之声。

提醒：宜选择轻柔、舒缓、优雅、悦耳、没有歌词的音乐，忌过于高亢、激烈、悲伤、节奏快速的音乐。音乐音量一般 20 ~ 40 分贝最佳，最高不宜超过 60 分贝，也就是不超过普通室内谈话声音大小。

4. 嗅觉冥想法

（1）练习完全式呼吸法，静心关注自己的一吸一呼。

（2）选择天然熏香、精油、香味浓郁的花朵草木或任何让你感觉气味沁人心脾的物品，将物品放于身前不超过 1 米，香氛可以轻松环绕的距离内。

（3）微合双眼，保持平稳而顺畅的呼吸，去体会香味的距离、浓淡、类别。

（4）体会香味轻轻地飘动着，随着自然地深呼吸，从鼻腔穿越到咽喉，进入肺部，弥散到血液里，污浊废气夹杂着所有的压力、不快被轻松地抛出体外。

益处：消除紧张，提高认知能力，增强记忆力、想象力、感受力，改善神经系统、分泌系统，平衡生理机能。

提醒：香味能对生理、心理产生明显的积极影响，但必须根据身体情况的不同，选择合适香，避开禁忌香，尤其是过敏者和孕妇更要慎重使用，以免引发一系列不适症状。如：香子兰香降血压、甘菊香升血压、孕妇不宜闻肉桂和麝香等。

5. 味觉冥想法

（1）练习完全式呼吸法，静心关注自己的一吸一呼。

（2）选择一种有益的美味的营养食品，去品味食物原汁原味的清甜，不应因眼前短暂的感官满足而放纵自己选择垃圾食品，埋下病患种子，影响身心的健康。

（3）细细地咀嚼，在轻微的声响中，体验食物的形状、温度、大小、质感、味道、口感和清香。感受到大脑血流增多，肠胃更加轻松。慢慢地咽下，食物从食道进入肠胃，精华化生为能量，营养全身所有的组织器官，感受到身体因此而康泰、大脑更聪颖、情绪更稳定、精神更有力量，对这大自然的赋予充满了感恩之心。

益处：集中精力、充盈肾精、聪耳明目、美艳荣发、延缓衰老并使心神安详、灵性增长。

提醒：冥想进食不可多，以一小口为宜，并且尽量地细嚼慢咽。叩齿冥想力量不宜过大，最好在清晨进行，练习前需清洁口腔以去污除菌。

6. 触觉冥想法

（1）练习完全式呼吸法，静心关注自己的一吸一呼。

（2）选择一种你喜爱的物品，最好具有传递能量的功能，如水晶、石头等。

（3）一手将物品放在另一手背轻轻摩挲，握入手心，手指依次抚摸，感受物品的大小、重量、形状、温度、质地等。

（4）双手轻合物品，让它慢慢在手上游离，想象它将你所需要的一切能量，爱、温柔、体贴、勇敢……源源不断地注入体内。

益处：消除疲劳、放松肌肉、缓解焦虑、增强想象力、平衡交感和副交感神经、健脑益智、抗衰驻颜、健胃整肠、补气安眠、防止老年痴呆症。

提醒：应选择波长近似于人体、产生有益辐射的石质，如电气石、珍珠、玛瑙等。忌用放射性元素超标的石质，如：花岗岩、大理石、萤石，以免威胁到人体健康。

打造自己的心灵花园

谁不希望自己拥有一个小小的花园呢？即使只有一丈之地，也让人望而解乏、心旷神怡呢！然后人们会在春季撒下花种，或者移植花苗。心怀欣喜，期盼着它们在夏季里姹紫嫣红地展开笑颜。秋天萧索、冬天肃杀，花儿们会凋落，所以，最好是再撒些秋冬可开的花种，花园就不会再有季节的失意。

是啊，谁没有过这样的念想呢？

但是，其实谁都可以拥有自己的花园，在那里种下春露、夏香、秋语、冬暖。这就是我们的内心世界。

我曾去乡下拜访过一位朋友，他住在一个漂亮的小木屋里。屋外种着果树，盛开着鲜花，草地上还有几只山羊。小屋门上用鲜艳的字体，行云流水般地写着："心是花园，思想为种，既可繁花似锦，也能杂草丛生。"

细思这首小诗，真有醍醐灌顶的感悟。智力需要开发，潜能需要开发，人的心灵世界也是需要开发的。人和动物的区别，归根结底就在于人的心灵世界。心不过是人的一个重要脏器，而心灵世界是一种景观，它是由外部世界不断地作用于心灵渐渐形成的。每个人都很关注自己及至亲至爱之人心脏的健康，但并不是每个人都关注自己及至亲至爱之人的心灵世界，对自己都不关注，更何况对其他人呢？

在当今世界，人类面临的最大危机是心灵的危机，打造心灵花园是人类的当务之急，其他的任何措施和办法都是皮毛，解决不了人类面临的各种危机。因而，我们需要努力清醒地观察自己的思想之种，打造出自己的心灵花园。这是帮我们获得永久成功和幸福的唯一不败的宝物。

在心灵这个花园里，我们要栽种蔬菜瓜果，要种植奇花异草，要让它春光明媚、山清水秀，要使它土壤肥沃、物产富饶。我们在自己的心灵花园播种什么，就会收获什么。

如果我们的心灵花园里栽种荆棘稗子，必然是杂草丛生，我们要拒绝迷乱心智的假、恶、丑、嫉妒、炫耀、仇恨、谎言、虚伪、贪婪、霸占、极度自私等种子跑进花园生根，否则，自己就会好像中毒一样不能自拔，使每一个接近的人和自己一起迷失、受伤、堕落，让花园荒芜成沙漠。

“一分耕耘，一分收获”，作为花园的唯一园丁，我们要对花园细心照料、辛勤劳作、勤加管理。那些名垂史册的伟人，都是在心灵的花园里培植了名花名草，才开出了震撼人心的美丽和高贵。历史虽然被尘封，但心灵的光芒却如恒星般恒久不灭。

我们也要负责任地为我们心灵花园选择适合的种子。不一定名贵，但一定要有益，就是一颗再普通不过的小草，我们也要让它郁郁葱葱，平凡而不平庸。

在花园的思想区，可以种上常绿的真、善、美、仁、孝、义、信、诚、无私等花卉，坚韧挺拔。

在花园的文化区，可以种上努力、勤劳、客观、勇敢、开拓、进取、超越等，让我们的心灵因为这些内容而充实。

在花园的情感区，可以种上爱心、快乐、宽容、体谅、同情等，我们会在爱与被爱中被幸福温馨包围。

我们的心灵中还有许多区域，我们都要积极地学会经营和管理，打造一座什么样的心灵花园，全在于自己。

或许有他人的无意撒播，或许有他人的恶意栽种，或许有一阵微风吹过留下的痕迹，我们的心灵花园会长出杂草，那就及时把它们除去，不要让它蔓延，成为束缚你的心结；要经常给心灵花园浇水施肥，让每一个区都茂盛芬芳。

当我们的心灵花园遍布着馥郁芳香的花朵、青翠挺拔的树木、绿意盎然的小草，不仅自己怡然自得、从容不迫；每一个接近自己的人，都会被这心灵花园永不褪色的美好所感动，这是策励人心向上的永远的动力。

让我们精心的打造、悉心的爱护心灵的花园吧！善待它，让它因你与众不同，让你因它卓尔不群！

探索心灵地图

每个人的内心中都有一个对周围世界的认知和描绘，每个人的“认知和描绘”都是不一样的，因为“认知和描绘”的建立依赖于我们的视觉、听觉、触觉、味觉和嗅觉接受的信息，并通过我们对感知结果的诠释及体验而形成了不同的结果，这种内心产生的体验，我们也可以把它称之为“心灵地图”。

我们做任何事情都会参照这个心灵地图，不同的心灵地图会导致我们作出不同的决定，不同的决定导致不同的行为，不同的行为引出不同的结果，这一个个大大小小不同的结果累计起来就形成了我们的现状。如果要改变你的现状，或者使自己更成功，就要不时地探索你的心灵地图。

通过对心灵地图的探索，能让生活的结舒然而解，能使生活的路豁然开朗，能助生活的脚步更加轻松矫健。

阿毛从小生活在非洲一座偏远的城市中，是一个无依无靠的流浪儿，每天都走过几条街道去乞讨，例如直布罗陀街、十字街，等等。但自始至终，他都弄不清楚这些街道外面的地方究竟是怎样的，也不知这些街道有什么联系。

有一天，他在马路边乞讨的时候，突然有一个路人送给他一样东西。说起来，这样东西用在一个小乞丐身上颇有些奇怪，那就是一张地图。

也许是这个路人正好身上无钱，只有这张地图，又或者他觉得一个乞丐也需要一张地图，才能找到最多游人的街道，乞讨到更多的钱。

反正不管什么原因，他将这张地图放在了阿毛的饭碗里。

正当饥肠辘辘的阿毛准备发脾气时，他突然从这张薄纸片中，发现了一件奇异的事情。原来他发现了自己乞讨的地点在地图上的位置。

一瞬间，他看到整个城市的全景。“哦，原来在我的左边，在一条狭窄的小巷子后面，还有一条宽阔的街道，那里居然还有一个大型的市场。而在我的身后，只要再走上半个钟头的路程，就可以走到大教堂，那里经常派发免费的食物，自己一直想找到那里，但总不成功，现在总算明白了。”

就从这时候开始，通过这张小小的地图，他一下子明白了自己所走的每一步，以及前后左右所处的方位，生活也变得更容易轻松了。

如同这个故事中的阿毛一样，我们大多数人其实都生活在一种盲目之中，并不知道自己的心灵地图究竟是怎样的。我们只是依靠着本能、欲望、冲动和矛盾，来摸索着人生的下一步。

探索一幅心灵地图代表你实现目标的过程。

首先，可以先思考你自己职业生涯或接受教育过程中的一个目标。用几分钟的时间把目标形象化。注意选择核心部分的想象，这是你最想达到的目标。为了达到目标你已经做了什么？何人、何事与此相关？该目标的本质是什么？达到目标后其结果如何？存在着何种阻力和障碍？你对前途的看法？什么因素会影响你的努力？用图画、想象的形象及象征性的标志来构思你职业生涯的过程，目标是你所考虑的最重要的部分。

现在，请你在脑海中再浮现一张地图。或许它很清晰，或许它还有些模糊，只有轮廓在你的心间，甚至连轮廓都没有，需要你自己画一张，都没有关系，我们划定我的疆界，我们的脚丈量过的土地、我们的心体验过的感觉，都是心灵地图的一部分。不论地图怎样，只要它意味着你的目标就好。看着这张地图，想着这张地图，体会在心里浮现的想法和感觉。

心灵地图会告诉你，什么是最重要的相关因素，什么是实现目标过程的阻碍，什么事情有助于目标的实现？你要做什么样的改变？对于这张帮你达到目标的心灵地图你满意吗？你还想增加什么？你想擦掉地图上的什么吗？你是否考虑用不同的方式来达到你的目标？

心灵地图对于搜集信息、提出及沟通思想、制定解决问题的框架等都是很有用的工具。

人并不是生来就会拥有一幅心灵地图，更不是生而具有正确的心灵地图的。正确的心灵地图必须通过不断的修正才能获得。也就是说，我们只有不断地放弃旧的错误的地图，才能得到新的正确的地图。

因而，我们要不停地探索、扩大和更新自己对于世界的认识，不断地吸收新的信息，放弃过去狭隘而偏激的认识。很多时候，人都是拿着一幅模糊不清晰或者错误的心灵地图，踏上实现目标理想的旅程的。由于懒惰和恐惧，我们不敢质疑地图的错误，也懒于修正地图的错误，于是，我们就走了很多弯路或者走进死胡同，浪费生命，使豪情淹没进了平庸。

只有不断探索心灵地图，勇于放弃错误的地图，勤于修正偏差的地图，敏于清晰蒙昧的地图，我们才能获得正确的、优质的、具体的地图，走入精彩的、成功的人生路程。

第 十 堂 课

准时开心——让快乐成为一种习惯

英国著名诗人罗伯特·路易斯·史蒂文森说："快乐的习惯使一个人不受，至少在很大程度上不受外在条件的支配。"我们要做生活的主人，不做它的奴隶，就要将快乐培养成一种习惯，以免使外在环境和他人来决定、控制自己的喜怒哀乐。

爱的能量圈

有一个人被带去观赏天堂和地狱，以便比较之后能聪明地选择他的归宿。他先去看了魔鬼掌管的地狱。第一眼看去令人十分吃惊，因为所有的人都坐在酒桌旁，桌上摆满了各种佳肴，包括肉、水果和蔬菜等。然而，当他仔细看那些人时，他发现没有一张笑脸，也没有伴随盛宴的音乐或狂欢的迹象。坐在桌子旁边的人看起来沉闷，无精打采，而且皮包骨。这个人发现每人的左臂都捆着一把叉，右臂捆着一把刀，刀和叉都有4尺长的把手，使它不能用来吃。所以即使每一样食品都在他们手边，结果还是吃不到，一直在挨饿。

然后他又去天堂，景象完全一样：同样的食物、刀、叉与那些4尺长的把手，然而，天堂里的居民却都在唱歌、欢笑。这位参观者困惑了一下子。他怀疑为什么情况相同，结果却如此不同。在地狱的人都挨饿而且可怜，可是在天堂的人吃得很好而且很快乐。最后，他终于看到了答案：地狱里每一个人都试图喂自己，可是一刀一叉以及4尺长的把手根本不可能吃到东西；天堂上的每一个都是喂对面的人，而且也被对方的人所喂，因为互相帮助，结果帮助了自己，也帮助了他人。

这个故事很耐人回味，它告诉我们，有爱存在的地方，就是天堂。爱是无私，爱是分享，爱是美好，爱是永恒。爱与爱的互动，不仅给彼此带来成功、快乐和幸福，还能产生能量圈，让大家经由理想的爱，抵达理想的生活，创造出理想的世界。

在天地间，最伟大的奇迹源自于爱，最伟大的能量也源自于爱，爱是宇宙里最高频率的信号。因为有爱，人们才能感受到温暖的存在；因为有爱，人们才能实现生命的价值。爱能化解仇恨、误会和冷漠，爱能使人们战胜疾病、创造美好。

艾伦·弗罗姆指出："爱是尘世的幸福，或是创造尘世幸福的力量。如果你的心灵枯萎了、死亡了，那么医治它的唯一药剂便是爱。爱的奇妙和伟大之处，就在于它能激发人们生活的热情、智慧和勇气。"

其实，我们身心就是一个能量系统，我们与他人的接触与交流，是通过能量的放送来做沟通。能量的放送有许多不同的形式，但是能量流动的必需管道和媒介就是我们所谓的电磁能，也就是我们的爱的能量——一种沟通的能量。

爱是一种慈悲心性、智慧心量的表现。每当我们选择去爱时，一股爱的能量便从我们心的能量中心产生出来，朝向我们所爱的人以及与我们关联的人身上。同时，另外一股爱的能量，以四倍的力量，从我们的灵魂核心产生出来；这股能量全然地清洗我们的身心并且强化它的完整性、磁性与和谐，让我们能够吸引更多的爱、幸福和美好。

在20世纪的一场保卫战中，一名普通的家庭主妇丽娜从报纸上看到，参战的士兵因思念亲人倍感孤单、失落，作战士气极为消沉。于是，丽娜决定以亲人的身份给他们写信。信的内容风趣幽默、关怀备至。她还别出心裁地给每个信封装上一枚黄色回形针，并附言道：“回形针代表我给你的一个拥抱。当你情绪低落的时候，看见它，你就会知道有人在爱你，黄色也代表胜利，我们在家乡期盼着你们凯旋！”

这些信寄到参战部队后，被部队军官视为消除士兵恐惧、提高士气的特效药，并很快送到士兵们手中。

直至战争结束，丽娜一共寄走了600多封装有黄色回形针的信。转眼间，战争结束已经快10年了。一天清晨，丽娜梳洗完毕要去上班，打开房门的一刹那，她惊呆了。她家门口笔直地站着一排排穿戴整齐的绅士，每人手里拿着一束玫瑰花，见到她齐声喊道：“我们爱你，丽娜女士！”刹那间，人们簇拥了上来，丽娜此时像万人追捧的明星，被鲜花和掌声包围住。

原来，在保卫战结束十周年之际，参战士兵联合会进行了“战争中我最难忘的事”的评选活动，“回形针关爱”被列为首选。因为所有收到回形针信件的士兵至今都难以忘怀，在那艰难的岁月，是那一封封充满关爱、幽默风趣的信给了他们无穷的信心和勇气。于是他们决定找到写信人。在十周年纪念日当天，老兵们相约来到丽娜家门前，来答谢这位伟大的女士。

丽娜的眼睛湿润了，她从没想过，一枚小小的回形针，会让他们念念不忘。

是的，爱是一种能量，永远不会空灭，能够转化，能够传递，能使这个世界形成一个能量之圈，从而更加美丽、和谐。

人的一生，其实是一个寻找爱和学习爱的过程。一个拥有真爱心灵的人，他整个生命历程中的一切行为，都是对爱的诠释和表现，他也能汇集成爱的能量圈，使他最大限度地弘扬生命的伟力。

积极玩好生命游戏

20 世纪 70 年代，人们曾痴迷于一种被称作“生命游戏”的小游戏。这种游戏相当简单。假设有一个象棋盘一样的方格网，每个方格中放置一个生命细胞，生命细胞只有两种状态：“生”或“死”。

由数学家确定的游戏规则如下：如果一个细胞周围有 3 个细胞为生（一个细胞周围共有 8 个细胞），则该细胞为生，即该细胞若原先为死，则转为生，若原先为生，则保持不变；如果一个细胞周围有 2 个细胞为生，则该细胞的生死状态保持不变；在其他情况下，该细胞为死，即该细胞若原先为生，则转为死，若原先为死，则保持不变。

依此规则进行迭代变化，使细胞生生死死，会得到一些有趣的结果。该游戏之所以被称为生命游戏，是因为其简单的游戏规则反映了自然界中这样的生存规律：如果一个生命，其周围的同类生命太少的话，会因为得不到帮助而死亡；如果太多，则会因为得不到足够的生命资源而死亡。

在实际模拟时，可以取更多的生命细胞，也可以考虑生命细胞的初始状态是以一定概率设定的随机状态，变化时也可以让边缘细胞参与变化。只要对上述程序略作更改，就会得到另外一系列美妙绝伦的图案。

这个游戏之所以让很多人着迷，一方面因为简单中产生的让人惊叹的美丽，另一方面也是因为这个游戏的思想和其深刻内含已经应用到生活中的很多领域。

首先，它启示我们，我们必须主动选择和创造自己的生存环境。人类的资源是有限的，不管是自然资源还是社会资源，不管是有形资源还是无形资源，都不可能无限地供给人们使用。

有限的资源决定了我们无时不处于生存和发展的激烈竞争之中，于是，我们一方面要提高自己的竞争力，另一方面也要避免做无谓的牺牲。

钓过螃蟹的人都知道，如果在篓子中放了一只螃蟹，那么就必须盖上盖子，因为它不久就能爬出来。可是如果篓子里放了一堆螃蟹，那么就是不盖上盖子，也不必担心螃蟹会爬出去。因为只要有一只想往上爬，其他螃蟹便会纷纷攀附在它的身上，把它钳住，结果是把它拉下来，最后没有一只出得去。

生命游戏还告诉，我们无论是与别人的合作还是竞争，都必须注意一个度，不能无原则地合作，也不能对别人不加限制地疏离和攻击。

汉代的贾谊就是一个很好的例子，史记中说贾谊："是时贾生二十余，最为少。每诏令人，诸老先生不能言，贾生尽为之对，人人各如其意所欲出。诸生以为能，不及也。"汉文帝因此非常欣赏他，一年之中破格提拔他为太中大夫。贾谊少年得志，心气就高，但又不熟谙官场的游戏规则，因此就锋芒毕露，接连提出了改正朔、易服色、法制度、定官名、行礼乐等革新主张。于是，遭到了周勃等老臣们的反对，他们攻击贾谊"年少初学，专欲擅权，纷乱诸事"。而汉文帝又是这班老臣们所拥立，登位不久，权力未稳，也只有依从而已。所以就把贾谊贬到长沙，任长沙王太傅，后来又给梁怀王刘揖当老师。但是梁怀王少不更事，坠马而死。贾谊成日沉于自责，郁郁而死。

苏东坡在一千多年后，对贾谊唱了一回反调。他在《贾谊论》中，实实在在地批评了贾谊一通："贾生志大而量小，才有余而识不足也！"

苏东坡不但严厉批评贾谊，还为贾谊谋划了一个好主意："为贾生者，上得其君，下得其大臣，如绛、灌之属，优游浸渍而深之，使天子不疑，大臣不忌，然后举天下而唯吾之所欲为，不过十年，可以得志。"

苏东坡认为，贾谊的不足是不合时宜，轻用其才。苏东坡说："君子所取者远，则必有所待。所就者大，则必有所忍。"贾谊没能做到这一点，贾谊明知周勃、灌婴是朝廷的元老重臣，有大功于社稷，而偏要皇上"使其一朝其间，尽去其旧而谋其新"。实际上正如苏轼所说，贾谊如果上得皇帝的信任，下得群臣，如周勃、灌婴这样开国元勋的称赞，从容悠闲，逐步渗透，与大家打成一片，使皇帝不疑心，大臣不猜忌，不过十年，就可以如愿以偿了。

这个故事说明，只有融入环境当中，才能玩好自己的生命游戏，赢得自己生命的成就。

因而，我们要学会为人处世之道，外圆内方哲学。彬彬有礼、落落大方、不卑不亢、不远不近。为人含蓄，低调，谦逊懂礼。待人待物自然坦率，不拘谨，大方得体。有恰到好处的分寸，既不低声下气，也不自大傲慢，有气节，有原则，有分寸，有个性。不可过于亲密无间，也不能处得生分。“好风凭借力，送我上青天。”人际交往，互利互惠。帮助别人，就是在为自己的人情信用卡储蓄，特别是在人患难之际施于援手，救落难英雄于困顿。这样，我们才能获得更多的支持、帮助和能量，从而更快更好地赢得人生的圆满。

减法生活，快乐加倍

一位事业生活都很成功的老同学对我说：“我觉得很累，生活真是没劲！刚毕业的时候，什么都没有，但是很快乐。现在什么都有了，但快乐却没了！”这位朋友说出了很多同样处境人的心声，生活就是这么矛盾。经济在发展，人们的生活水平在提高，但是生活压力和精神压力也在同比加大，大家的幸福感有明显下降趋势。

所以最近几年，都市里开始流行减法生活，减法生活不是一个抽象的概念，而是科学的生活态度和尽量简单化的生活方式。无论从衣食住行，无论从物质到心灵，这种生活是对自然的尊重、对自我的尊重、对他人的尊重，它能使我们触摸到生活的本质、看清前进的方向，它能帮助我们更快速地实现理想，轻轻松松地让快乐加倍。

一个年轻人从千里迢迢的山上来到海边，想到一个地方去。他驾一叶轻舟扬帆出海，披恶浪、战狂风。虽经长途跋涉，但还是没能达到自己的目的地。

有一天，他靠岸休息时遇见了一位智者，他问：“我是那样的执著、坚强，长途跋涉的辛苦和疲惫难不住我，各种考验也没有能吓倒我。我已疲惫到了极点，为什么还到不了我心中的目的地？”智者看了看他的船问道：“你的船里装的都是什么？”年轻人说：“它们对我可重要了。第一个箱子里面装的都是我必需的生活用品；第二个箱子装满我路上跌倒时的痛苦、受伤后的哭泣、孤寂时的烦恼；第三个箱子是我一路上搜集的金银珠宝。”

智者听完安详地问道：“过了河你是不是要扛着船赶路？”年轻人很惊讶：“扛船赶路？它那么沉，我扛得动吗？”智者听完微微一笑，说：“过河时，船是有用的，但过了河，就要放下船赶路呀。”

年轻人顿悟，他把第二个箱子丢掉了，顿觉心里像扔掉一块石头一样轻松。赶了一段路，他又把千辛万苦得到的珍宝全部扔到了海里，船轻快了许多，很快就到达了目的地。

这个故事里的智者对年轻人的点化，正是告诉他，要学会减法生活、及时卸下不堪的重负、及时舍弃那些沉重的阻挡他到达目的地的东西，他才不会半途而废，徒劳无功。

有人这样形容过人心：“人的心就像一幢新房子，刚搬进去的时候，都想着要把所有的家具和装饰摆在里面，结果到最后却发现这个家摆得像胡同一样，反而没有自己舒服待着的地方。”生命之舟需要轻载，人所能选择的不过是自己的本质，当你觉得生活不堪重负，心灵失去自由空间，你将在匆忙喧闹的生活中迷失，找不到真正的自我时，不妨跳出忙碌的圈子，学习用减法生活。

“就建筑或者室内设计而言，简约比复杂的难度还要高上许多，因为加上东西是容易的，可是要减掉东西，却需要更多、更敏锐的美学素养与判断。”这是一位从事室内设计的工程师在讲解简约空间美学时说的一段话。

每个人的一生总在不停地做着“加法”和“减法”，重要的是判别哪些该做“加法”，哪些该做“减法”。智慧的人并不是只会做“加法”，他们更加深谙“减法”之要。

目标与欲望是永无止境的，我们不要背负太多的超出自己能力的重担，要选择适合自己的、力所能及的事情，减掉多余的欲望与奢侈，减去没有价值的身外之物，也就减去了疲惫，减掉了烦恼，减掉了自己的虚伪与贪婪；

也就加上了活力，加上了快乐，加上了自己的淳然与明朗。

减法生活，使思想变得更加睿智，使心灵变得更加祥和，使生活变得更加安宁。有时候，我们对于许多东西、许多事情都很难做取舍。有些东西看似非常重要，其实并非我们需要。有些事情我们认为必须要做，可往往操之过急，适得其反。

减法并不意味着退步，只是合理地化繁为简，关键是要舍弃那些不是你心灵真正需要的东西。找个地方安静地坐着或躺着，将身心放松，花点时间思考："我希望自己的生活是什么样子?""理想生活跟我现在的生活有什么不同?""我会得到什么？失去什么？对我的意义何在……"当我们减去生活的细枝末节越多，保留的主干越清晰，气场就越充足，拥有快乐的就越多。

一个人的成功并不在于他拥有了多少，而在于他对这个社会奉献了多少；一个人的幸福并不在于他获得了多少，而在于他给予他人的爱有多少。也就是说，懂得减法生活的人才是成功的人，才是幸福的人，才是快乐加倍的人。

拉近无限推迟的快乐

五官科病房里同时住进来两位病人，都是鼻子不舒服。在等待化验结果期间，甲说，如果是癌，立即去旅行，并首先去拉萨。乙也同样如此表示。结果出来了。甲得的是鼻癌，可能最多只有两年人生路程。乙长的是鼻息肉。

甲列了一张告别人生的计划表离开了医院，乙住了下来。甲的计划表是：去一趟拉萨和敦煌；到海南的三亚以椰子树为背景拍一张照片；从大连坐船到广西的北海；登上天安门；读完莎士比亚的所有作品；力争听一次瞎子阿炳原版的《二泉映月》；写一本书。凡此种种，共27条。

他在这张生命的清单后面这么写道：我的一生有很多梦想，有的实现了，有的由于种种原因没有实现。现在上帝给我的时间不多了，我打算用生命的最后时光去实现还剩下的这27个梦。

当年，甲就辞掉了公司的职务，去了拉萨和敦煌。后来，又以惊人的毅力和韧性通过了成人考试。这期间，他登上过天安门，去了内蒙古大草原，还在一户牧民家里住了一个星期。现在这位朋友正在实现他出一本书的夙愿。

有一天，乙在报上看到甲已成为了一个大型旅行社的总裁，就打电话去问甲的病。这时，已是五年后了。

甲说："我真的无法想象，要不是这场病，我的生命该是多么的糟糕。是它提醒了我要去做让自己快乐的事，去实现自己想去实现的梦想。让我体味到什么是真正的生命和人生。我花了两年时间将那27条全部做完以后，去复检时，才发现我的病情居然奇迹般地得到了控制。从那以后，我彻底领悟到了，我要把那些让我推迟快乐的理由全部都抛开。毫不胆怯，毫不犹豫地活出自我，实现自己的理想。我喜欢旅游，以前也曾想开个旅行公司，现在我全都做到了。你生活得也挺好吧?!"

电话那头的乙没有回答。因为在医院时说的，去拉萨和敦煌的事，早已放到脑后去了。而且，他常常担忧未来，困扰于生活中种种的不如意。害怕失去，害怕未知，恐惧困难，恐惧失败。所以，他将快乐推迟得连自己都觉得是奢望了。

生活中，我们许多人总是在推迟我们的快乐——无限期地推迟。我们并非有意如此，而是我们总在说服自己："有朝一日我会快乐的。"我们告诉自己，当我们完成学业、找到好工作、获得提升、付清房贷时，我们将会快乐；我们告诉自己，当我们结婚之后、有了一个孩子之后，生活将会更美好。然后我们会苦于孩子不够大，当他们长大了我们将会更满足。之后，我们又苦于要去应付十几岁的少年。当他们跨过这一阶段我们当然会高兴。我们对自己说，如果我们的配偶表现得够出色、当我们有辆更好的车能够去欢度假期、当我们退休了时，我们的生活将会完美……

但是，其实，再也没有比现在更适于快乐的时间了。你的生活永远充满挑战。毕业于牛津大学的阿尔弗雷德·D·索亚说："长期以来，对我来说，生活似乎马上就要开始——真正的生活。但半途中总有障碍，先要被了结的某事、某个未完成的生意，仍需利用的时间、需要付清的账单。之后生活才将会开始。最后，我逐渐认识到，这些障碍正是我的生活。"

事实证明，拉近被无限期推迟的快乐，不仅可以改善身体机能，还能够改变心境，帮助我们突破种种障碍，取得成功，从而让我们更加的快乐。

富兰克林·罗斯福于哈佛大学毕业后不久，便正式开始了政治生涯。但是，一场意外的大灾难降临到他的头上。1921年8月10日，他在他的海滨别墅扑灭了一个小岛上的一场林火后，汗流浃背地跳入芬地湾游泳，不幸患上了小儿麻痹症。

一场严峻的考验摆在了39岁的罗斯福面前，它比生死的考验更为残酷，也更叫人难以忍受。

开始，他还竭力让自己相信病能够好转，但实际情况却在不断恶化。他从一个有着“光辉前程”的年轻力壮的硬汉子，一下子成了一个卧床不起、事事都需别人照料的残废人，身心都遭受到了极大的痛苦。他有种无路可退的绝望感，以为“上帝把他抛弃了”。

他告诉自己：事已至此，只有让自己积极快乐起来，拼命战胜这种娃娃病了。

罗斯福忍受着痛苦，保持着极度乐观的态度。他又像从前那样生气勃勃了。按照医生的嘱咐，他以顽强的毅力和乐观的态度坚持锻炼。

1924年又是总统选举年。当罗斯福拄着拐杖走上讲台时，全场响起雷鸣般的掌声。罗斯福表现的人格魅力让人们佩服和尊敬。他最终赢得了这次选举，并连任了四届美国总统，是美国历史上任期最长的一位总统。

罗斯福赢就赢在了积极主动的心态——他拉近了无限推迟的快乐。若他将快乐无限推迟，可以想见，他早就无法坚持下去，也不会有如此坚强的意志力和信心去战胜困难。

别再无限推迟我们的快乐，快乐是成功的催化剂，是通往幸福人生的捷径。只要你愿意，你可以马上快乐起来！

让快乐成为一种习惯

快乐是人的思想处于愉悦时的一种心理状态，是一种积极的情绪。快乐的人常常热情洋溢、精力充沛且人缘极佳。科学研究也证明快乐极有益于身心的健康。早在2000多年前，所罗门就曾说过快乐的心犹如一剂良药，破碎的心却吸干骨髓。

文学家钱钟书《论快乐》一文中说过这样一段话，洗一个澡，看一朵花，吃一顿饭，假使你觉得快乐，并非因为澡洗得干净，花开得好看，菜合你的口味，而是因为你的心里没有障碍，轻松的灵魂可以专注肉体的感觉来欣赏，来审定。要是你精神不痛快，像将离别时的筵席，随它怎样烹调得好，吃起来只是泥土的滋味。

快乐纯粹是内在的，是由人们的思想观念和心态产生的。面对同样的情境，乐观者会看到生活中积极的一面，而感到快乐；悲观者则只会看到生活中消极的一面，而感到难过。

据心理学家研究发现，人类的表现、感觉和反应有是习惯性的。同样，我们的态度、情感和反应也是在潜移默化中学来的，人们的悲观和乐观，往往也是出于一种习惯性的心理反应，在很大程度上，二者是由于人们对客观事实的消极或积极的认识形成的。

英国著名诗人罗伯特·路易斯·史蒂文森说：“快乐的习惯使一个人不受，至少在很大程度上不受外在条件的支配。”我们要做生活的主人，不做它的奴隶，就要将快乐培养成一种习惯，以免使外在环境和他人来决定和控制自己的喜怒哀乐。如果我们能让快乐成为一种习惯，生活将成为一连串的欢宴。那么，究竟应该怎样养成这个习惯呢？

（1）自我安慰法。这种方法启动了有益身心健康的心理防卫机制。在你的事业、爱情、婚姻不顺心时，在你无端遭到人身攻击或不公正的评价而气恼时，在你因生理缺陷遭到嘲笑而伤心时，你不妨自我安慰调适一下你失衡的心理，营造一个祥和、豁达、坦然的心理氛围。

（2）难得糊涂法。这是心理环境免遭侵蚀的保护膜。在一些非原则性的问题上“糊涂”一下，无疑能提高心理承受能力，避免不必要的精神痛楚和心理困惑。有这层保护膜，会使你处变不惊、遇乱不忧，镇定沉稳地对待生活中的各种紧张事件。

（3）随遇而安法。这是心理防卫机制中一种心理合理反应。培养自己适应各种环境的能力，随遇而安，凡事不苛求，满足多些，烦恼就少些，压力就小些。古人云：“吃亏是福。”其实，人生中生老病死、天灾人祸都会不期而至，用随遇而安的心境去对待生活，你将拥有一片宁静平和的心灵天地。

（4）幽默调节法。当你遭遇挫折或处于尴尬的境况时，可用幽默化解困境，维持心态平衡。幽默是人际关系的润滑剂，它能使沉暗的心境变得豁达、开朗。

（5）宣泄积郁法。心理学家认为，宣泄是人的一种正常的心理和生理需要。你悲伤忧郁时，不妨与好朋友倾诉；也可以通过热线电话等向主持人和听众倾诉；或在空旷的原野上大声喊叫，既能呼吸新鲜空气，又能宣泄积郁。

（6）运动排解法。适量运动后的大脑能产生一种快感荷尔蒙——“内啡肽”。内啡肽能让我们充满爱心和光明感，积极向上，愿意和周围的人交流沟通，还可以帮助人保持年轻快乐的状态。

（7）音乐冥想法。当你出现焦虑、忧郁、紧张等不良心理情绪时，不妨试着做一次“心理按摩”——在音乐中漫步枫林，翱翔云海。

（8）交乐观友法。我们周围一定有这样的人，他特别乐天与达观，和这样的人交往，是我们养成快乐习惯的捷径，和一个快乐达观的人交往，可以学到很多快乐的态度与方法。

（9）记录日记法。每天都把自己当天遇到的或看到的快乐记下来，自己的，他人的，只要是让我们快乐的事，我们就把它记录在一个本子上，每天至少记5个。最初，这样会很难，因为你已经习惯了看事物的消极面。但是只要你肯用心，你就能够学习到如何发现快乐。

（10）制造快乐法。每天为自己做至少一件能让自己快乐的事，比如听音乐、看书、看卡通和幽默漫画与故事等。

（11）角色扮演法。连续三个月，每天都把自己当做一个快乐的人，微笑着出门，微笑着与人打招呼，努力去扮演一个快乐的人，努力像一个快乐的人一样去思考并行动。

（12）分享快乐法。想来大家都听过这句话：一个快乐和别人分享，成为两个快乐。分享快乐能够让我们的快乐升级，不仅有助于我们养成快乐的习惯，而且有助于增强我们的人际关系，同时还可以受到启发，以改进或加强某一练习。

要转消极为积极，化悲观为乐观，是有一定难度的，但是只要我们以坚强的意志做后盾，让快乐成为一种习惯，我们就不会因为受到其他方面因素的影响而失去快乐幸福，任何事情我们都可以用乐观的心态去面对。这样一来，烦恼自然就会离我们而去，留下的往往都是快乐和幸福，我们注定一生都会活在快乐当中。

活出精彩

生活，是一种选择，你可以选择苍白，也可以选择精彩。人世一遭，短短几十载，若任凭自己在萧索寡味中老去，会有多少无奈，又会有多少平白的遗憾？

精彩的生活，并不是指贸然的刺激，更不是无事生非的挑衅。活出精彩，活的是身心和谐的过程，活的是光和热的迸发，活的是人生的格局。说到底，活的就是个好心态。

我们身边常可以看见这些情况，有些人似乎什么都有，却没有精彩的感受。有些人好似平凡无奇，然而却活出了生活不平凡的精彩。

怎样活出精彩呢？

1. 打造平衡而丰富的生活内含

要活出精彩，必须要有丰富的生活内含。太过单薄的生活内含，很难创造出精彩的感受。不平衡的生活状态，很难感受到生活的精彩。

平衡的生活至少应该包括以下 4 大项：

（1）身体锻炼：没有健康的身体，就无从感受生活的精彩度。锻炼自己是需要毅力和自我挑战的决心，所以锻炼不但能照顾到自己的身体，也能让自己感受到自我挑战的快乐和成就感。

（2）乐在工作：找到工作的意义，并用创意维持工作激情。就会让工作也变成精彩感受的重要来源。

（3）亲密关系：用心去经营自己的亲密关系，珍惜爱情中的浪漫与甜蜜。

（4）社交关系：花时间和朋友相处，从事开心而有意义的社交活动。

2. 做自己最喜爱的事情

只要能诚诚恳恳，去做你自己最喜爱的事就对了。做最喜爱的事情，才能激发一个人最大的激情，才能在行进的过程中体会到莫大的快乐和成就感。当你完成一项艰巨的任务或者写了一本好书时，在使得别人得到快乐的同时，也让自己变成一个具有吸引力的人，这就是一种精彩。

3. 相信自己，寻找更好的自己

我们要把失败、放弃、不可能、办不到、行不通、没希望以及撤退这些负面的字眼，在内心中除去。尝试，每一个可以成功的机会。同时，我们需要不断地反省、调节自我的思想行为，逆流而上，看出自己的巨大潜能，尽力栽培自我，让自己的天赋发扬光大。

4. 多一些创意

所谓创意，指的是所有独特、新颖、适当、有用的观念、想法或作品，它可以是一个生活上的点子、一项科学上的发明，或是一种艺术的创作。创意，代表的是一种跳跃式的思考；创新，就是要与众不同。改变代表一种突破，一种变革，一种不屈就的姿态。创意，让人独特，让人生精彩。

5. 抓住机会，敢于筑梦，才能让梦想成真

小的时候，我们常常梦想着长大后要做什么，像是科学家、航天员、医生、电影明星、老师、大老板，甚至总统，等等。然而，当我们的年纪越来越大，梦想的格局与空间慢慢地被压缩了，我们的志气，不断被环境中的负面想法所打击。父母、师长甚至同学们时常的好言相劝，说我们不可能、不应该、也不需要成为这一行或那一行的专家、领袖或工作者。于是，自己发展的可能性更受限，慢慢地，我们逐渐相信别人泄气的建议。然后，我们心灵的视野日渐缩小，相对地，我们的成就空间也日益趋减，我们的精彩生活也日益缩水。

6. 用心感受生活的细节

生活不缺乏精彩，缺乏的是发现精彩的眼睛。细心品味当下的感受，自找乐趣，并且从微小的事件中感到情趣。用心去体会自己当下的感觉，去关心环境的变化，抱着一颗敏锐而善意的心，你会发觉，其实你我原本就拥有着精彩的生活。

7. 保持童心

在孩子的眼里，生活中普通的事情都能制造和感受出乐趣，他们对一切事物都有极强烈好奇心。童心让人感觉生活时时都有探索的空间和精彩。许多科学上的发明创造不也是从极普通极常见的事物里面产生的吗?

8. 制定精彩的目标

最想经历什么样的事情?我希望拥有多少的财产?我最想去哪里旅行?我希望拥有什么样的影响力?我今年有哪些崭新的精彩目标?定期给自己一些新奇的挑战,是让生命永葆新鲜度和精彩度的好方法。

9. 写精彩日志

将自己的精彩事件、精彩感受、精彩决定等通通写下来。除了帮助自己积累精彩能量外,还能帮助启动下一次的精彩事件。

重要的是,让精彩变得清晰可见,把精彩变成具体可行的目标,去感受发自内心的喜乐,享受活出精彩的过程,但是不要把找寻精彩当成工作。它应该是充满幸福、兴奋和快乐,让我们更用心地去体悟人生、了解人生、分享人生、探索人生、创造人生,带我们走过更美好、更充实、更绚丽的人生旅途。

试着为一件小事感动

小事值得感动吗?俗语说得好:“天下难事,必作于易;天下大事,必作于细。”

著名的“钉子”理论告诉我们:少了一个铁钉,失了一个马掌;少了一个马掌,失了一匹战马;少了一匹战马,丢了一个国王;丢了一个国王,输了一场战争;输了一场战争,失了一个国家。

著名的“蝴蝶效应”告诉我们:“一只南美洲亚马孙河流域热带雨林中的蝴蝶,偶尔扇动几下翅膀,可以在两周以后引起美国得克萨斯州的一场龙卷风。”其原因就是蝴蝶扇动翅膀的运动,导致其身边的空气系统发生变化,并产生微弱的气流,而微弱的气流的产生又会引起四周空气或其他系统产生相应的变化,由此引起一个连锁反应,最终导致其他系统的极大变化。

当心灵被烦恼磨得粗糙,欲望大片地燃烧,小事或许会让人感到微不足道,但是忽略小事,会让我们失去很多,不仅让我们无法感知生活的美好,还让我们对藏于细节的危机、隐于小节的魔鬼麻痹大意，对身边灿烂的风景、体贴入微的关怀毫不在意。

珍惜才能拥有，感恩才能天长地久。生活就由小事组成，不能为小事感动就等于不会为生活感动，不能为小事快乐就没有真正的快乐。

人生是由每个瞬间串联起来的，不能在每一刻好好感受生活，不能为生活中的种种而感动和快乐，就失去了对整个人生的真实体验，又怎能精致地创造出不空洞的人生？

有一天，伊丽莎白问女儿："你幸福吗？""是的，我很幸福。"女儿回答。"经常都是幸福的吗？"伊丽莎白又问。"对，我经常都是幸福的。""是什么使你感觉幸福呢？"伊丽莎白接着问道。"是什么我并不知道。但是，我真的很幸福。""一定是有什么事物才使得你幸福吧？"伊丽莎白继续追问着。"是啊，我告诉你吧！"女儿幼稚的脸上绽满幸福，开心地说，"我的伙伴们使我幸福，我喜欢他们。学校的老师使我幸福，我喜欢上学。还有教堂，当然还有我的玩具，我的书包，这些都让我幸福。"

这便是一个9岁小女孩心中的幸福。这些幸福简简单单，简单得让人不那么经意。而实际上人们所谓的生活幸福，无不与这些似乎微不足道的事物息息相关。

有人曾向一群少男少女询问有关幸福和快乐的问题，并请他们把自认为"最幸福快乐的是什么"一一写下来。

男孩们的回答是："自由飞翔的大雁；清澈的湖水；因船身前行而拨开来的水漾；跑得飞快的列车；小狗的眼睛……"

女孩们的回答是："倒映在河上的街灯；从树叶间隙能够看到红色的屋顶；烟囱中冉冉升起的烟；从云间透出光亮的月亮……"

这些答案虽然浪漫色彩太重，也没有充分表现出完整性，但它无疑表明了人们感受幸福的前提：为小事感动，容易快乐。

我们常常在生活的每一处努力寻找快乐，结果又往往让人失望：在旅行中寻找快乐，却只找到疲倦；在财富中寻找快乐，却只找到纷乱忧虑；在工作中寻找快乐，却只找到身心疲惫。其实，只要我们试着为小事而感动，我们会觉得生活中的一点一滴都蕴藏着快乐。我们会发现生活中到处都有小小的感动和喜悦，一碗热汤、一个笑颜、一轮美丽的落日……这美好的一切都让我们看到生命的美丽，看到世界的精彩，都值得我们细细去品味、去咀嚼。

为小事而感动，需要具备一种质朴的修养、一种纯真的境界、一种健康的心态。

在诗人的眼中，小草都是具有情感的；在建筑师的眼中，精心建造的建筑都是凝固的音乐艺术。我们如果没有一颗善良、热爱生活的心，我们就无法感受到那些蕴含在平凡中的不平凡。

当我们的心容易感动时，我们就容易感到人生之可亲，万物之有情，处处都流淌着快乐的音符、爱的欢笑，我们对万物的亲慕之情也会随之扩展开来。

请试着为一件小事感动吧！为能活着感动，为能任意伸展四肢感动，为能自由呼吸新鲜空气而感动，为能愉悦地享用美食而感动，为能闻到花香感动，为能聆听美妙的音乐而感动……生命有许多认为理所当然的事，在你用心去体会时，会发现它们格外珍贵。我们不要在只有失去才懂得珍惜的状态中，而应用心去体验生活。因为当下的感动才是最真实的拥有，才能将我们的幸福生活铸就。

信仰是快乐的源泉

信仰，是指对某人对某种学说、主义、理论极度相信和尊敬，并奉为言行的准则和指南，信仰决定了整个人生的生活态度、生活方式与价值取向。

信仰属于信念，是信念的一部分。信念是情感、认知和意志的有机统一体，是人们在一定认知的基础上，确立的对某种思想或事物坚信不疑并身体力行的心理态度和精神状态。

信仰和信念都是人的精神支柱，但是信仰不是一般意义上的信念，而是信念最集中最高的表现形式。信念作为一种心理动能，可以激发人们潜在的精力、体力、智力和其他各种能力，以实现人的基本需求。信仰却不仅可以激发这些能力，还能激发人产生正面的思想感情，并将所有消极能量全部转化为积极能量，进而实现人的基本乃至最高需求。

现代医学、心理学都告诉我们，我们的思想与身体是统一的整体，牵一发动全身，执一念动全心。思想会对我们的神经系统以及全身的各个组织造成不可忽视的影响。思想可以改变我们的体温、心跳、血压、呼吸节律，决定我们的肌肉紧张度以及手心出汗的多少。而信仰作为思想的核心、信念的最高形式会以一种积极的方式影响你的身体，让你觉得更轻松，注意力更集中，意识更警觉。信仰能够刺激大脑释放更多的内啡肽——“快感荷尔蒙”或说“年轻荷尔蒙”，可以帮助人保持年轻快乐的状态。在内啡肽的激发下，人的身心处于轻松愉悦的状态中，提高免疫能力，消除失眠症，延缓衰老，减轻痛苦、增加愉悦。

此外，信仰还会散发出一种积极的能量振动频率，吸引你想要的积极事物以及经验回到你的生活中，让你的人生之路因为信仰而焕然一新、快乐无限。

正因如此，所以古今中外的成功者都充分肯定信仰的力量。

巴金分享心得：“支配战士行动的力量是信仰，他能够忍受一切艰难、痛苦，而达到他所选定的目标。”列宾认为：“没有信仰的人是空虚的废物。”弥顿也表示：“没有信仰的人如同盲人。”美国心理学家威廉·詹姆斯经过研究后得出结论：“信仰是人类赖以生存的力量之一，若是没有它，便意味着崩溃。”

台南女士黄美廉，从小就患上了脑性麻痹症。这种病的症状十分惊人，面部和四肢的肌肉都失去正常作用，手足会时常乱动。她不能说话，嘴还向一边扭曲，口水止不住地流下。医生根据她的情况，判断她活不过6年。在常人看来，失去了语言表达能力与正常的生活能力的她，根本不可能会有前途与幸福。但是她有着坚定的信仰，她相信“天生我材必有用，天道酬勤”，于是她不但坚强快乐地活了下来，而且靠顽强的意志和毅力，考上了美国著名的加州大学，并获得了艺术博士学位，成为了一位画家。

在一次讲演会上，一位学生贸然提问：“黄博士，大家无论何时见到你都是这么开开心心的，你从小就长成这个样子，难道你没有痛苦和怨恨吗？”对一位身有残疾的女士来说，这个问题是那样的尖锐而苛刻，在场的人都担心黄美廉会感到难堪和受伤，但是黄美廉却没有半点不高兴，而是微笑着，转过身来，用粉笔在黑板上写道：我怎么看自己？然后，黄美廉给出了这样的答案：

(1) 我很可爱！

(2) 我的腿很长很美！

(3) 我的爸爸妈妈很爱我！

(4) 上帝会公平地对待每一个人！

(5) 我会画画，我会写稿子！

(6) 还有很多的生活方式让我热爱！

……

黄美廉一下子写出了几十条让她热爱生活的理由，并且热爱得那样的理直气壮、情深义重。看着黑板上写下的理由，整个“写讲会”上鸦雀无声，热泪涌上了大家震撼的心灵，再也没有人多说话了。黄美廉转身看了大家一眼，再次转过身去，在黑板上重重写下了她的那句名言：我只看我所拥有的，不看我所没有的……台下传来了如雷般的掌声……

黄美廉的事迹，不仅让人深受感动，其信仰所蕴含的哲理和智慧，更给予我们莫大的人生启迪。信仰不仅激发出积极心理，使人的心理拒绝抑郁，使人的心灵强大有力。他们遇事不畏缩，也不恐惧，即使稍感不安，最后也都能自我超越。他们充满朝气和活力，能积极面对和解决任何问题，凡事全力以赴，一路上都能体会到幸福快乐，最终成为伟大的胜利者。

信仰来自理论上的清醒。科学的信仰不可能来自无理性的情绪或自发的意识，而是建立在对自然和社会发展客观规律深刻认识的基础之上。这需要我们不断吸收知识，从环境中或者过去的成功经验中学习和建立一个基本的信念，加以强化，并坚持进取。

在烦嚣杂务中，各种不如意侵蚀着人的心灵，信仰却能源源不断地供给人积极的力量，产生出快乐的心境。是信仰，播下了希望之种、美好之光；是信仰，指出了幸福之路、成功方向！

快乐的人更容易获得成功

著名学者余秋雨曾做客央视访谈节目《咏乐汇》，在节目接近尾声时，主持人李咏问了余秋雨一个问题："你这么成功，是不是感到很快乐?"余秋雨给出了一个十分独特的答案："我不是因为成功而快乐，而是我快乐，所以我成功。"

"我快乐，所以我成功。"余秋雨先生的这句话，确实令人回味无穷。在"成功"这个话题被无数次提起的今天，很多人都把事业上的成功看做快乐的必要条件。虽然不是所有人都认定"成功者一定快乐"，但"要快乐首先必须事业成功""成功者才有资格谈快乐"，这些观念却在不少人的思想中深深扎根。与"头悬梁，锥刺股""吃得苦中苦，方为人上人"，"十年寒窗无人问，一朝成名天下知"等思想相比，"我快乐，所以我成功"是一种很有颠覆意义的成功学思想。

余秋雨告诉我们：在成功之前，我们并不需要长期吃苦，与快乐绝缘；相反，如果你想更快成功，或者获得更大的成功，你首先要学会做一个快乐的人。

IT界鼎鼎大名的马云中学时代是个小顽童，他爱读金庸的武侠小说，长期沉浸在武侠的世界里，乐此不疲。

用传统观念来看，当年的马云学习不刻苦，连考上大学都费力，注定会与成功无缘。然而多年以后，这位武侠迷却创办了中国最大的电子商务网站——阿里巴巴，他也被人们戏谑地称为"不懂IT的IT英雄"。马云一手创办的公司，虽然涉足的是最先进的电子商务领域，但他却根据古代阿拉伯神话《一千零一夜》的故事，给它起名叫"阿里巴巴"。就像歌词里唱的："阿里巴巴是个快乐的青年。"马云也是那个醉心于江湖的快乐青年。马云的快乐无处不在。在公司，马云总喜欢手里拿根念珠或小棍之类的东西，在几层楼之间随意走动，看哪里热闹便凑过去侃两句，说个笑话，顺带宣讲一下公司的计划。有时他都走远了，员工们还沉浸在他的笑话里，乐不可支。有一次，一位记者想趁一个企业家滑雪比赛的时机，采访一下作为参赛选手的马云，但找遍了雪场也没有见到他。后来，当马云得知记者曾在雪场苦苦寻找他，就风趣地说："找我时你就说要找那个长得最丑的，肯定能找到我。"这番话把旁边的人全都逗乐了。还有一次，当被问及在去西天取经的师徒4人中，他最喜欢哪一个时，马云斩钉截铁地给出了答案：猪八戒。他说："我最喜欢猪八戒的幽默，他是取经团队的润滑剂，西天取经再苦再累，一笑也就过了。"

马云认为，员工工作的目的，不仅在于一份满意的薪水和好的工作环境，更在于能在企业中快乐地工作。而迁就于不快乐的工作，在马云看来，就是对自己不负责任。所以，马云的整个团队，也以快乐著称。如今，快乐的马云带领着他那支快乐的团队，仍在不断创造新的辉煌。一个成功的阿里巴巴，给马云带来了巨大的成就感，无疑也带来了很多的快乐。但是我们更应该看到，首先是有了马云的快乐，才有了那支快乐的团队，然后才有了阿里巴巴今天的成就。

快乐是自疗心病、保持健康的最佳妙药。医学研究表明，人在心情愉快的时候，机体内可分泌较多有益的激素酶和乙酸胆碱，这些活性物质能促进机体血液循环，使内脏器官得到充分的氧气和营养供给，有力地促进组织器官的新陈代谢过程，延缓大脑衰老进程。这就是说，用快乐取代不良情绪，对人体健康十分重要。生活处境、生活状况相同的人，乐观主义者往往健康无恙，即使有时患病，也容易不药自愈。这是因为快乐者能沉浸在缓解精神紧张的物质——"内啡肽"的世界里。

快乐是增强感染力、发展号召力的给力工具。没有什么比待在一个快乐的人身边更愉快的事情了，他们散发出来的快乐情绪让人感觉如沐春风。如果精神紧绷或者不堪重负，一个快乐的人能感染他人脱离这种困扰，改变他人对前景的悲观预测，甚至连看问题的观点都有所转变。让自己快乐、宽宏的特性发出光芒，将有助于拓展人生。

快乐是和谐人际、联结社会关系的重要神器。快乐的人像一个阳光大使，走到哪里都是开心果，都能带去一片欢声笑语、祥和吉祥，自然会受人欢迎，有好人缘，人生也能左右逢源，顺风顺水。

快乐还是克服困难、战胜挫折的珍贵法宝。在遇到挫折时，快乐的人能够自觉控制和调节自己的心理和行为，将计划执行到底，直至目标实现。在追求目标的过程中，快乐的人对挫折的适应能力、承受能力和应对能力都较强，并能将挫折进一步转化为促进目标实现的积极因素；消极的人对自我的控制和约束力较差，在遇到挫折时，容易改变行为的方向，逃避现实，采取负面的应对方式，其结果不仅严重影响既定目标的实现，同时还进一步降低自信心和对挫折的承受能力甚至出现意志消沉和精神障碍。

事实上，无数成功人士的例子也都证明：快乐的人更容易获得成功。快乐不是而且不应该是成功的产物！快乐与成功的关系，应该是快乐在前，成功之后。当我们认识到这一点，成功就不会给我们带来太多压力和烦恼。我们会在一路上感受到更多的快乐，并以更积极的心态收获更高效更优质的幸福和成功。

快乐会传递，你微笑时，世界也会对你笑

《英国医学月刊》上发表了一项最新的研究发现：快乐也是可以被传染的，跟快乐的朋友在一起，自己也会变得快乐起来。而且，平均每一个快乐的朋友可以令你的快乐感提高 9%。

这一成果由美国加州大学圣迭戈分校的詹姆斯·富勒和哈佛大学医学院的尼古拉斯·哈克里斯塔奇斯获得，他们提取了“弗莱明翰心脏病研究”资料中几十年间有关快乐感的所有记录作为研究参照。

富勒和研究伙伴哈克里斯塔奇斯发现，快乐是可传递的。有意思的是，快乐的传递就像流感的传播一样，也是受距离远近影响的。一个住得离你 1 千米远的快乐朋友影响你的程度比住在你 4 千米外的快乐朋友高出 20%。但是，你不需要直接接触那个朋友就可以感染到快乐这种“病”。这是因为，研究者发现，快乐可以经过多次间接传递从遥远的地域传到你这里。也就是说，你的朋友的朋友的朋友的快乐都可能影响到你。

研究人员还发现，一个快乐的人增加他们同居人快乐的可能性为 8%，提升

住在附近的兄弟姐妹快乐的可能性为14%，增加邻居快乐的可能性达34%。

研究者在报告中还指出，他们的结论并非物以类聚，人以群分。比如：在一个派对上，一个在角落中闷闷不乐的人突然被朋友的话逗得开心起来，但这并不意味着他已经成为旁边那一群大笑不止的快乐人中的一员。不过，即便他待在原地不动，他的行为也会造成涟漪效应。“一个人的快乐感的改变可以通过社交网络向外传递，并在这个网络中形成一定的格局，导致一大片人跟着他快乐或者不那么快乐。”富勒和哈克里斯塔奇斯在研究报告中写道。

曾看过一段这样的话：全世界最富裕的人住在“幸福谷”。他富有历久不衰的人生理想，富有他所不能失去的东西，这些东西能给他提供满足、健康、宁静的心情和内心的谐和。

下面是他的财产清单，它们本身说明了他是怎样获得这些财产的：

（1）我获得快乐的方法就是传递快乐，帮助别人获得快乐。

（2）我获得健康的方法就是生活有节制，我仅仅吃维持我的身体健康所必需的食物。

（3）我不仇恨任何人，不嫉妒任何人，而是热爱和尊敬全人类。

（4）我从事我所热爱的劳动，我还把游戏同劳动相结合，因此我很少感到疲劳。

（5）我每天微笑着祈祷，不是为了更多的财富，而是为了更多的智慧，用以认识、利用、享受我已经拥有的大量财富。

（6）我不使用辱骂的语言。

（7）我不要求任何人的恩赐，只要求我有权把我的幸事传递、分享给那些需要帮助的人。

（8）我和我良心的关系良好，因此，它总是指导我正确地处理一切事情。

（9）我所拥有的物质财富多于我的需要。因为我清除了贪婪之心。我只需要在我有生之年能用于建设的那部分财富。我的财富来自传递和分享。

（10）我所拥有的“幸福谷”的资产当然是不可课税的。它主要以无形财富的形式存在于我的心里；这种财富无法估定价值，也不能被占用，除去那些能接受我的生活方式的人。我用了一生的时间，努力观察自然的规律，形成了遵循自然规律的习惯，从而创造了这种财产。

正如他所说，传递快乐，分享幸福，使他拥有巨大的财富。法国作家莫里哀说过："快乐有人分担，也就分外快乐。一个人再怎么幸福，没有外人知道，心里也不满足。"培根说："如果你把快乐告诉一个朋友，你将得到两份快乐，你把忧愁告诉一个朋友，你将分掉一半忧愁。"传递快乐，不仅自己快乐加倍，而且传递了一种友谊。传递是一种人生的境界，它反映了一个人的肚量和宽容心态。多将自己的成就或喜悦传递给他人，也就多了条通向成功的道路。

传递快乐就是与其他人接通感情的热线。当人们发生误会、摩擦、矛盾时，只有那些缺乏快乐、不能传递快乐的人，才会把事情弄得越来越僵；而如果当事人会传递快乐，就会机智而又有分寸地指出别人的缺点，在微笑中表明自己的观点，误会很快就被消除，矛盾得到缓和。

传递快乐能让你更自信也更自省。比如说，当你写好一篇美文时，当你展示一幅画作时，自己感受到了文字、绘画对情感的抚慰，也让别人分享到了其中的内含，受到启示而快乐。你得到的欣赏者的赞赏和指正，也能给予你信心，或者让你更懂得如何调整。

传递快乐是你美丽人生中不可缺少的一个环节。这个世界是丰富多彩的，不仅你自己拥有美丽，而更多的美丽却在他人之处。你想拥有别处的美丽，就要将自己的美丽传递出去，展示出去，那么你就有机会得到你所缺少的美丽。有传递，春天才有百花齐放；有传递，夏天才有一习清风；有传递，秋天就多了丰收的喜悦；有传递，冬天就汇集了更多的温暖。

就从现在开始，让我们养成快乐的习惯，一起传递快乐吧！我们微笑，世界也会对我们微笑。快乐会传递，我们的世界因快乐的传递而更加美好！